U0617137

人工智能教育丛书
高等学校新工科人工智能科学与技术专业系列教材

人工神经网络理论及应用

文常保　茹　锋　编著

西安电子科技大学出版社

内 容 简 介

本书主要介绍生物神经网络理论基础、人工神经网络概述、人工神经网络数理基础、感知器、BP 神经网络、RBF 神经网络、ADALINE 神经网络、Hopfield 神经网络、深度卷积神经网络、生成式对抗网络、Elman 神经网络、AdaBoost 神经网络、SOFM 神经网络、基于 Simulink 的人工神经网络建模、基于 GUI 的人工神经网络设计等基本内容，这些内容是进一步掌握人工神经网络发展、理论、实践及应用的基础。

本书可作为相关专业的本科学生和研究生教材，也可作为人工神经网络理论、实践及应用的工程技术人员的自学和参考用书。

图书在版编目(CIP)数据

人工神经网络理论及应用/文常保，茹锋编著. —西安：西安电子科技大学出版社，2019.3 (2022.8 重印)

ISBN 978-7-5606-5253-5

Ⅰ. ① 人… Ⅱ. ① 文… ② 茹… Ⅲ. ① 人工神经网络 Ⅳ. ① TP183

中国版本图书馆 CIP 数据核字(2019)第 039691 号

责任编辑 万晶晶 陈婷
出版发行 西安电子科技大学出版社(西安市太白南路 2 号)
电　　话 (029)88202421 88201467　　邮　　编 710071
网　　址 www.xduph.com　　电子邮箱 xdupfxb001@163.com
经　　销 新华书店
印　　刷 陕西天意印务有限责任公司
版　　次 2019 年 3 月第 1 版　2022 年 8 月第 2 次印刷
开　　本 787 毫米×1092 毫米　1/16　印张 15
字　　数 350 千字
印　　数 3001～5000 册
定　　价 39.00 元
ISBN 978-7-5606-5253-5/TP

XDUP 5555001-2

* * * 如有印装问题可调换 * * *

前　言

作为人工智能的关键技术，人工神经网络已经成为新一轮科技革命和产业变革的重要驱动力量，也成为世界各国争相发展的战略技术之一。人工神经网络具有多学科综合、高度复杂的特征。

本书从系统到相对独立，在内容的选取和编排上力求重点突出、难点分散、深入浅出、通俗易懂，简化了深奥的理论论述，在对基本理论算法讲解的基础上，注重对算法迭代过程、实践应用和实现技术的引入，并在人工神经网络理论篇章节之后，加入了 Simulink 的人工神经网络建模与基于 GUI 的人工神经网络软件系统设计的内容，弥补了重理论轻实践和无法进行应用教学的缺憾。

本书分为三篇，共 15 章。

第一篇为神经网络基础篇(第 1～3 章)，主要内容包括生物神经网络理论基础、人工神经网络概述、人工神经网络数理基础，从生物神经网络角度出发介绍了神经元的结构、生物电活动，在细胞层面解释了神经网络进行信息传递和信息存储的机理，并对人工神经网络理论在各个阶段的发展、特点、应用，以及人工神经网络算法中运用到的导数、微分、梯度等重要数理知识进行了概述。

第二篇为人工神经网络理论篇(第 4～13 章)，主要内容包括感知器、BP 神经网络、RBF 神经网络、ADALINE 神经网络、Hopfield 神经网络、深度卷积神经网络、生成式对抗网络、Elman 神经网络、AdaBoost 神经网络、SOFM 神经网络。为了加强理论学习的深度，本篇在阐述理论算法时通过逐次迭代展开推导，而且在每种理论算法后面都给出了应用及实践案例。多年的课堂教学实践证明这种学习方式对于理解和掌握算法机理是非常有效的。

第三篇为人工神经网络实践及应用篇(第 14～15 章)，主要内容包括基于 Simulink 的人工神经网络建模和基于 GUI 的人工神经网络设计。这些内容是进一步理解和掌握人工神经网络理论、实践和应用的基础。

本书由文常保、茹锋教授负责编写和统稿。参与本书编写、绘图、程序调试的人员还有王蒙、宿建斌、丁琦、高南、马文博、刘鹏里和戚一娉等。

本书在编写过程中参阅了许多资料和文献，在此对这些参考资料、文献及报道的作者一并致以诚挚的谢意。对于共享资料没有标明出处，以及对某些资料进行加工、修改后引用到本书的，我们在此郑重声明，其著作权属于原作者。

由于作者水平有限，书中难免存在一些不足、不妥之处，恳请有关专家和广大读者批评指正。

编　者

2019 年 1 月 1 日

目　　录

第一篇　人工神经网络基础篇

第二篇 人工神经网络理论篇

第三篇 人工神经网络实践及应用篇

第一篇

人工神经网络基础篇

第1章　生物神经网络理论基础

生物神经科学的崛起对于人类认识和改造世界都具有重大的意义。人脑是神经系统的重要组成部分，其包含了超过860亿个神经元的细胞集合体，是人类的中央信息处理机构，它不断地接收、分析、存储信息并作出相应的决策与判断。人工神经网络是从信息处理角度对人脑神经元进行抽象，建立其行为机制模型，并按照不同的连接方式组成不同的网络结构，进而模拟神经元网络动作行为的一门科学技术。它涉及了生物学、数学、电子、信息科学等众多学科和领域，另外，目前大部分人工神经网络研究是基于数学算法和生物神经网络二者相结合来实现创新的，因此学习和掌握生物神经网络的组织结构和运行机理对于后续研究工作具有十分重要的意义。本章将简要介绍生物神经元的结构以及发生在神经元上的生物电活动，并在细胞层面解释神经网络进行信息传递和信息存储的机理，最后探讨了人工脑和生物脑的区别和联系。

1.1　生物神经元的结构和功能

人类之所以拥有着地球上其他物种所不具备的高级智慧，是因为人类拥有高度复杂的大脑，而大脑主要由神经元构成。因此，要认识大脑的工作方式，首先需要了解组成神经系统的生物神经元的结构和功能。

神经元和胶质细胞是构成神经系统的两大部分。神经元具有感受刺激和传导兴奋的作用，是神经系统的基本结构和功能单位。譬如，人类中枢神经系统含有约1000亿个神经元，仅大脑皮层中就有大约140亿个，这些神经元负责接收外界刺激，并进行信息的加工、传递和处理。在中枢神经系统中胶质细胞的数量大约为神经元的10倍，虽然数量庞大，但并不负责信息的接收和处理，只是负责协助神经元的活动。尽管胶质细胞在神经系统中扮演着“助理”的角色，却可以提升神经细胞动作电位的传播速度，而且为神经元提供营养并维持适宜的局部环境。

1873年，意大利科学家Camillo Golgi创立铬酸盐-硝酸银染色法之后，人们第一次真正认识到了神经元的特殊结构，并且奠定了现代神经学的基础。他随后发表了《中枢神经系统的微细解剖》，并为此获得了1906年诺贝尔生理学和医学奖。19世纪末期，德国神经科学家Franz Nissl发明了“尼氏染色法”，他通过碱性染料对神经元中的尼氏小体进行染色，将神经组织中的神经元从其他胶质细胞中区分开来。该方法的出现使观察神经元的分布和数目成为可能，目前仍在生物、神经学等领域广泛使用。

神经元是一种高度极化的细胞，主要由胞体和突起两部分组成，突起是神经元细胞膜特化的结构，按照结构不同又可分为轴突和树突，如图1-1所示。胞体主要负责神经元的代谢和营养，其内部含有细胞核和细胞器。细胞核是遗传物质储存和复制的场所，同时负责控制细胞的代谢活动；细胞器包括高尔基体、线粒体、尼氏小体和细胞骨架结构等，它们分工明确、相互配合，从而执行细胞生命活动的多种生物学功能。树突是胞体的延伸，从胞体发出的树突可以是一根，也可以是多根，分支较为复杂，且形态上由近及远逐渐变细，它的主要功能是接收其他神经元传递过来的信息。轴突通常自胞体发出，其起始部位呈圆锥形，称为轴丘；轴突的分支较少，长短差别大，最长甚至可以达到1 m以上，其直径较树突小，但全长直径平均，偶尔长有侧枝。轴突表面的细胞膜称为轴膜，内含的细胞质称为轴质。轴突的主要功能是在轴膜上传导神经冲动。

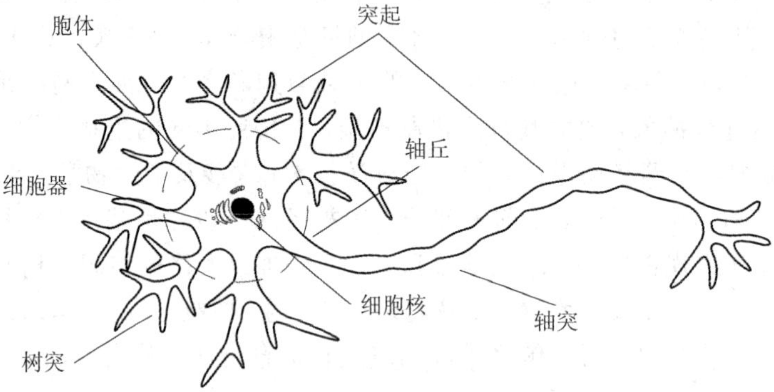

图 1-1　神经元结构

生物神经元按照功能可以分为感觉神经元、运动神经元和中间神经元三类，如表 1-1 所示。感觉神经元从外周接收信号并将信号传递到大脑中，使人产生相应的感觉；运动神经元将大脑产生的信息和指令传输到肌肉或者腺体，使人作出相应的反应；中间神经元在传入和传出过程中起联系作用，可以将信息从大脑传递到较远的身体部位，也可以在局部回路中进行信息的传递。人类神经系统中 99％的神经元都是中间神经元，它们构成了相当复杂的中枢神经系统。

表 1-1　生物神经元的分类及功能

名　称	别　称	位　置	功　能
感觉神经元	传入神经元	胞体分布在脑、脊神经节内；末梢分布在皮肤和肌肉中	从外周接收信号，并将信号传递到大脑
运动神经元	传出神经元	脑、脊髓和自主神经节内	将大脑产生的信息和指令传递到肌肉或腺体
中间神经元	联络神经元	整个神经系统	在传入和传出神经元之间起联系作用

1.2　神经系统的电活动

信息传递的本质是神经细胞间膜电信号的传递。信息以电信号的形式编码在神经元的细胞膜上，没有受刺激的神经元细胞膜处于静息状态，当它受到一定形式的刺激后，就会产生各种形态不一的超极化或去极化电信号。其中，超极化过程指电位偏离静息状态呈负向；去极化过程是指电位偏离静息状态呈正向。一切电信号的产生与分布在细胞膜上的离子通道紧密相关，离子通道是一种允许离子选择性通透的跨膜蛋白，神经系统的信息传递正是通过这种跨膜离子流所产生的膜电位变化来进行的。若要进行归类，则细胞膜电位可以分为静息膜电位、动作电位和局部分级电位三种电位类型。

静息膜电位是神经元在静息状态下，细胞膜形成的内负外正的稳定电位，它是由三种静息状态下开放的离子通道 K^+、Cl^-、Na^+决定的。细胞膜两侧的离子浓度在不同离子泵的作用下维持不对称分布。离子泵是膜运输蛋白之一，它能够驱使离子逆浓度梯度穿过细胞膜。虽然每种离子都有顺浓度梯度运动的趋势，但是当化学势能和电势能达到平衡时，就不再产生离子的跨膜流动了，因此静息膜电位实质上是这三种离子的综合平衡电位。

动作电位是神经元受到刺激后，在静息膜电位基础上发生的尖峰状电位变化，它是神经系统信息传递的基本语言。神经系统对外界信息的编码，除了部分神经元，如视网膜光感受器细胞采用局部分级电位以外，多数神经元都将信息存储在动作电位中。

给一个神经元注入一个由小到大的正向电流，可以观察到局部膜的去极化反应，这就是局部分级电位。当电流增大超过一定阈值后，就产生了动作电位。动作电位的特点是快速、可逆转、可传播。它包括去极化、复极化和超极化三个过程，如图 1-2 所示。

(1) 去极化过程。去极化过程是由于大量的 Na^+ 通道开放，引起 Na^+ 大量快速内流所导致的，此时细胞膜电位正向偏离静息膜电位迅速上升。

(2) 复极化过程。复极化过程是大量 K^+ 通道开放，引起 K^+ 快速外流的结果，但由于 K^+ 通道对膜的去极化反应较 Na^+ 通道慢，导致 K^+ 的膜电导增加反过来又促进了这一过程，因此电压正偏达到峰值后很快下降呈尖峰状。

(3) 超极化过程。超极化过程是指随着 Na^+ 通道的关闭和 K^+ 膜电导增加过程，所导致的内部电位向更负的方向发展，外部电位向更正的方向发展，从而使得细胞膜内外电位差短时间负向增大的一种现象。

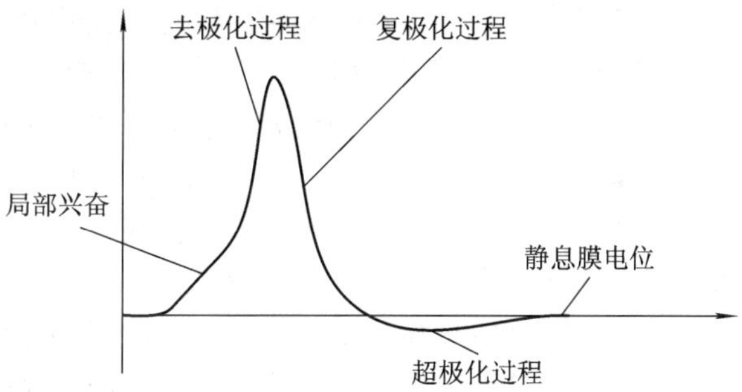

图 1-2　动作电位

细胞膜电位的改变伴随着突触活动，突触活动在神经系统的信息传递和调节中占主要地位，它是维持神经系统功能的基础。人脑的皮层中包含大约 60 万亿个神经突触，突触是神经元之间在功能上发生联系的部位，它由突触前膜、突触间隙和突触后膜三部分构成，其中突触前膜和突触后膜可以来自于同一神经元，也可以来自于不同神经元。

突触进行信息传递的方式包括电突触传递和化学突触传递两种，如图 1-3 所示。在电突触传递过程中，前神经元和后神经元之间经缝隙连接进行化学物质传递，缝隙通常很小，仅 2～3 nm。前后膜之间阻抗很低，膜上有允许带电离子和局部电流通过的蛋白通道，传递方式是直接扩散，并且在神经元之间形成双向传播的突触联系，它遍布整个神经系统，具有双向性和快速性。化学突触传递以神经递质作为媒介，形成复杂的单向突触联系，突触前神经元首先将受体接收的化学信号转换为电信号，接着将电信号通过电位传递到轴突末端，转化为突触囊泡的分泌反应，然后通过轴突末端突触囊泡的胞吐作用释放神经递质到突触间隙中，突触后神经元利用其树突细胞膜表面的受体来接收该信息输入。因此，突触前神经元的细胞膜电信号可以由神经递质的介导转变为突触后神经元的膜电信号，也可以通过电生理的方法记录和分析突触进行信息传递的过程。

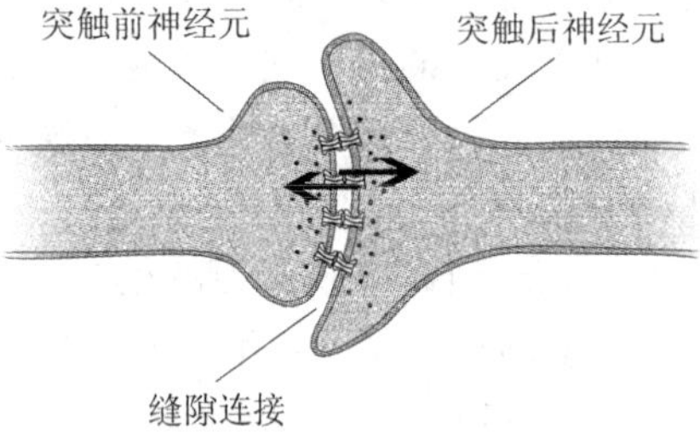

(a) 电突触传递和结构

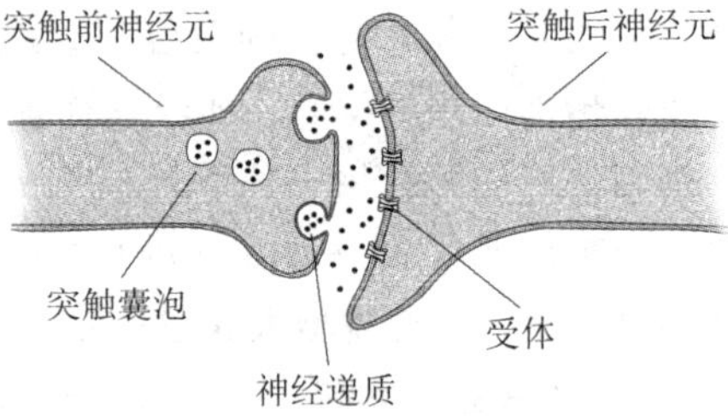

(b) 化学突触传递和结构

图 1-3　突触传递和结构

信息以电信号的形式编码在神经元的细胞膜上，神经系统通过动作电位的发放使信息得以传递。研究人员发现，神经元信息编码与动作电位的放电频率、放电活动的精确时间以及相关神经元的群体活动时间、空间特性都有所关联。虽然，人类已经对神经元细胞膜电位分布、放电机制、离子通道还有突触活动过程有了非常深入的了解，但对于神经元细胞编码和放电序列携带信息的具体形式依然没有完整的认识。神经元放电过程中产生的关于时间的电压波形具有不规则性，透过不规则的表面，实质上其中包含了大量的信息。

1952 年 MacKay 和 McCulloch 二人最先开展了将信息理论应用于神经系统的工作。他们对动作电位进行测量得到关于时间排布的电位信号波形，并以一定时间间隔划分，得到一串由每个时间间隔对应的动作电位值，称为动作电位串。在每个时间间隔内，放电活动以一定的概率发生，若发生则用数字“1”表示，若不发生则用数字“0”表示，结果使该动作电位串转换成了一串二进制编码。根据这种假设，可以推测：如果神经元细胞膜上的电位变化携带了信息，那么给神经元施加不同的刺激，得到的编码会随着所施加刺激的变化而变化；相反地，如果给神经元反复施加相同的刺激，得到的编码也将会相同。美国普林斯顿大学的 Strong 和 Koberle 等人在 1996 年发表的论文“Entropy and Information in Neural Spike Trains”中指出，神经元受到相同的刺激后，每次产生的动作电位串得到的编码具有一定程度上的相似性，但总是有所不同，这种现象表明该动作电位携带的信息中混杂着噪声。因此，可以猜想动作电位串携带的有用信息应该等于总信息量与噪声量的差值。

1.3　人脑的信息存储

人脑的信息存储就是人们常说的“记忆”，此时大脑仿佛是一台录像机，人类的眼睛就像摄像头，大脑时刻都在记录着我们眼前所看到的景物。但是，录像跟人类记忆之间又存在着很大的区别。首先，物理上的录像自存储之日起除非发生数据损坏，否则就是不变的，但记忆有可能"记错"，它就像隐藏在脑海中的一块块拼图，当人们开始回忆某次事件时，就把对应的拼图找到开始拼接，其中经常伴随着拼图拼错或是丢失的情形。其次，物理录像机数据存储的地点是确定的，即它的硬盘或是外部的存储卡。专业技术人员甚至能够确定这些存储设备内部存有指定文件的详细地址，但是人脑存储数据的地方或者准确部位无法确定，没有人能够告诉你是哪几条神经元存放着你某天、某时刻的记忆。造成这种区别的最大原因就是人脑的神经网络具有可塑性，而电脑并不具备这个特性。

人脑信息存储的机理与生物神经网络的可塑性有关。

从宏观角度来看，可塑性就如同手指压一下橡皮泥，上面就会留下一个痕迹的特性。大脑在这个特性的驱使下会产生短期、中期和长期记忆。短期记忆就是大脑即时的生理化反应；中期记忆和长期记忆是因大脑细胞结构发生改变从而建立的固定联系。同时，经过不断重复和训练，短期记忆会转变为中期记忆，中期记忆会向长期记忆发展。还有一种情况是，当人处于急剧的情感、情绪波动或刺激时，大脑内部生理化学反应加速，导致神经网络结构发生变化，会即刻产生令人终生难忘的记忆。

从微观角度来看，大脑具有可塑性是由于突触具有可塑性。突触的可塑性分为短时程可塑性和长时程可塑性。短时程可塑性可在数毫秒或数分钟内出现；长时程可塑性则可以维持数天或更长。研究表明，短时程可塑性与突触前膜变化有关，长时程可塑性与突触后膜的改变有关，这被认为是大脑短期记忆和中长期记忆的生理基础。

突触的可塑性表现在该突触的传递强度上。突触传递的强弱不是一成不变的，它会表现出不断变化的传递效能。突触传递强度的改变可能由突触前神经元的变化引起，这些变化包括活性区的个数、突触囊泡内化学物质的含量以及化学物质释放的概率。当然，突触传递强度的改变也可能由突触后神经元的变化引起，突触前神经元释放的化学物质通过突触间隙到达突触后神经元，可以影响突触后膜的活动和结构，包括突触后膜受体或通道数量的增减、支架蛋白和信号分子的活动变化等。

突触前神经元释放的化学物质包括神经递质和神经调质。神经递质是突触进行信息传递时充当媒介的化学物质，它的作用时间很快，通常会小于 1 ms，它直接影响突触后膜的离子通道并改变膜对离子的通透性，产生对突触后膜电位抑制或兴奋的效果。神经调质是神经元释放的一些由 2～40 个氨基酸组成的大分子，它的作用时间较长，可以持续几分钟甚至几小时，但通常会有几秒的潜伏期，它作用于突触后膜和细胞内与酶有关联的特定受体蛋白上，能够改变或引起突触后神经元的生化反应。换句话说，神经调质本身不具备传递信息的作用，它不会直接引起突触后神经元的兴奋或抑制等效应，但是它可以间接地调节神经递质在突触前神经元的释放及突触后神经元对递质的反应。有学者认为，人类大脑的记忆、学习等长期变化很可能是基于神经调质的作用。德国科学家 Haken 在其著作《Principles of Brain Functioning》中提到，一小群神经调质神经元可以影响大范围的脑区，并引起其功能性质的长期变化，这些化学物质起到了类似"控制参数"的作用，因此十分重要。

突触后神经元可以接收来自多个不同突触前神经元的信息输入，由于某种神经递质是否起作用、起什么作用主要由突触后膜的受体性质来决定，因此，其传递强度取决于突触后细胞膜的形态、受体的组成和数量，并且同一个后神经元，不同突触间的结构和分子也存在不同。也就是说，整个突触后结构是一个变化的活跃的组合体，突触后膜的受体及通道等结构可以受到调节而产生变化，突触前神经递质和神经调质的释放过程也能够影响突触后膜的功能结构，进而会改变突触传递的强度。

在探索人脑的记忆产生过程中，无数科学家和研究人员前赴后继，创立了许多学说，但是人脑的记忆机理至今仍存在着很多谜团：记忆究竟是什么？人类有“灵魂”吗？我们的自由意志从何而来？

1994 年，英国物理学家和生物化学家 Crick 在《The Astonishing Hypothesis》中试图解释这些问题，他认为意识是由大脑中神经细胞和其他胶质细胞活动产生的，不仅仅在细胞层面，也包括构成它们的原子、分子和离子，这些基本粒子的性质也对人类精神世界的构成具有一定的作用。截至目前，人类依然在锲而不舍地探索从原子、分子、离子到神经细胞是根据什么机制、如何运行并构成人类丰富思想世界的。相信探寻神经网络的努力只要能持续下去，最终就一定能够找到人类想要的答案。

1.4 人脑与电脑

世界上第一台电子计算机 ABC(Atanasoff - Berry Computer)由爱荷华州立大学的 Atanasoff 和他的研究生 Berry 二人于 1942 年共同设计制造并测试成功，它运用二进制算法，仅可用于求解线性方程组问题，不可编程。世界上第二台电子计算机 ENIAC (Electronic Numerical Integrator And Calcula)诞生于 1946 年，它以电子管为元器件，每秒能进行 5000 次加法运算、400 次乘法运算，还能够进行平方、立方、正余弦等更复杂的运算，这个发明是一个划时代的创举。由于计算机能够解决计算和逻辑操作问题，与人类大脑的作用有些相似，因此人们又称计算机为“电脑”。

电脑经历了几代的发展，由最初的电子管计算机、晶体管计算机，到集成电路计算机，直至现如今正在高速发展的大规模集成电路计算机，其存储、基本指令和线路间相互作用的设计、理论思想都源自于冯·诺依曼(John von Neumann，1903—1957)。他当年参与了 ENIAC 的研制，并发现 ENIAC 存在一些不足之处，经过对这台计算机深入的思考和总结，他与研究小组发表了曾轰动一时的存储程序通用电子计算机方案 EDVAC(Electronic Discrete Variable Automatic Computer)，这份报告正式提出了沿用至今的冯·诺依曼结构，它抛弃十进制，采用了二进制算法，并对计算机中许多关键性问题的解决做出了重要贡献，对后来的计算机设计和发展影响深远。

电脑之所以采用二进制算法，是因为构成电脑逻辑运算部分的集成电路主要组成单位为 MOS 管，它具有开启和关闭两种工作状态，即 0 和 1。人脑中神经组织进行信息处理的单元是神经元，从神经元的活动方式来看，它与 0、1 二值器件相去甚远。

人脑和电脑不仅在基本构成方面存在根本区别，而且在信息存储和处理方式上也有巨大的不同。首先，冯·诺依曼体系中电脑的控制器、存储器和运算器是独立存在的，数据在存储器中按照地址进行存储，数据存储和运算互不相关，仅通过编程发出指令来使这几个部分进行相互沟通。这样的体系过度依赖人为指令，无法产生内部的联想，而且当程序发生错乱或者元件仅仅出现局部微小损伤时都可能导致整个系统崩溃。人脑虽然具有类似电脑控制器、存储器和运算器的功能，却无法将它们独立地划分开，它通过突触传递强度的变化来调整存储数据的内容，具有分布式存储的特点，其控制、存储和运算区域合为一体。它的好处很明显，人脑中每天都会有神经元死去，但人体的正常生理活动不受影响，即使大脑局部受到损伤使肌体某些功能衰退，也不会置人于死地，这说明人脑在容错性和稳定性方面要远远强于电脑。其次，冯·诺依曼计算机在数据处理上为串行结构，人脑则是大规模并行和串行组合的处理系统，因此人脑在模式识别等领域远远超越了电脑。

另外，包括人脑在内的生物脑还具有另一些当前电脑所不具备的特性。一是生物脑具有自组织特性。自组织功能可以使系统与外界进行物质和能量的交换，进而产生一个比原来更加复杂、完善的新系统。目前，研究人员已经初步在纳米尺度下创造了具有自组织特性的机器，这说明自组织特性不是生物所特有的，自组织机理完全可以用于人造机器。二是生物脑具有进化功能。生物世界是经由进化而产生的，人们同样应该继续深入研究生物的发展和进化原理，将其成果向人造机器领域转化，研究和发展具有进化功能的计算机。

机器是否有可能产生智能？当量子力学引入统计学方法并获得了巨大的成功后，英国数学家、逻辑学家 Alan Mathison Turing(1912—1954)，这个被后世称做计算机科学之父、人工智能之父的人，开始了在量子力学领域对机器智能的思考。他以可计算理论为出发点，提出“图灵机”作为实现可计算性理论的通用性机器。起初，图灵认为人类的直觉判断是无法计算出来的，机器不可能产生自主思考的能力。然而 1941 年后，图灵的思想发生了变化，他认为具有自学习或者自组织能力的机器完全有可能模拟人类的思维，可计算的范围远大于被明确的指令所指出的那部分。1950 年，图灵发表的论文“Computing Machinery and Intelligence”中提出了著名的“图灵测验”，如图 1-4 所示。它的主要内容是让一位人类担任主考官，在不知道对方是人类还是电脑的情况下通过键盘进行提问，根据对方的回答来判断对方是人类还是电脑。如果经过一定量的提问后，主考官仍无法准确分辨出对方的身份，那么就可以认为这台机器具有了智能。

图 1-4　图灵测验示意图

但随后有很多人提出了反对，认为图灵测验只能判断出一台机器是否具有智力行为，但智力行为不一定等价于智力的思维。追究其争论的根源，还是那个困扰人类多年的疑问——意识产生的机理是什么？也许只有先回答了这个问题，才能在更高的层次上判断机器是否具有智能。

20 世纪 70 年代，美国有两部电影《West World》和《Future World》，影片中出现了很多具有集成芯片大脑的机器人，让当时的人们觉得非常震撼，也让大家觉得未来世界充满了神秘和恐怖。随后在 20 世纪 90 年代出现了脑机接口技术(Brain Computer Interface，BCI)，它能实现人脑和外部机器设备之间的信息交换。在这种脑中被植入了芯片的人类身上，芯片已经成为了大脑的一部分。它可以认为是 BCI 技术的高级形态。这种情况下，机器与大脑在信息处理上的机理趋于一致，其理论基础是思维和意识的产生在于信息的交换和处理，它与信息的载体和物质的形式无关。

人类并不满足于现有电脑能够实现的功能，他们希望电脑具有与人类一样的智慧，或者其功能更接近人脑，因为目前电脑在创造性思维和形象思维方面根本无法与人脑相比，这也是许多人都在质疑机器是否能产生智能的主要原因。人脑和电脑在信息的处理机理上是相同的，意味着对人脑中信息处理机理的研究一定会大大推动电脑的发展；但另一方面，人脑和电脑在其载体和物质上存在着巨大的差别，处理速度、模式还有逻辑完全不一样，因此可以预见，人脑和电脑相结合，将它们各自的长处进行互补，具有无穷的潜力和广阔的前景。研究人员把具有该特点的电脑称为“类脑计算机”(Brain-like Computer)。

2017 年新闻报道称，国际商业机器公司 IBM 和美国空军研究实验室 AFRL 正在合作研发一个全新的类脑超级计算机“TrueNorth”，目标是开发出一套颠覆冯·诺依曼体系的计算机硬件系统。该系统基于由 64 个类脑芯片组成的 64 位芯片阵列，其数据处理能力相当于包含 6400 万个神经细胞和 160 亿个神经突触的神经系统。它与传统芯片最大的不同是其内部没有时钟，而是由许多个交错的人工神经网络平行工作，具有并行运算的特点，能够高效地将数据集上的图片、视频或文本等信息实时转换为计算机可以识别的代码。除了其强大的信息处理能力，IBM 还宣称“TrueNorth”中每个芯片的耗能只相当于 10 W 的灯泡，拥有低耗能的优点，这为将来该系统应用于移动、便携式设备创造了可能性。

科学技术的日新月异总是带给人们惊喜，虽然人脑是一个高度复杂的系统，其复杂性远远超过目前世界上任何一台人造的机器，但越来越多的实践表明，对于人脑和生物神经网络的持续研究会给计算机技术的发展带来源源不断的新思路、新方法，人工神经网络将会在未来的很多领域得到广泛的应用。

习　题

1. 神经元结构包含哪些部分？
2. 人脑信息存储的机理是什么？
3. 细胞膜电位包含哪些种类？请简述动作电位的形成过程及原理。
4. 突触的可塑性是什么？它是通过什么来影响人类记忆的？
5. 简述人脑和电脑之间的区别。

参考文献

[1]　盛祖杭. 神经元突触传递的细胞和分子生物学[M]. 上海：上海科学技术出版社，2008.

[2]　Strong S P，Koberle R. Entropy and Information in Neural Spike Trains [J]. Phys. Rev. lett，1996，80(1)：197-200.

[3]　李衍达. 信息、生命与智能：Information，Life and Intelligence[M]. 北京：清华大学出版社，2012.

[4]　李衍达. 信息世界漫谈[M]. 北京：清华大学出版社，2000.

[5]　Rumelhart D，Mcclelland J. Parallel Distributed Processing：Explorations in the Microstructure of Cognition：Foundations[M]. Massachusetts：MIT Press，1986.

[6]　Hagan M T，Beale M. Neural network design[M]. Beijing：China Machine Press，2002.

[7]　顾凡及，梁培基. 神经信息处理[M]. 北京：北京工业大学出版社，2007.

[8]　翟中和，王喜忠，丁明孝. 细胞生物学[M]. 北京：高等教育出版社，2013.

[9]　Turing A M. Computing Machinery and Intelligence [M]. American Association for Artificial Intelligence，1995：44-53.

[10]　Haken H C M H. Principles of Brain Functioning[M]. Heidelberg：Springer Berlin Heidelberg，1996.

第 2 章　人工神经网络概述

人工神经网络(Artificial Neural Network，ANN)是一种在模拟大脑神经元和神经网络结构、功能基础上而建立的一种现代信息处理系统。它是人类在认识和了解生物神经网络的基础上，对大脑组织结构和运行机制进行抽象、简化和模拟的结果。其实质是根据某种数学算法或模型，将大量的神经元处理单元，按照一定规则互相连接而形成的一种具有高容错性、智能化、自学习和并行分布特点的复杂人工网络结构。本章将介绍神经网络理论在各个阶段的发展历史概况，以及在模式识别、预测评估、检测分析、拟合逼近、优化选择、博弈游戏等方面的应用。

2.1　人工神经网络发展历程

人工神经网络技术从诞生到现在，经过了几起几落，接近于波浪式的发展。由于发展速度和时间跨度的不同，因此许多研究很难被精确划分，但为了更好地阐述人工神经网络的发展历史，这里将人工神经网络的整个发展历程大体上分为五个阶段。

1. 第一阶段

20 世纪初期，生物学中关于生物大脑结构及其神经细胞的研究有了突破，人类开始对大脑有了一些新的认识。逐渐有人开始思考是否能研究出一门技术可以模仿人脑的功能，这就迎来了神经网络理论研究的孕育或者萌芽阶段。

1943 年，伊利诺伊大学的生物神经学家 McCulloch 和芝加哥大学数理逻辑学家 Pitts 对人脑在信息处理方面的特点进行了研究，提出了人工神经元计算模型，称为 MP 模型。他们认为模拟大脑就相当于模拟运行一个神经元组成的逻辑网络，如果在网络中连接的结点之间建立相互联系，这就构成了一个神经网络模型。这种神经网络模型思维的提出开创了人工神经网络理论研究的先河。

加拿大著名生理心理学家 Hebb 在 1949 年提出了可以模拟神经元突触处连接变化的 Hebb 法则，认为神经元之间的突触是由不同强度联系的，且强度是随着突触前、后神经元的活动而变化的，这种权值可变性是学习和记忆的基础。Hebb 这一学习法则的提出为构造有学习能力的神经网络模型奠定了坚实的理论基础。

1954 年墨尔本大学的神经生理学家 Eccles 概括了英国生理学家 Dale 的原理，认为“每一种神经元只分泌一种递质”，这一思想非常接近于真实突触的分流模型，并通过突触的电生理实验得到了证实。也可以说，他从生理学的角度为神经网络突触的功能模拟提供了原型依据。

1956 年，美国科学家 Uttley 研究出了一种由处理单元组成的推理机，它是一种线性分离器，适用于模拟行为和条件反射。70 年代中期他把这种推理机用于自适应模式识别，其识别能力是基于在网络“学习”后而在网中形成的逻辑函数来实现的。他在其 1979 年出版的著作《Information Transmission in the Nervous System》中认为这种模型就是实际神经元系统的工作原理。

在人工神经网络的发展中，很重要的一个问题就是——如何建立一个可以模拟神经元及神经系统的模型？而说到人工神经网络模型，笔者认为最重要的莫过于——感知器。这是因为神经网络是由神经元构成的，只要建立了神经元的模型、了解了神经元的工作机理，神经网络的许多问题就会迎刃而解，这也是众多教科书中为什么把感知器都作为最先介绍和引入的原因。

感知器模型是 1958 年，美国康奈尔航空实验室的心理学家 Rosenblatt(1928—1971)在 MP 模型的基础上增加了学习机制提出的。它是一种具有学习和自组织能力的神经网络模型，其结构符合神经生理学原理，能够学习和解决较为复杂的问题，经过训练可以对输入矢量模型进行分类和识别。这种模型包含了一些现代神经计算机的基本原理，可以说是神经网络理论和技术上的重大突破。

Rosenblatt 作为现代神经网络的主要建构者之一，他的研究引起了众多学者和组织对神经网络研究的极大兴趣和关注。仅美国就有上百家有影响力的实验机构投入到人工神经网络领域，各国军方也给予了巨额资金资助，开展了如声纳波识别、作战目标识别等探索，使人工神经网络研究掀起了第一波高潮。

Rosenblatt 证明了两层感知器能够对线性输入进行分类，在此基础上他还提出了三层感知器中带隐层处理元件的这一重要的研究方向。但是，感知器也存在着一个缺陷，就是它不能处理线性不可分的问题。

美国著名工程师 Widrow 和他的研究生 Hoff 在感知器模型出现的两年后提出了自适应线性元件 Adaline 网络模型和 Widrow-Hoff 学习规则的神经网络训练方法。Adaline 网络模型是一种连续取值的自适应线性神经元网络模型，其利用期望响应与输出响应的误差，搜索到全局最小值。网络具有滤波和信号提取作用，对输入数据经过训练可以抵消信号中的回波和噪声。他们将其应用在天气预报中，这也是第一个可以用于解决实际工程问题的人工神经网络结构。

2. 第二阶段

人类的发展是曲折而漫长的，对人工神经网络的研究也是如此。人工神经网络在经过一定孕育和初步应用后，本应茁壮成长、大步前进，但却因为一本书的出现而进入了十多年的低谷期。

1969 年，感知器的提出者 Rosenblatt 的高中校友、学术上的同事、人工智能学家、图灵奖获得者 Minsky(1927—2016)与美国麻省理工学院的 Papert 发表了著名的《Perceptrons：An Introduction to Computational Geometry》一书，认为感知器基本模型有一定的局限性和缺陷。他们用一个再简单不过的 XOR 逻辑算子宣判了神经元网络的“死刑”，使其后数十年几乎一蹶不振。这本书使得人工智能研究的大方向稳定在以推理和逻辑编程为主的“符号”系统之上，而不是以人工神经网络为核心的智能计算。

这本书的出版，对当时神经网络的发展带来了非常消极的影响。虽然也有研究人员针对这一缺陷提出了一些新的网络，但因为当时并没有能训练复杂网络的学习理论和算法，所以人工神经网络和人工智能的发展进入了“冬眠”时期。美国与前苏联也终止了在神经网络研究课题上的资助，有些学者则把研究方向转移到集成电路或计算机等领域。

1986 年，Rumelhart 和 McClelland 的著作《Parallel Distributed Processing》中基于反向传播(Back Propagation，BP)的多层神经元网络揭掉了 Minsky 和 Papert 贴在神经元网络上的“死咒”，使其“起死回生”。1987 年 Minsky 和 Papert 将修订后的《Perceptrons：Expanded Edition》献给了 1971 年英年死于意外的 Rosenblatt。如果历史可以重来的话，我们相信人工神经网络和人工智能的发展速度和取得的成果可能是目前的数倍。

在人工神经网络发展的“冬眠”期内，也有一些学者继续着神经网络方面的研究工作，这也为日后神经网络的再次发展奠定了一些基础。

1961 年，意大利科学家 Caianiello 在神经元模型的基础上添加了不应期特性，提出了一个具有神经元的空间和时间性质的神经方程，用网络内部结构不变的方式来描述生物神经网络中存在的回响现象。另外，他对大脑中存在的理解、联想、忘记、睡眠，甚至做梦等状态所对应不同的参数也举例进行了说明。但所给出的方程组无法求出定量解，也没有与具体的神经系统结构相结合，仅能对神经系统的一些功能作出部分定性分析。

1965 年，Nilsson 发表了《Learning Machines》一书，认为人工神经网络计算过程实质上是一种坐标变换或是一种映射，并给出了当时机器学习和神经元网络的最全面的数学分析，但除了一些定理外几乎没有例子，使其成为曲高和寡的“阳春白雪”，也因此失去了在一般工程师中推广神经元网络的机会。

在 20 世纪 60 年代中、后期，还有几位研究学者取得了显著的成果。美国的 Grossberg 教授研究了思维和大脑结合的理论问题，提出了自组织性、自稳定性和自调节性以及直接存取信息的有关模型。日本研究者 Amari 用数学语言描述了生物神经网络中信任分配等问题。Willshaw 等人将光学原理与人工神经网络结合，提出了全息音模型。我国科学家在这个时期也开始了相关神经网络的研究，如采用矩阵等方法进行人工神经网络建模以及视觉信息的传递、加工等。

另外，美国在这一阶段也对人工神经网络在视感控制方面的应用进行了研究，但由于缺乏正确的理论指导，因此在视觉特征识别方面进展不大，也使研究者具有一定的挫败感。

3. 第三阶段

在经过 20 世纪 60 年代的蛰伏期后，随着一些年轻学者和研究机构的加入，人工神经网络又进入了一个新的发展期。

1972 年芬兰的 Kohonen 教授提出了自组织映射神经网络模型（Self-organizing Feature Map，SOFM)。SOFM 网络是一类无监督学习网络，它的提出对后来神经网络的发展起到了重要的作用，主要应用于语音识别、模式识别及分类问题。

1974 年 Stein、Lenng 等人提出了一种采用泛函微分方程来描述各种普通类型的连续神经元模型。

1976 年波士顿大学的认知、神经学家 Grossberg 提出了较完善的感知器模型——自适应共振理论(Adaptive Resonance Theory，ART)，也就是有监督学习方式。但本质上它仍是一种无监督学习方式。后来，Grossberg 与 Carpenter 一起研究提出了 ART1 和 ART2 两种网络结构，能够识别或分类任意多个复杂的二元输入图像。由于其学习过程有自组织和自稳定的特征，所以认为它是一种较先进的学习模型。

1980 年日本的福岛邦彦开发出了“新认知机”(Neo-cognition)，它结合了生物视觉理论，是一种模式识别能力如同人视觉识别机制的神经网络模型，输入模式的扩大、缩小、平移、旋转均不影响其识别能力。这正是目前研究火热的深度学习计算技术之起源，但受限于当时芯片处理速度，人工神经网络性能的发展一直波澜不惊，根本无法达到实用水平。直到 20 世纪 80 年代随着高性能计算机的出现，计算性能的提高，才逐步打破了神经网络研究的瓶颈，使其进入了一个复兴阶段。

1982 年美国物理学家 Hopfield 向美国国家科学院刊物提交了关于 Hopfield 模型理论的研究报告。在报告中他提出了 Hopfield 的模型可用于联想存储器和神经网络集体运算功能的理论框架，使人工神经网络的构造和学习有了基本的理论指导。Hopfield 神经网络是一组非线性微分方程，在网络中首次引入了 Lyapunov 函数，从而证明了网络的稳定性。这一发现激起了许多研究学者对神经网络研究的热情。在此期间，许多研究学者对它进行了改进、提高、补充、变形等，有些工作至今仍在进行，推动了神经网络的发展。一些研究学者将神经网络与视觉信息联系起来，还有与模拟退火算法组合来找寻全局最优解的方法。可以说，这个时期神经网络的研究又掀起了一波小高潮。

1984 年英国计算机学家 Hinton 与年轻学者 Sejnowski 等人提出了大规模并行网络学习机连接模型，即 Boltzmann 机，并且提出了隐单元的概念。1986 年 Sejnowski 对它进行了改进，接着提出了高阶 Boltzmann 机。在这个阶段非常有必要提及一位企业家式的研究者——加利福尼亚大学的 Hecht-Nielsen，他是神经计算机最早的设计者之一。早在 1979 年，他就开始制定 Motorola 神经计算的研究与发展计划。1983 年又制定了 TRW 计划，构造了一种适用于图像压缩和统计分析的多层模式识别神经网络。他还成功设计了神经计算机，称其为 TRW MarkⅢ，1987 年将它投入商业应用，并且设计了 Grossberg 式时空匹配滤波器。另外，他还是一名出色的数学家，于 1988 年证明了反向传播算法对于多种映射的收敛性。

1986 年，加利福尼亚州立大学的 Rumelhart 和 McClelland 提出了并行分布处理(Parallel Distributed Processing，PDP)理论和多层神经网络权值修正的反向传播算法(Back Propagation，BP)。BP 算法是在大脑神经网络系统的启发下提出的，其基本原则是信息以分布式表征保存在记忆里，体现为单位神经元之间的连接强度，解决了权值调整有效算法的难题和多层前向神经网络的学习问题，从而证实了多层人工神经网络有很强的运算能力，有力地回答了《Perceptrons：An Introduction to Computational Geometry》一书中关于神经网络局限性的问题。该网络思想的提出，再一次推动了神经网络的发展。随后，该模型被成功地运用到识别、分类、预测、拟合等各个方面，也提供了一个跨学科的交汇点。

我国著名科学家钱学森在 1986 年他主编的论文集《关于思维科学》一书中，介绍了一些有关对人脑与思维科学的论文。

4. 第四阶段

在生物神经网络中有一种借助于个体间的感觉互相刺激而使个体的行为、生理、形态发生变化的现象，叫做聚集效应或者集体效应。在 20 世纪 80 年代末期，人工神经网络的发展就很类似于这种聚集效应，它已经从单个或者几个研究者的研究，拓展到研究群体、学会，甚至政府、国家、国际的层面。

1987年，在美国圣地亚哥召开了第一届国际神经网络大会，国际神经网络联合会(INNS)宣告成立，并决定以后每年召开两次国际神经网络大会。首届会议不久，INNS的刊物《Journal Neural Networks》创刊。另外，同一时期还诞生了十几种国际著名的神经网络学术刊物。

在众多研究学者和学术组织如火如荼地开展人工神经网络研究的同时，各国政府也不甘寂寞地加入其中。美国国防部就曾组织了一批专家、教授进行调研，走访了三千多位有关研究者和著名学者，在1988年完成了一份长达三百多页的神经网络研究计划论证报告，并从同年11月开始执行一项发展神经网络及其应用的八年计划，资助规模近4亿美元。美国NSF和DARPA等机构认为神经网络是解决机器智能的唯一希望。有报道称在20世纪末期举世瞩目的海湾战争中，美国空军就曾采用了神经网络来进行预测与决策。另外，世界上一些著名大学纷纷成立神经网络类研究机构，制订了相关教育方案与计划。此时的人工神经网络发展很像今天被媒体和各界轰轰烈烈炒作的人工智能。

在这一阶段我国也开始在神经网络研究领域崭露头角。1989年10月在北京召开了“神经网络及其应用讨论会”。1990年2月，我国八个学会联合在北京召开“中国神经网络首届学术会议”，这是我国神经网络发展以及走向世界的良好开端，开创了中国人工神经网络及神经计算方面科学研究的新纪元。1990年国家“863高技术研究计划”和“攀登计划”批准了三项人工神经网络研究课题。1991年“第二届中国神经网络学术大会”在南京召开，在会上成立了“中国神经网络学会”。这些都为神经网络在我国发展创造了良好的条件，促使我国尽快缩短在人工神经网络这个领域上与发达国家之间的差距。

神经网络的研究被快速推动向前，一方面已有的理论不断被深化和推广着，另一方面各个研究学者发现的新课题理论与方法也在不断地涌现。

1989年，超大规模集成电路之父Mead出版了专著《Analog VLSI and Neural Systems》，其中提出了一种进化系统理论下的遗传神经网络模型。另外，这本书还介绍了模拟芯片如何模仿脑部神经元和突触的电活动，为后来神经网络芯片的实现和应用奠定了基础。

在20世纪90年代初，诺贝尔获得者Edelman提出了三种形式的Darwinism模型，建立了一种涉及群限制、群选择、群竞争等群作用的神经网络系统理论。

另外，在这个阶段研究者较多地关注非线性系统的控制问题，并通过神经网络方法来解决这类问题。Narendra和Parthasarathy提出了一种动态神经网络系统，其权值的学习算法可以增强系统的鲁棒性，能很好地描述系统的非线性特性。中国学者创立和完善了广义遗传算法，解决了多层前向网络的最简拓扑构造问题和全局最优逼近问题。

1995年，Jenkins等人研究了光学神经网络，从而建立了光学二维并行互连与电子学混合的光学神经网络系统。1996年，基于混沌神经网络的讨论，一些研究者模拟人脑的自发行为然后提出了自发展行为的人工神经网络。

1997年Dalle Molle人工智能研究所的Schmidhuber提出了长短期记忆(Long Short-term Memory，LSTM)网络，这是一种时间递归神经网络，适合于处理和预测时间序列中间隔和延迟相对较长的重要事件。这种网络结构的提出促进了循环神经网络的发展，特别是在深度学习广泛应用的今天，这种网络依然在机器翻译、情感分析、智能对话等自然语言处理领域取得了令人惊异的成绩。在2015年，谷歌通过训练的LSTM程序大幅提升了安卓手机和其他设备中语音识别的能力。

2000 年 Setiono 提出了 FERNN 算法，该算法不同于快速规则抽取算法，是因为它不会增加算法的消耗。FERNN 算法对神经网络进行多次的训练，可以抽取 MOFN 规则或 DNF 规则。

5. 第五阶段

尽管 1980 年日本的福岛邦彦就提出了深度卷积神经网络的雏形——“新认知机”，但正式提出“卷积神经网络”和“深度学习”(Deep Learning)这个概念的是加拿大多伦多大学的 Yann LeCun 和 Hinton 教授。

1989 年 Yann LeCun 提出了卷积神经网络，并将其用于图像处理，应该是深度学习算法最早尝试应用的领域。2006 年，Hinton 在世界著名的学术期刊《Science》上发表的论文“A Fast Learning Algorithm for Deep Belief Nets”中首次使用了“深度学习”。深度学习神经网络可通过学习深层非线性网络结构，表征输入数据，实现复杂函数逼近，并具有强大的从少数样本集中学习数据集本质特征的能力。作为机器学习算法研究中的一个新的技术，深度学习的本质在于建立一种可模拟人脑进行分析、学习的神经网络。

深度学习与传统的神经网络相比，两者均采用了相似的分层结构，且系统是都包括输入层、隐层、输出层的多层网络。但其特殊之处就是深度学习有一个“预训练”的过程，可以使得神经网络中的权值寻找最优解，之后再使用“微调”技术对整个网络进行优化训练。相比于传统人工神经网络的训练方式，这两个技术的运用大幅度减少了训练多层神经网络的时间。

深度学习让普通民众获得接近人工智能的机会，随着数据处理以及运算能力的不断提升，深度学习所代表的人工神经网络技术在性能上也有了突飞猛进的发展。同时，进入 21 世纪后，随着集成电路和计算机技术的迅猛发展，芯片的计算能力、处理速度和价格已经不是限制人工神经网络发展和应用的技术问题。因此，人工神经网络技术从学术界和工业界，渐渐走进大众的视野和生活中。如：使用人工神经网络技术的机器人、智能音箱、智能手机、语音控制器、人脸和指纹识别门禁系统等。

2012 年，AlexKrizhevsky 等人利用一个具有八层的卷积神经网络 AlexNet 在当年的 ImageNet 图像分类竞赛中取得了冠军，将分类错误记录从 26%降低到 15%，远超第二名十个百分点，让卷积神经网络再次回到了人们的视线中。随后各种改进的卷积神经网络结构如雨后春笋般涌现出来，其中比较有代表性的有 VGG、GoogleNet 和 ResNet 等。

2012 年 6 月，《纽约时报》披露了 Google Brain 项目，吸引了公众的广泛关注。这个项目是由著名的斯坦福大学的机器学习教授 Andrew Ng 和在大规模计算机系统方面的世界顶尖专家 Jeff Dean 共同主导，用 16,000 个 CPU Core 的并行计算平台去训练含有 10 亿个节点的深度神经网络，使其能够自我训练，对 2 万个不同物体的 1,400 万张图片进行辨识。

2014 年 3 月，Facebook 的 DeepFace 利用深度学习技术使得人脸识别正确率达到了 97.25%，几乎可媲美人类 97.5%的识别率。

2016 年 3 月，Google 旗下 DeepMind 公司开发的 AlphaGo 与围棋世界冠军、职业九段棋手李世石进行围棋人机大战，以 4 比 1 的总比分获胜。2016 年末 2017 年初，该程序在中国棋类网站上与中日韩数十位围棋高手进行快棋对决无一败绩。2017 年 5 月，它又以 3∶0 战胜了排名世界第一的世界围棋冠军柯洁。

2017年10月，在国际学术期刊《Nature》上发表的一篇研究论文称，谷歌下属公司Deepmind开发的AlphaGo Zero可以在无任何人类输入的条件下，从空白状态进行学习和训练。由于降低了训练复杂度，摆脱了对人类历史棋局标注样本的依赖，因此它能够迅速自学围棋。经过3天的训练它便以100：0的战绩击败了它的哥哥AlphoGo Lee，经过40天的训练便击败了它的另一个哥哥AlphoGo Master，真可谓是百战百胜。

另外，近年来人工神经网络在无人驾驶领域的应用也是非常的火热。在自动驾驶系统中，车辆对道路、障碍和方向的感知是通过摄像头和传感器接收环境数据来完成的，并运用人工神经网络对这些数据进行长时间的训练和学习。目前，各国都在积极推进路测，预计不久后我们便可以乘坐自动驾驶汽车驰骋在大街上了。

自然界的事物都是具有两面性的，是矛盾的对立和统一。在人们似乎已经从热闹、喧嚣，甚至几乎近于投机性的神经网络理论发展中，看到了它的累累硕果的时候，我们更应该提醒自己“前途是光明的，道路是曲折的”。

2.2 人工神经网络特点

人工神经网络是由大量节点相互连接构成的具有信息响应的网状拓扑结构，可用于模拟人脑神经元的活动过程，它反映了人脑功能的基本特性，包括诸如信息加工、处理和储存等过程。目前，已经发现的人工神经网络特征主要有非线性、并行处理和容错性，并具有联想、自学习、自组织和自适应能力。

1. 非线性

人工神经网络可以很好地处理非线性问题，是因为其内部的组成单元——神经元可以处于激活或抑制两种不同的状态，这种行为在数学上理解就是具有非线性。同时，人工神经网络是大量神经元的集体行为，并不是单个神经元行为的简单的相加，所以会表现出复杂非线性动态系统的特性。在实际问题处理中，输入与输出之间会存在复杂的非线性关系，通过设计神经网络对系统输入输出样本进行训练学习，可以任意精度地去拟合逼近复杂的非线性函数，解决环境信息十分复杂、知识背景不清楚和推理规则不明确的一些问题。

2. 并行处理

人工神经网络的结构采用大量的处理单元并联组合而成，且处理顺序也是并行的方式，即在它所处同层的处理单元都是同时操作的。它的信息存储的方式采用的是分布式，将存储信息分散到所有的连接权当中共同存储，而大量的神经元并行处理就会有较快的处理速度。

3. 容错性和联想能力

在生物系统中信息不是存储在某个位置，而是按内容而分布在整个网络上的。神经网络某个神经元不是只存储一个外部信息，而是存储多种信息的部分内容。因为神经网络具有这种分布储存形式，所以如果网络中部分的神经元遭到损坏，那么并不会对整体造成较大的影响。再者，将处理的数据信息储存在神经元之间的权重中，这就类似于大脑对信息的储存是在突触之间的活动当中。这种分布式存储算法是将运算与存储合为一体的，当信息不完整的时候，就可通过联想记忆对其进行恢复，所以说人工神经网络具有强大的容错性和联想记忆能力，可以在不完整的信息和干扰中进行特征提取并复原成完整的信息。

4. 自学习、自组织和自适应能力

人工神经网络具有很强的自学习能力，可以在不断的训练中来获得合适的权值和结构。人工神经网络在处理信息的同时改变权重大小，会得到不同的结果，并且可以通过一定的训练得出期望的输出值。人工神经网络系统可以在外部环境刺激下按一定规则调整神经元之间的突触连接强度，逐步构建神经网络，这个过程就被称为网络的自组织。而自适应是指人工神经网络具有可以通过改变自身的结构与条件来适应不同环境的能力。

2.3　人工神经网络应用

人工神经网络在模拟人脑的同时，一定程度上解放了我们人类，其作用主要体现在其模型具有比人类更强的学习、联想、存储功能，以及在面对一个复杂问题时的冷静和优化能力等方面。利用人工神经网络可以以类似人的思维方式对这些信息进行梳理和分析，并做出相应的判断、预测和决策。

另外，人工神经网络系统所具有的高容错性、鲁棒性及自组织性，更是传统信息处理技术所无法比拟的。因此，人工神经网络技术在语音识别、指纹识别、人脸识别、遥感图像识别和工业故障检测等方面都得到了广泛的应用。在人工神经网络近半个多世纪的研究和发展过程中，已经与众多学科和技术紧密结合，并且在众多领域都得到了广泛的应用和推广。下面主要从模式识别、预测评估、检测分析、拟合逼近、优化选择、博弈游戏等功能出发予以简单阐述。

1. 模式识别

近年来，互联网、物联网、大数据、云计算、区块链等一些“网红”名词不断涌现，而其背后通常会有体量巨大、类型多样、来源复杂的信息数据需要高频、高速、高效地进行分类、识别和分析。因此，模式识别日益成为这些新兴领域发展的一个关键技术。

模式识别技术是通过构造一个分类模型，或者建立一个分类函数将待处理数据集映射到给定的类别空间中，以便进行描述、辨识、分类和解释的技术，是信息科学和人工智能的重要分支。

人工神经网络在处理模式识别问题方面，有许多先天优势。最早 Rosenblatt 提出感知器的时候就将其用于解决分类问题，后来还用于字母识别、字母图像识别等方面。时下流行的深度学习模式识别方法是采用从大数据中自动学习得到事物的特征，而非采用传统手工设计方式，因此可以包含成千上万个从大数据中自动学习的特征参数。2012 年 ImageNet 比赛所采用的卷积网络模型的特征表示包含了从上百万样本中学习得到的 6000 万个参数。

目前，人工神经网络已经在人脸识别、指纹识别、车牌识别、语音识别等众多模式识别领域得到广泛应用。

人脸识别和指纹识别是进行身份识别的生物识别技术，是基于人的脸部和指纹特征信息，用摄像机或摄像头采集含有人脸和指纹的图像或视频流，并在图像库中检测和跟踪，进而对检测到的人脸和指纹进行识别的技术，如图 2-1 所示。人脸和指纹识别的研究始于

20 世纪 60 年代，80 年代后随着计算机技术和光学成像技术的发展得到提高。人脸和指纹识别系统成功的关键在于是否拥有高级的核心算法，而人工神经网络在识别上的优势在于可以通过学习，获得对于图像规则隐形的一种表达，从而避免进行复杂的特征提取，有利于硬件的实现。研究者运用时下流行的深度学习，通过扩展网络结构，增加训练数据，以及在每一层都加入监督信息的方法，在人脸识别领域已经达到 99.47%的识别率。

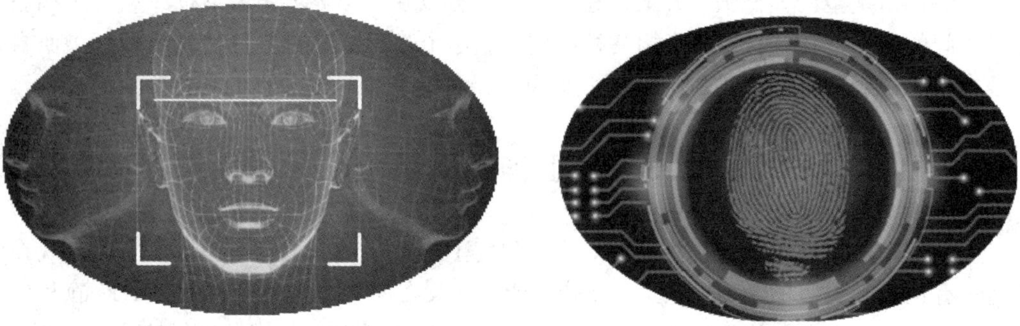

(a) 人脸识别　　(b) 指纹识别

图 2-1　人脸识别和指纹识别

车辆牌照是车辆身份的重要标识和证明，车牌识别技术是目前智能交通领域一个重要的研究方向，它对于智能交通系统的建设具有非常重要的意义，如图 2-2 所示。基于人工神经网络的方法对车辆牌照进行识别时，首先对字符模板进行特征提取，然后用提取的特征训练神经网络分类器，再将待识别的字符提取特征，送入训练好的神经网络进行识别。早期采用 BP 等神经网络处理时，精度比较低，但是近年随着深度学习、视频采集等新技术在车牌识别中的应用，正确率几乎可以达到 99%。

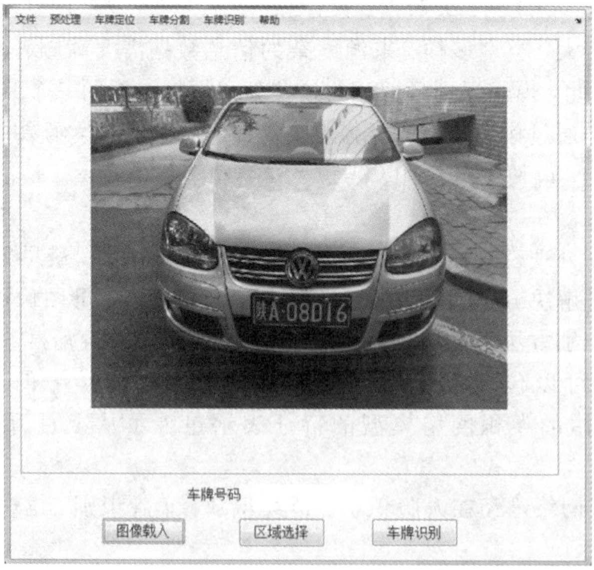

图 2-2　车牌识别

语音识别传统的方法主要利用高斯混合等传统模型对声学的低层特征进行提取，进而识别语音所对应的文字，语音识别的正确率仅有 75%左右，难以达到实用水平。2009 年开始，微软亚洲研究院和深度学习领军人物 Hinton 合作，于 2011 年推出基于深度神经网络的语音识别系统。据报道，2013 年，识别的正确率就达到了 82.3%左右。采用深度神经网络框架结构，能够将连续的特征信息结合构成高维特征，通过高维特征样本对深度神经网络模型进行训练。

由于深度神经网络采用了类似人脑逐层进行数据特征提取的工作方式，因此更容易得到适合进行模式分类处理的理想特征。牛津大学和 Google 公司 DeepMind 的科学家们创造了 LipNet 深度网络，在阅读唇语测试中只有 7%的错误率，而普通的人类唇语阅读者则有 48%失误率。

2. 预测评估

预测评估是根据客观对象的已知信息对事物或事件在将来的某些特征、发展状况进行科学测算和评估的活动。具体来说，就是运用各种定性和定量的分析理论与方法，对事物未来发展的趋势和水平进行推测和评价。

人工神经网络用于预测评估，就是利用人工神经网络模仿生物神经网络进行学习、训练、联想、存储的能力，根据已有的数据样本对事物或事件在未来发展的趋势和水平进行预测和评价。目前，人工神经网络在市场预测、风险评估、交通运输预测估计等方面都有很广泛的应用。

对市场的预测分析，可理解为对影响市场供求关系的诸多因素的综合分析。传统的统计经济学方法很难对价格变动做出科学的预测，而人工神经网络则较容易处理不完整的、不确定或规律性不明显的一些数据，所以具有传统方法无法比拟的优势。常见的市场预测估计参量有营收、价格、股票、产量、销售量等。

风险评估指在从事某项特定活动的过程中，因其可能存在的不确定性而产生的经济或财务的损失、自然破坏或损伤的可能性。防范风险最好的办法就是事先对风险做出科学的预测和评估。应用人工神经网络预测的思想是根据具体现实的风险来源，构造出适合实际情况的风险评估的模型和算法，得到风险评价指标，然后决定和判断从事该项活动的可行性。

交通运输问题是高度非线性的，可获得的数据通常是大量的、复杂的。用人工神经网络处理交通运输问题有非线性、并行处理能力强等优势。目前应用范围涉及交通流量预测、路线规划、驾驶员行为预测、货物运营管理、车辆检测与道路运营维护等，如交通路线规划中可以利用人工神经网络将采集到的各种道路交通信息进行分析，然后传输到公路运输系统里，让出行者可以选择最高效的交通方式和路线，而管理部门可以随时掌握车辆的运行情况，进行合理的调度。这样可以提高整个路面的通行能力，也可以进一步减少交通拥挤和堵塞。

疾病预测是人工神经网络在医学领域应用的一个典型代表，它可以根据人体生物信号的表现形式和变化规律，去预测和评估疾病的发生概率和可能性，可以在病情未完全爆发之前提早预防和治疗，如癌症病人在病发早期会出现呼吸困难、乏力、疼痛、衰弱、厌食、焦躁和体重下降等外在症状，以及部分血液学指标会出现 WBC$>11\times10^9$/L、Lym%$<$12%、低外周血 ALB、高 LDH 值等生理指标，这些症状和指标都可作为人工神经网络预测和评估病人患癌症的重要输入和学习参量。Google 利用医院信息数据来构建患者的原始信息数据库，包括临床记录、诊断信息、用药信息等数据。采用基于神经网络深度学习

的方法来对数据进行学习，经过学习训练后，进行自动临床决策，其准确率超过92%。

基于人工神经网络预测功能的网站生成器可以根据网络使用者的习惯、需求、爱好，对网站信息内容进行修改，帮助网站更新，比网站程序员更快速、更准确，也可以反馈给服务商更多的信息和数据。

Google公司的Sunproof项目，使用Google地球的航拍照片创建了屋顶的3D模型，将它与周围的树木和阴影区分开。然后，它利用太阳的轨迹，根据位置参数来预测屋顶上太阳能电池板能产生多少能量。

3. 检测分析

检测分析技术是根据各种物理、化学原理，选择合适的方法和手段，将生产、科研、生活中的有关特征信息通过检查、提取与测量的方法赋予定性或定量结果的过程。

在工业和医学领域大部分检测设备都是以连续波形的方式输出数据的，这些波形是诊断分析的重要依据。

人工神经网络是由大量的简单处理单元连接而成的自适应动力学系统，具有巨量并行性，分布式存储，自适应学习、自组织等功能，可以用它来解决传统工业和医学信号分析处理中常规方法难以解决或无法解决的问题，如工业领域中的故障、振动、噪声、干扰等信号，以及脑电、听觉诱发电位、肌电和胃肠电等生物医学信号。2016年，美国Enlitic公司开发了基于深度神经网络的癌症检测系统，可以从X射线、CT扫描、B超、MRI等的图像中检测恶性肿瘤。随着研究的深入，人工神经网络将在未来的几年内更广泛地应用于生物医学检测中，从而提高人类的寿命和生活质量。

另外，在检测分析中可以将人工神经网络用于结果分析专家系统。专家系统就是把大量专家水平的经验和知识按照某种规则的形式存储在计算机中，建立知识库，用逻辑推理的方式对待研究对象进行分析。

在实际应用中，随着数据库规模的增大，将导致知识“爆炸”，在知识获取途径中也存在“瓶颈”问题，致使专家系统工作效率很低。以非线性、并行处理为基础的人工神经网络专家系统，提高了知识的推理、自组织、自学习能力，因此得到了广泛的应用和发展。常见的有设备故障诊断专家库、医疗诊断专家库等。

4. 拟合逼近

拟合逼近作为工程计算中一种常用的数学方法，在物理、化学、建筑、天体物理、航天和军事领域中都有重要的应用。

人工神经网络可以进行拟合是因为它可以通过增加隐含层神经元的值，使其越来越逼近原函数。拟合逼近的原理可以理解为将函数表示成一组三角函数基函数的线性叠加。其实任意连续函数都可以看做一组基函数的叠加，然后在一个隐藏层选择合适的基函数叠加即可。因此，人工神经网络对线性和非线性问题都具有一定的拟合和逼近能力，如服药后血药浓度与时间的关系、疾病疗效与疗程长短的关系、毒物剂量与致死率的关系等常呈曲线关系都可以通过人工神经网络来进行拟合求解。

5. 优化选择

优化就是采取一定措施使待分析事物或研究对象变得更加优异，而选择就是“去其糟粕，取其精华”，使对象在一定条件下更加优秀和突出。优化问题涉及找到一组非常复杂的非多项式完整问题的解决方案。经典的问题有旅行商问题、车辆调度及信道效率问题等。将人工神经网络用于优化问题，就是使用神经网络算法对研究对象时间复杂度、空间复杂度、正确性、健壮性等因素进行综合考虑和分析。

大数据时代下，处理问题的场景千变万化，待处理数据的数量级也越来越大，因此，对优化工具本身也提出了更高的要求。人工神经网络具有很好的泛化能力，对新鲜样本数据具有很强的适应性和容错性。这是因为人工神经网络学习的目的是学到隐含在数据背后的规律，对具有同一规律的学习集以外的数据，经过训练的神经网络也能给出合适的输出，这就是泛化能力。通常期望经训练样本训练的网络具有较强的泛化能力，也就是对新输入给出合理响应的能力。对于优化选择问题来说，人工神经网络的性能主要用它的泛化能力来衡量。

用于解决这些问题的人工神经网络在概念上不同于前两类(分类和时间序列)，因为它们需要无监督的网络，而人工神经网络没有提供任何先前的解决方案，因此必须自行"学习"没有已知的模式。

使用人工神经网络进行优化选择时，计算中往往要求最后的解为系统的全局极小点。如果优化问题是一个凸性优化问题，那么它唯一的一个局部极小点就是全局极小点。如果优化问题是非凸的，则可能会陷入局部极小点，就必须采用其他的方法来使其跳出局部极小点而达到全局极小点。

Hopfield 神经网络就是优化计算中一个重要的工具，常被用于线性、二次型和非线性等多种类型的优化问题中。它可以把目标函数转化为网络的能量函数，将求解问题的变量对应于网络的状态，网络能量函数的极小点对应于系统的稳定平衡点，这样能量函数极小点的求解就转换成求解系统的稳定平衡点问题。网络的运动轨迹在相空间中总是朝着能量函数减小的方向运动，最终到达系统的平衡点即能量函数的极小点，即网络的能量函数收敛于极小值时，问题的最优解也随之求出。

6. 博弈游戏

1944 年，匈牙利籍美国科学家 Neumann 与德国经济学家 Morgenstern 合著的《博弈论与经济行为》出版，标志着现代系统博弈理论的初步形成，因此他们也被称为"博弈论之父"。尽管后来，博弈论与计算学科学不分彼此，但博弈论长期以来主要运用在经济学方面，如 2012 年诺贝尔经济学奖得主罗斯和沙普利就是博弈理论家。

20 世纪 90 年代以来，博弈论逐渐与人工智能研究融合，并得到了哈佛大学、剑桥大学、斯坦福大学等世界著名研究机构支持。人工神经网络也正是在这个时期进入博弈领域的。特别是 Google 公司基于深度学习技术开发的 AlphaGo 打败各路围棋高手后，人工神经网络似乎成了指挥这场人工智能大战的将军。研究人员曾使用深度学习技术，教电脑玩雅达利的打砖块游戏 Breakout。他们没有以任何特定的方式对这台电脑进行教学或编程。相反，它在看分数的同时还控制了键盘，两个小时后，电脑就成为了这个游戏的专家。目前，受过神经网络学习训练的计算机几乎可以在所有你能想到的游戏中击败人类。

习　题

1. 人工神经网络的概念是什么?

2. 简述人工神经网络的发展历程。
3. 人工神经网络的特点有哪些？
4. 人工神经网络的应用主要有哪些？
5. 结合自己的研究工作和方向，阐述人工神经网络的发展趋势。

参 考 文 献

[1] Hinton G E, Osindero S, Teh Y W. A Fast Learning Algorithm for Deep Belief Nets [J]. Neural Computation, 2006, 18(7): 1527-1554.

[2] McCulloch W S, Pitts W. A Logical Calculus of the Ideas Immanent in Nervous Activity [J]. Bulletin of Mathematical Biophysics, 1943, (5): 115-133.

[3] Wiener Norbert. Cybernetics: Or Control and Communication in the Animal and the Machine[M]. Paris: MIT Press, 1961.

[4] Hebb D O. The Organization of Behavior[M]. New York: Wiley, 1949.

[5] Rosenblatt F. Principles of Neurody Namics: Perceptrons and the Theory of Brain Mechanisms[M]. New York: Spartan, 1962.

[6] Nilsson N J. Learning Machines: Foundations of Trainuble Pattern Classifying Systems[M]. New York: McGraw-hill, 1965.

[7] 钱学森. 关于思维科学[M]. 上海：上海人民出版社，1986.

[8] 焦李成. 神经网络计算[M]. 西安：西安电子科技大学出版社，1993.

[9] Martin T Hagan, Howard B Demuth, Mark H Beale. Neural Nctwork Design[M]. Boston: MA: PWS, 1996.

[10] LeCun Y, Bengio Y, Hinton G. Deep learning [J]. Nature, 2015, 521(7553): 436-444.

第 3 章　人工神经网络数理基础

人工神经网络和数学是密不可分的，首先神经网络是用矩阵来描述的，其次，为了方便计算，需要把神经网络的输入、输出和权值看做是向量或矩阵，向量和矩阵运算又涉及线性变换等知识。另外，在人工神经网络算法中运用了梯度、导数、微分等数学知识。因此，了解和掌握基本的数理知识是学习和应用人工神经网络的基础。

3.1　神经元模型

1. 符号说明

为了方便表述神经元，也为了本书的规范性和统一性，除特殊说明外，书中涉及的符号遵循以下规定：

(1) 小写斜体字母代表标量，例如 x，y。

(2) 小写的黑色斜体字母代表向量，例如 $\boldsymbol{x}$，$\boldsymbol{y}$。

(3) 大写的黑色斜体字母代表矩阵，例如 $\boldsymbol{X}$，$\boldsymbol{Y}$。

(4) 权值下标的定义：权值矩阵元素的下标的第一个参数表示的是权值连接后一层接收目标神经元的编号，第二个下标表示权值连接前一层输出源神经元的编号。例如，$w_{1,2}$ 表示该元素是从前一层第二个神经元到后一层第一个输入神经元的连接权值；$w_{3,4}$ 表示该元素是从前一层第四个神经元到后一层第三个输入神经元的连接权值。

2. 单输入神经元

单输入神经元的工作原理如图 3－1 所示。它相当于权值 w 乘以输入标量 x 得到 wx，将它送入累加器中形成一个新的输入。另一个输入 1 乘以偏置 b 后也送入到累加器中，累加器的输出 n 通常被称为净输入，将净输入 n 送入传递函数 f 中，经传递函数 f 映射后产生神经元的输出标量 y。

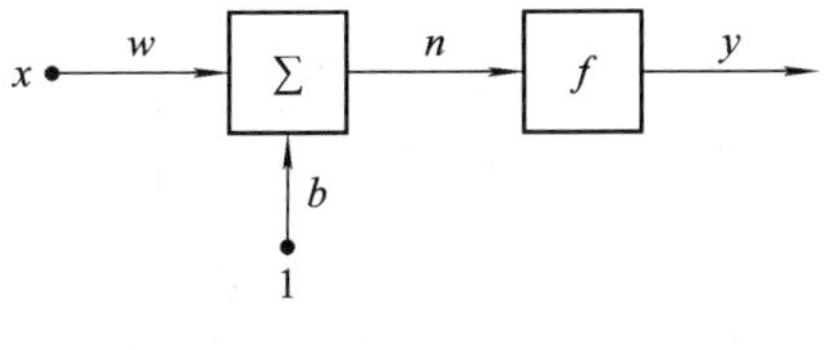

图 3－1　单输入神经元的工作原理

如果将这个神经元模型与生物神经元对照，那么输入标量 x 相当于外部的激励，权值 w 相当于突触的连接强度，胞体对应于累加器和传递函数，神经元输出 y 代表轴突的输出信号。因此，神经元的输出为

$$y = f(wx + b) \tag{3-1}$$

其中，传递函数 f 决定了神经元的实际的输出标量 y。

假设 $x=2$，$w=3$，$b=2$ 时，那么神经元的输出为

$$y=f(3\times 2+2)=f(8)$$

另外，式(3-1)中偏置参数 b 可以有，也可以没有。当设置了偏置参数时，它的作用有点像权值，当然在神经元模型中也可以不使用偏置。在神经元模型中，权值 w 和偏置参数 b 是可以调整的。另外，在实际应用中，可以根据输出的需要，选择不同的传递函数。

3. 传递函数

传递函数在神经元中的作用就是将累加器的输出按照指定的函数关系得到一个新的映射输出，进而完成人工神经网络的训练。另外，传递函数能够用来加入非线性因素，提高人工神经网络对模型的表达能力，解决线性模型所不能解决的一些问题。不同种类的神经网络、不同的应用场合，所选择的传递函数可以不同。传递函数的种类很多，表 3-1 给出了常用的几种传递函数。

表 3-1 传递函数

传递函数	函数关系式	MATLAB 函数	图例
硬限幅函数	$y=\begin{cases}1 & n\geqslant 0\\0 & n<0\end{cases}$	hardlim	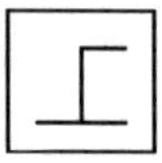
对称硬限幅函数	$y=\begin{cases}+1 & n\geqslant 0\\-1 & n<0\end{cases}$	hardlims	
对数 S 型函数	$y=\dfrac{1}{1+e^{-n}}$	logsig	
正切 S 型函数	$y=\dfrac{e^{n}-e^{-n}}{e^{n}+e^{-n}}$	tansig	
线性函数	$y=n$	purelin	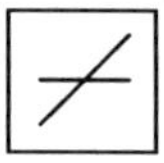
符号函数	$y=\begin{cases}+1 & n\geqslant n_i\\-1 & n<n_i\end{cases}$	sgn	
饱和线性函数	$y=\begin{cases}1 & n>1\\n & 0\leqslant n\leqslant 1\\0 & n<0\end{cases}$	satlin	

续表

传递函数	函数关系式	MATLAB 函数	图　例
对称饱和线性函数	$y=\begin{cases}1 & n>1\\ n & -1<n<1\\ -1 & n<-1\end{cases}$	satlins	
正线性函数	$y=\begin{cases}n & n\geqslant 0\\ 0 & n<0\end{cases}$	poslin	
竞争函数	$y=1$，所有最大 n 的神经元 $y=0$，所有的其他神经元	compet	C
线性整流函数	$y=\begin{cases}n & n\geqslant 0\\ 0 & n<0\end{cases}$	ReLU	
指数线性整流函数	$y=\begin{cases}n & n>0\\ \alpha(\mathrm{e}^{n}-1) & n\leqslant 0\end{cases}$	ELU	
修正线性整流函数Ⅰ	$y=\max(\alpha n,n)$，$\alpha\in(0,1)$	PReLU	
修正线性整流函数Ⅱ	$y=\begin{cases}n & n\geqslant 0\\ \dfrac{n}{\beta} & n<0\end{cases}$ $\beta\in(1,+\infty)$	Leaky ReLU	
随机纠正线性整流函数	$y=\begin{cases}n & n\geqslant 0\\ an & n<0\end{cases}$ $a\in U(l,u)$， $(l<u)\in[0,1)$	RReLU	 （注意此处阴影）

下面以对数 S 型传递函数和线性整流函数 ReLU 为例，对传递函数进行简单说明。

对数 S 型传递函数，即 Sigmoid 函数，在生物学中也称为 S 型生长曲线。由于其具有单调递增特性以及其反函数也具有单调递增的特性，可以将输出映射到 0 到 1 之间，因此常被当做传递函数或阈值函数使用。其函数表达式为

$$y=\frac{1}{1+\mathrm{e}^{-n}} \tag{3-2}$$

式中，n 表示净输入，y 是处于 0 到 1 之间的输出量。图 3-2 是对数 S 型传递函数的特性图。

对数 S 型传递函数的优点是能够把输出的实数值限定在 0 到 1 之间，其缺点是容易饱

和。当输入值太大或者太小时，神经元的梯度就无限趋近 0，使得在计算反向误差时，最终的权值几乎不会更新。另外，如果对数 S 型传递函数的输出不是以零为中心，那么在后续的神经网络处理数据时将接收不到零中心的数据，从而会对梯度产生影响，降低权值更新效率。

线性整流函数(Rectified Linear Unit，ReLU)，类似于数学中的斜坡函数，是目前人工神经网络最常用的一种传递函数，函数表达式为

$$y=\begin{cases} n & n \geqslant 0 \\ 0 & n < 0 \end{cases} \tag{3-3}$$

图 3-3 是线性整流传递函数的特性图。可以发现：当输入正值时，ReLU 函数输出等于输入；当输入为零和负值时，ReLU 函数输出为零。

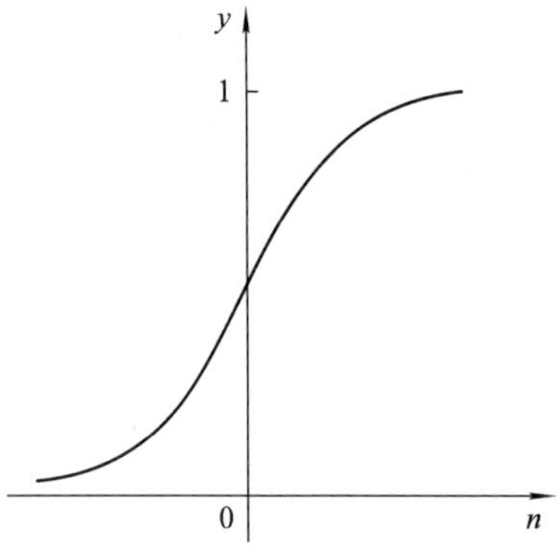

图 3-2　对数 S 型传递函数

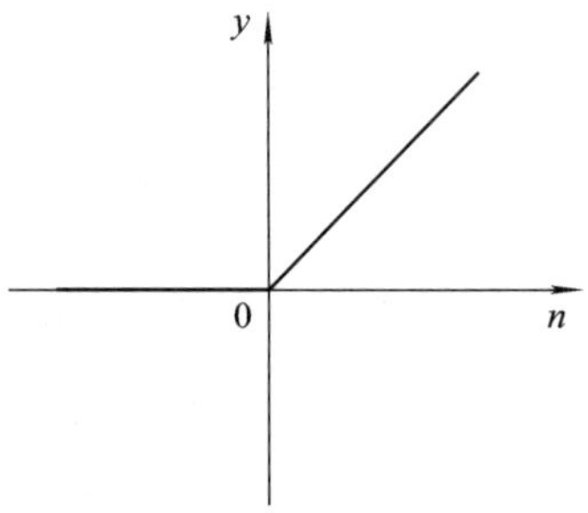

图 3-3　线性整流传递函数

相比于对数 S 型传递函数，ReLU 函数不存在梯度饱和问题，且具有更快的收敛速度。但是当输入是负数的时候，ReLU 是完全不被激活的，这就表明一旦输入了负数，ReLU 就会只输出 0。在前向传播过程中，这种情况可能还不算什么问题，因为有的区域是敏感的，有的是不敏感的。但是进入反向传播过程中，如遇到负数输入，梯度就会降到 0，这种情况与对数 S 型传递函数和正切 S 型函数是一样的。

为了避免这种情况发生，可以采用改进型的函数，如 PReLU、ELU、Leaky ReLU 等。函数给负值区域也赋予了一定的斜率，尽管斜率很小，但是不会趋于 0。当然，它们之间也有差别，ELU 和 PReLU 函数的区别在于，PReLU 函数在负数区域内是线性运算。另外，在表 3-1 中 α 的取值一般都很小，特别当 $\alpha=0.01$ 时，PReLU 与 Leaky ReLU 函数作用效果相同。

4. 多输入神经元

多输入神经元就是神经元模型中不只有一个输入的情况。若神经元具有 R 个输入，则它的输入 x_1，x_2，…，x_R 分别对应着权值矩 $\boldsymbol{W}$ 中的元素 $w_{1,1}$，$w_{1,2}$，…，$w_{1,R}$，如图 3-4 所示。多输入神经元神经元模型有偏置 b，它将与所有输入的加权和累加，然后形成净输入 n，最后再将它

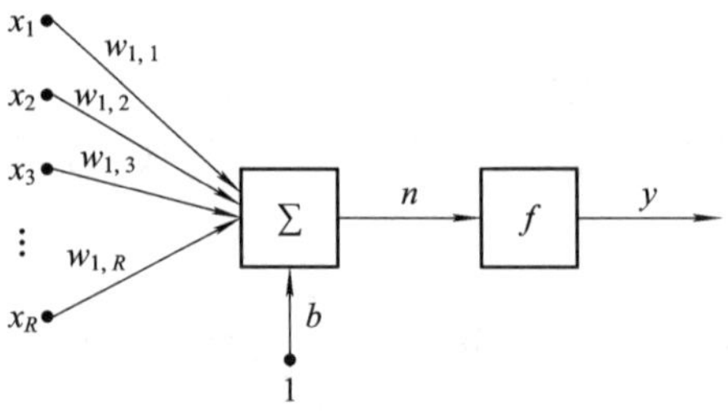

图 3-4　多输入神经元

送入传递函数 f 当中，得到输出量 y。

此时，净输入 n 为

$$n = w_{1,1}x_1 + w_{1,2}x_2 + \cdots + w_{1,R}x_R + b \tag{3-4}$$

也可以表述为

$$n = \boldsymbol{Wx} + b \tag{3-5}$$

在单输入神经元模型当中，权值矩阵 $\boldsymbol{W}$ 只有一个元素 w，但是多输入神经元的权值矩阵 $\boldsymbol{W}$ 有 R 个元素，所以神经元输出表述为

$$y = f(\boldsymbol{Wx} + b) \tag{3-6}$$

3.2 导　　数

1. 定义

1）导数的定义

设函数 $y=f(x)$在 $x=x_0$ 的邻域 $U(x_0)$内有定义，并设 $x_0+\Delta x \in U(x_0)$，假设

$$\lim_{\Delta x \to 0} \frac{\Delta y}{\Delta x} = \lim_{\Delta x \to 0} \frac{f(x_0 + \Delta x) - f(x_0)}{\Delta x} \tag{3-7}$$

存在，则称函数 $y=f(x)$在 $x=x_0$ 处可导，式(3-7)的极限是函数在 $x=x_0$ 处的导数，记作 $f'(x_0)$，即

$$f'(x_0) = \lim_{\Delta x \to 0} \frac{f(x_0 + \Delta x) - f(x_0)}{\Delta x} = f'(x_0) = \left.\frac{\mathrm{d}f(x)}{\mathrm{d}x}\right|_{x=x_0} \tag{3-8}$$

也可写为 $y'(x_0)$，$\left.\dfrac{\mathrm{d}y}{\mathrm{d}x}\right|_{x=x_0}$。

2）左、右导数的定义

极限 $\lim\limits_{x \to x_0^-} \dfrac{f(x)-f(x_0)}{x-x_0}$和 $\lim\limits_{x \to x_0^+} \dfrac{f(x)-f(x_0)}{x-x_0}$分别称为 $f(x)$在 $x=x_0$ 处的左导数和右导数，分别记为 $f_-'(x_0)$和 $f'(x_0)$。

3）高阶导数的定义

设函数 $y=f(x)$的导数 $y'=f'(x)$依旧是 x 的函数，则称 $y'=f'(x)$的导数为函数 $y=f(x)$的二阶导数，记为 y''或者$\dfrac{\mathrm{d}^2 y}{\mathrm{d}x^2}$。类似的，称二阶导数的导数为三阶导数，以此类推，函数 $y=f(x)$具有 n 阶导数，也可称函数 $f(x)$为 n 阶导数。二阶以及二阶以上的导数称为高阶导数。

2. 定理与性质

定理一：如果 $f(x)$在 x 处可导，那么 $f(x)$在同一点处必连续，但是反之不成立。

定理二：如果 $f(x)$在 $x=x_0$ 处可导，则可推出 $f(x)$在 $x=x_0$ 处左导数和右导数都存在，且左导数和右导数相等。反之也成立。当函数可导时，$f_-'(x_0)=f_+'(x_0)=f'(x_0)$。

导数的几何意义：若函数 $f(x)$在 $x=x_0$ 的导数记为 $f'(x_0)$，则它是曲线 $f(x)$在点$(x_0, f(x_0))$处的斜率。

运算法则：下列函数 $u=u(x)$，$v=v(x)$均可导。

$$(u\pm v)'=u'\pm v';\ (Cu)'=Cu';\ (uv)'=u'v+uv';\ \left(\frac{u}{v}\right)'=\frac{u'v-uv'}{v^2}\quad (v\neq 0)$$

3.3 微　　分

3.3.1 定义

设 $y=f(x)$ 在 $x=x_0$ 的邻域 $U(x_0)$ 内有定义，同时假设 $x_0+\Delta x\in U(x_0)$。若

$$\Delta y=f(x_0+\Delta x)-f(x_0)=A\Delta x+o(\Delta x) \tag{3-9}$$

式中，常数 A 与 Δx 无关，$\lim\limits_{\Delta x\to 0}\dfrac{o(\Delta x)}{\Delta x}=0$，则称 $f(x)$ 在点 $x=x_0$ 处可微，并称 $A\Delta x$ 为 $f(x)$ 在 $x=x_0$ 处的微分。又因为自变量的增量 Δx 等于自变量的微分 $\mathrm{d}x$，因此 $\mathrm{d}y$ 可以记作 $\mathrm{d}y=A\mathrm{d}x$。

3.3.2 定理与性质

1. 定理

定理一：如果 $y=f(x)$ 在 $x=x_0$ 处可导，可以推出 $f(x)$ 在 $x=x_0$ 处可微分，反之也可以推出，那么当这个条件成立时，$\mathrm{d}y=f'(x)\mathrm{d}x$。

定理二：如果 $y=f(x)$ 在 x_0 处可微，那么 $\Delta y=\mathrm{d}y+o(\Delta x)$ 也可写为 $\Delta y=f'(x_0)\Delta x+o(\Delta x)$。

2. 性质

运算法则：下列函数 $u=u(x)$，$v=v(x)$ 均可导。

$$\mathrm{d}(u\pm v)=\mathrm{d}u\pm\mathrm{d}v;\ \mathrm{d}(uv)=u\mathrm{d}v+v\mathrm{d}u;\ \mathrm{d}(Cu)=C\mathrm{d}u;\ \mathrm{d}\left(\frac{u}{v}\right)=\frac{v\mathrm{d}u-u\mathrm{d}v}{v^2}\quad (v\neq 0)$$

3.4 积　　分

3.4.1 定义

1. 不定积分

不定积分是指在区间 U 内，函数 $f(x)$ 带有任意常数项的原函数称为 $f(x)$ 在区间 U 内的不定积分，记作

$$\int f(x)\mathrm{d}x \tag{3-10}$$

式中，$\int$ 为积分号，$f(x)$ 为被积函数，$f(x)\mathrm{d}x$ 为被积表达式，x 为积分变量。

2. 定积分

设 $f(x)$ 在区间 $[a,b]$ 上有定义而且有界，在区间 $[a,b]$ 任意插入若干个点 $a<x_0<x_1<\cdots<x_n<b$，把区间分成 n 个小区间，每个小区间的长度为 $\Delta x_1=x_1-x_0$，$\Delta x_2=x_2-$

x_1，…，$\Delta x_n = x_n - x_{n-1}$，在每个小区间$[x_{i-1}, x_i]$中任取一点$\xi_i$，作和式$\sum_{i=1}^{n} f(\xi_i)\Delta x_i$，该式被称为积分和，取$\lambda = \max\{\Delta x_1, \Delta x_2, \cdots, \Delta x_n\}$，当$\lambda \to 0$时，积分和的极限存在，则称$f(x)$在$[a, b]$上可积，称上述极限为$f(x)$在$[a, b]$上的定积分。

3.4.2 定积分定理与性质

1. 定理

定理一：如果$f(x)$在区间$[a, b]$上连续，那么$\int_a^b f(x)\mathrm{d}x$必定存在。

定理二：假设$f(x)$在$[a, b]$上有界，且只有有限个间断点，那么$\int_a^b f(x)\mathrm{d}x$存在。

2. 性质

(1) 若$f(x)$与$g(x)$在区间$[a, b]$上连续，且$f(x) \leqslant g(x)$，那么至少存在x_1，$a \leqslant x_1 \leqslant b$，使得$f(x_1) \leqslant g(x_1)$，则

$$\int_a^b f(x)\mathrm{d}x < \int_a^b g(x)\mathrm{d}x \tag{3-11}$$

(2) 积分中值定理：设$f(x)$在区间$[a, b]$上连续，则至少存在一点ξ，ξ在$[a, b]$内，使得

$$\int_a^b f(x)\mathrm{d}x = f(\xi)(b-a) \tag{3-12}$$

3.5 梯　　度

1. 方向导数定理

如果函数$f(x, y)$在点$P_0(x_0, y_0)$处可微分，那么函数在该点沿任一方向l的方向导数都存在，且有

$$\left.\frac{\partial f}{\partial l}\right|_{(x_0, y_0)} = f_x(x_0, y_0)\cos\alpha + f_y(x_0, y_0)\cos\beta \tag{3-13}$$

式中，$\cos\alpha$，$\cos\beta$是方向l的方向余弦。

梯度的本意是一个向量，表示函数在某点处的方向导数沿该方向取得最大值，也就是说，函数在该点沿此梯度的方向变化最快、变化率最大为该梯度的模。

2. 梯度定义

设二元函数$z = f(x, y)$在平面区域D上具有一阶连续偏导数，对于每一个点$P(x_0, y_0)$，且点P在区域D内，都会有一个向量

$$f_x(x_0, y_0)\boldsymbol{i} + f_y(x_0, y_0)\boldsymbol{j} \tag{3-14}$$

式(3-14)被称为函数$z = f(x, y)$在点$P(x_0, y_0)$的梯度，记作$\mathrm{grad}f(x_0, y_0)$或者$\nabla f(x_0, y_0)$，即

$$\mathrm{grad}f(x_0, y_0) = \nabla f(x_0, y_0) = f_x(x_0, y_0)\boldsymbol{i} + f_y(x_0, y_0)\boldsymbol{j} \tag{3-15}$$

式中，∇被称为向量的微分算子或者Nabla算子。

3.6 行 列 式

1. n 阶行列式的概念

n 阶行列式

$$\begin{vmatrix} a_{11} & a_{12} & \cdots & a_{1n} \\ a_{21} & a_{22} & \cdots & a_{2n} \\ \cdots & \cdots & \cdots & \cdots \\ a_{n1} & a_{n2} & \cdots & a_{nn} \end{vmatrix}$$

是所有取自不同行不同列的 n 个元素的乘积 $a_{1j_1}a_{2j_2}\cdots a_{nj_n}$ 的代数和，其中 j_1，j_2，…，j_n 是 1，2，…，n 的一个排列。当 j_1，j_2，…，j_n 偶排列时，该项带正号；当 j_1，j_2，…，j_n 为奇排列时，为负号。因此，

$$\begin{vmatrix} a_{11} & a_{12} & \cdots & a_{1n} \\ a_{21} & a_{22} & \cdots & a_{2n} \\ \vdots & \vdots & \vdots & \vdots \\ a_{n1} & a_{n2} & \cdots & a_{nn} \end{vmatrix} = \sum_{j_1, j_2\cdots j_n} (-1)^{\tau(j_1 j_2 \cdots j_n)} a_{1j_1} a_{2j_2} \cdots a_{nj_n} \tag{3-16}$$

式(3－16)是对 n 阶行列式求和。

2. 行列式性质

(1) 行列式经过转置其值不变：$|\mathbf{A}^{\mathrm{T}}| = |\mathbf{A}|$。

(2) 如果行列式的某一行或者某 列有公因子 k，可把 k 提到行列式外边，表示成 k 乘以行列式。

(3) 行列式的两行(或者两列)互换位置，行列式的值变号。当行列式中有两行或者两列相同时，行列式值为零。

(4) 如果行列式的某一行(或者某一列)是两个元素之和，那么可以把行列式分成两个行列式之和。如：

$$\begin{vmatrix} a_1+d_1 & a_2+d_2 & a_3+d_3 \\ b_1 & b_2 & b_3 \\ c_1 & c_2 & c_3 \end{vmatrix} = \begin{vmatrix} a_1 & a_2 & a_3 \\ b_1 & b_2 & b_3 \\ c_1 & c_2 & c_3 \end{vmatrix} + \begin{vmatrix} d_1 & d_2 & d_3 \\ b_1 & b_2 & b_3 \\ c_1 & c_2 & c_3 \end{vmatrix}$$

(5) 把行列式的某一行(或者某一列)的 n 倍加到另一行(或者另一列)，行列式的值不变。如：

$$\begin{vmatrix} a_1 & a_2 & a_3 \\ b_1 & b_2 & b_3 \\ c_1 & c_2 & c_3 \end{vmatrix} = \begin{vmatrix} a_1 & a_2 & a_3 \\ b_1 & b_2 & b_3 \\ c_1+na_1 & c_2+na_2 & c_3+na_3 \end{vmatrix}$$

3.7 矩 阵

3.7.1 概念

1. 矩阵的定义

将 $m\times n$ 个数排列成 m 行 n 列的一个表格，如：

$$\begin{bmatrix} a_{11} & a_{12} & \cdots & a_{1n} \\ a_{21} & a_{22} & \cdots & a_{2n} \\ \vdots & \vdots & \vdots & \vdots \\ a_{m1} & a_{m2} & \cdots & a_{mn} \end{bmatrix}$$

则称它为一个 $m\times n$ 的矩阵。特别当 $m=n$ 时，称为 n 阶方阵。

如果两个矩阵 $\boldsymbol{A}=[a_{ij}]_{m\times n}$，$\boldsymbol{B}=[b_{ij}]_{c\times d}$，且 $m=c$，$n=d$，那么称 $\boldsymbol{A}$ 和 $\boldsymbol{B}$ 为同矩阵。如果矩阵 $\boldsymbol{A}$ 和矩阵 $\boldsymbol{B}$ 对应位置的元素都相等，那么称矩阵 $\boldsymbol{A}$ 等于矩阵 $\boldsymbol{B}$，记作 $\boldsymbol{A}=\boldsymbol{B}$。

2. 矩阵的分类

设 $\boldsymbol{A}$ 为 n 阶矩阵，则

(1) 零矩阵：当矩阵内所有的元素都为零时，称矩阵为零矩阵，记作 $\boldsymbol{O}$。

(2) 单位阵：主对角元素都是 1，其余元素都为 0 的矩阵称为单位矩阵，记作 $\boldsymbol{E}_n$(或者 $\boldsymbol{E}$)。

(3) 对角阵：非对角元素都为 0 的矩阵称为对角阵，记作 $\boldsymbol{\Lambda}$。

(4) 对称阵：如果 $\boldsymbol{A}^{\mathrm{T}}=\boldsymbol{A}$，那么 $a_{ij}=a_{ji}$ 的矩阵称为对称阵。

(5) 正交阵：如果满足 $\boldsymbol{A}^{\mathrm{T}}\boldsymbol{A}=\boldsymbol{A}\boldsymbol{A}^{\mathrm{T}}=\boldsymbol{E}$，则称 $\boldsymbol{A}$ 为正交矩阵，即 $\boldsymbol{A}^{\mathrm{T}}=\boldsymbol{A}^{-1}$。

3.7.2 矩阵的运算

(1) 加法：只有同型矩阵才可以相加。如：

$$\boldsymbol{A}+\boldsymbol{B}=[a_{ij}]_{m\times n}+[b_{ij}]_{m\times n}=[a_{ij}+b_{ij}]_{m\times n}$$

(2) 数乘：k 是一个常数，$\boldsymbol{A}=[a_{ij}]_{m\times n}$是一个矩阵，常数乘以矩阵可表示为

$$k\boldsymbol{A}=k[a_{ij}]_{m\times n}=[ka_{ij}]_{m\times n}$$

(3) 乘法：当矩阵 $\boldsymbol{A}$ 的列数等于矩阵 $\boldsymbol{B}$ 的行数时，矩阵才可以相乘。设 $\boldsymbol{A}$ 为一个 $m\times t$ 的矩阵，$\boldsymbol{B}$ 为一个 $t\times n$ 的矩阵，矩阵 $\boldsymbol{A}$ 乘以矩阵 $\boldsymbol{B}$ 的结果是一个 $m\times n$ 的矩阵。

(4) 转置：矩阵 $\boldsymbol{A}=[a_{ij}]_{m\times n}$，将矩阵 $\boldsymbol{A}$ 的行列互换位置，得到新的矩阵$[a_{ij}]_{n\times m}$，称为矩阵 $\boldsymbol{A}$ 的转置矩阵，记作 $\boldsymbol{A}^{\mathrm{T}}$。

3.7.3 矩阵运算性质

(1) 矩阵的加法：若矩阵 $\boldsymbol{A}$，$\boldsymbol{B}$，$\boldsymbol{C}$ 为同型矩阵，则有

$$\boldsymbol{A}+\boldsymbol{B}=\boldsymbol{B}+\boldsymbol{A}$$

$$(\boldsymbol{A}+\boldsymbol{B})+\boldsymbol{C}=\boldsymbol{A}+(\boldsymbol{B}+\boldsymbol{C})$$

(2) 矩阵的数乘：$m(n\boldsymbol{A})=n(m\boldsymbol{A})$，$(m+n)\boldsymbol{A}=m\boldsymbol{A}+n\boldsymbol{A}$

(3) 矩阵的乘法：如果矩阵 $\boldsymbol{A}$，$\boldsymbol{B}$，$\boldsymbol{C}$ 满足可相乘的条件，则

$$(\boldsymbol{AB})\boldsymbol{C}=\boldsymbol{A}(\boldsymbol{BC})$$

$$\boldsymbol{A}(\boldsymbol{B}+\boldsymbol{C})=\boldsymbol{AB}+\boldsymbol{AC}$$

$$(\boldsymbol{A}+\boldsymbol{B})\boldsymbol{C}=\boldsymbol{AC}+\boldsymbol{BC}$$

谨记：$\boldsymbol{AB}\neq\boldsymbol{BA}$。

(4) 转置矩阵：

$$(\boldsymbol{A}+\boldsymbol{B})^{\mathrm{T}}=\boldsymbol{A}^{\mathrm{T}}+\boldsymbol{B}^{\mathrm{T}};\quad (k\boldsymbol{A})^{\mathrm{T}}=k\boldsymbol{A}^{\mathrm{T}}$$

$$(\boldsymbol{AB})^{\mathrm{T}}=\boldsymbol{B}^{\mathrm{T}}\boldsymbol{A}^{\mathrm{T}};\quad (\boldsymbol{A}^{\mathrm{T}})^{\mathrm{T}}=\boldsymbol{A}$$

3.8 向　　量

3.8.1 定义

（1）n 维向量：由 a_1，a_2，…，a_n 所构成的一个有序的数组称为 n 维向量，$(a_1, a_2, \cdots, a_n)$ 称为 n 维向量的行向量，$(a_1, a_2, \cdots, a_n)^{\mathrm{T}}$ 称为 n 维向量的列向量，其中 a_i 称为 n 维向量的第 i 个分量。

（2）零向量：在数组所有的分量都为零的向量称为零向量，记作 $\mathbf{0}$。

（3）向量相等：n 维向量 $\boldsymbol{\alpha}=(a_1, a_2, \cdots, a_n)^{\mathrm{T}}$ 和 $\boldsymbol{\beta}=(b_1, b_2, \cdots, b_n)^{\mathrm{T}}$ 相等，即 $a_1=b_1$，$a_2=b_2$，…，$a_n=b_n$。

（4）如果向量组 $\boldsymbol{v}$ 是一个非空集合，且在向量组 $\boldsymbol{v}$ 中的加法和数乘运算都是闭合的，那么称该向量组为空间向量。

3.8.2 向量的运算和向量内积的准则

1. 向量的运算

设 n 维向量 $\boldsymbol{\alpha}=(a_1, a_2, \cdots, a_n)^{\mathrm{T}}$，$\boldsymbol{\beta}=(b_1, b_2, \cdots, b_n)^{\mathrm{T}}$，则

（1）加法：$\boldsymbol{\alpha}+\boldsymbol{\beta}=(a_1+b_1, a_2+b_2, \cdots, a_n+b_n)^{\mathrm{T}}$。

（2）数乘：$k\boldsymbol{\alpha}=(ka_1, ka_2, \cdots, ka_n)^{\mathrm{T}}$。

（3）内积：$(\boldsymbol{\alpha}, \boldsymbol{\beta})=a_1b_1+a_2b_2+\cdots+a_nb_n=\boldsymbol{\alpha}^{\mathrm{T}}\boldsymbol{\beta}=\boldsymbol{\beta}^{\mathrm{T}}\boldsymbol{\alpha}$。如果 $(\boldsymbol{\alpha}, \boldsymbol{\beta})=0$，那么称向量 $\boldsymbol{\alpha}$ 与 $\boldsymbol{\beta}$ 正交。因为 $(\boldsymbol{\alpha}, \boldsymbol{\alpha})=\boldsymbol{\alpha}^{\mathrm{T}}\boldsymbol{\alpha}=a_1^2+a_2^2+\cdots+a_n^2$，所以称 $\sqrt{a_1^2+a_2^2+\cdots+a_n^2}$ 为向量 $\boldsymbol{\alpha}$ 的长度。

2. 向量内积的准则

向量内积遵循以下准则：

$(\boldsymbol{\alpha}, \boldsymbol{\beta})=(\boldsymbol{\beta}, \boldsymbol{\alpha})$；$k(\boldsymbol{\alpha}, \boldsymbol{\beta})=(k\boldsymbol{\alpha}, \boldsymbol{\beta})=(\boldsymbol{\alpha}, k\boldsymbol{\beta})$；$(\boldsymbol{\alpha}+\boldsymbol{\beta}, \boldsymbol{\gamma})=(\boldsymbol{\alpha}, \boldsymbol{\gamma})+(\boldsymbol{\beta}, \boldsymbol{\gamma})$，$(\boldsymbol{\alpha}, \boldsymbol{\alpha})\geqslant 0$，当且仅当 $\boldsymbol{\alpha}=0$。

3.8.3 线性表示与线性相关

（1）线性表示：如果 n 维向量 $\boldsymbol{\alpha}_1$，$\boldsymbol{\alpha}_2$，…，$\boldsymbol{\alpha}_s$ 和 $\boldsymbol{\beta}$，存在实数 k_1，k_2，…，k_s，使得 $k_1\boldsymbol{\alpha}_1+k_2\boldsymbol{\alpha}_2+\cdots+k_s\boldsymbol{\alpha}_s=\boldsymbol{\beta}$，则称向量 $\boldsymbol{\beta}$ 是向量 $\boldsymbol{\alpha}_1$，$\boldsymbol{\alpha}_2$，…，$\boldsymbol{\alpha}_s$ 的线性组合，或者 $\boldsymbol{\beta}$ 可由 $\boldsymbol{\alpha}_1$，$\boldsymbol{\alpha}_2$，…，$\boldsymbol{\alpha}_s$ 线性表示。

（2）线性相关：如果 n 维向量 $\boldsymbol{\alpha}_1$，$\boldsymbol{\alpha}_2$，…，$\boldsymbol{\alpha}_s$，存在不全为零的数 k_1，k_2，…，k_s，使得 $k_1\boldsymbol{\alpha}_1+k_2\boldsymbol{\alpha}_2+\cdots+k_s\boldsymbol{\alpha}_s=0$，则称向量组 $\boldsymbol{\alpha}_1$，$\boldsymbol{\alpha}_2$，…，$\boldsymbol{\alpha}_s$ 线性相关，否则称它线性无关。

3.9 特征值与特征向量

（1）定义：设 $\boldsymbol{A}$ 为 n 阶方阵，如果对于 λ，存在非零的向量 $\boldsymbol{\alpha}$，使得 $\boldsymbol{A\alpha}=\lambda\boldsymbol{\alpha}(\boldsymbol{\alpha}\neq 0)$ 成立，那么称 λ 是 $\boldsymbol{A}$ 的特征值，$\boldsymbol{\alpha}$ 是 $\boldsymbol{A}$ 的对应于 λ 的特征向量。

（2）由 $\boldsymbol{A\alpha}=\lambda\boldsymbol{\alpha}(\boldsymbol{\alpha}\neq 0)$，得 $(\lambda\boldsymbol{E}-\boldsymbol{A})=0$，因此

$$|\lambda \boldsymbol{E} - \boldsymbol{A}| = \begin{vmatrix} \lambda - a_{11} & -a_{12} & \cdots & -a_{1n} \\ -a_{21} & \lambda - a_{22} & \cdots & -a_{2n} \\ \vdots & \vdots & & \vdots \\ -a_{n1} & -a_{n2} & \cdots & \lambda - a_{nn} \end{vmatrix} = 0 \tag{3-17}$$

式(3－17)为 $\boldsymbol{A}$ 的特征方程，$\lambda\boldsymbol{E}-\boldsymbol{A}$ 称为特征矩阵。

3.10　随机事件与概率

1. 概念

(1) 随机现象：在客观世界中存在两类现象，第一类是在一定的条件下，一定会发生的现象称之为必然现象。例如，每天太阳都会东升西落。第二类是在某一条件下可能发生也可能不发生的现象称之为随机现象。例如，抛硬币，观察正面向上的情况。

(2) 样本空间：随机试验的每一个可能出现的实验结果称为一个样本点，随机试验的所有样本点都是明确的，全部的样本点的集合称为样本空间。

(3) 随机试验的性质：① 重复性：在相同的条件下实验是可以重复进行的。② 观察性：实验的结果都可以被观察，因此实验的结果都是明确的。③ 随机性：每一次的实验都不知道哪种实验结果会发生或出现。

(4) 随机事件：在进行随机实验当中，会产生可能出现的结果和不可能出现的结果。在进行大量的重复试验之后具有某种特定规律的事件称之为随机事件。

(5) 概率的定义：在相同的条件下，进行了 n 次重复试验，事件 A 的发生的频率会逐渐在某一个常数 p 的附近，当实验次数 n 越大，发生事件 A 的频率越接近 p，则称 p 为 A 的概率，记作 $P(\mathrm{A})$。

(6) 独立性：如果事件 A、B 满足等式 $P(\mathrm{AB})=P(\mathrm{A})P(\mathrm{B})$，则称 A 和 B 相互独立。

2. 特点

随机事件与概率有如下特点：

(1) $P(\mathrm{A})=1-P(\overline{\mathrm{A}})$。

(2) $\mathrm{A}\supset\mathrm{B}$ 时，$P(\mathrm{A})\geqslant P(\mathrm{B})$。

(3) $P(\mathrm{A}\cup\mathrm{B})=P(\mathrm{A})+P(\mathrm{B})-P(\mathrm{AB})$。

(4) 条件概率：

$$P(\mathrm{B} \mid \mathrm{A}) = \frac{P(\mathrm{AB})}{P(\mathrm{A})}, \quad P(\mathrm{A}) \neq 0 \tag{3-18}$$

(5) 设随机试验的样本空间为 S，A 为试验的事件，B_1，B_2，…，B_n 为 S 的一个划分，而且 $P(\mathrm{B}_i)\neq 0$，$i=1$，2，…，n，则称

$$P(\mathrm{A}) = \sum_{i=1}^{n} P(\mathrm{B}_i)P(\mathrm{A} \mid \mathrm{B}_i) \tag{3-19}$$

为全概率公式。

(6) 贝叶斯公式：

$$P(\mathrm{B}_i \mid \mathrm{A}) = \frac{P(\mathrm{B}_i)P(\mathrm{A} \mid \mathrm{B}_i)}{\sum_{j=1}^{n} P(\mathrm{B}_j)P(\mathrm{A} \mid \mathrm{B}_j)} \tag{3-20}$$

(7) 正态分布：如果 x 的概率密度函数为

$$f(x)=\frac{1}{\sqrt{2\pi\sigma}}\mathrm{e}^{-\frac{(x-\mu)^2}{2\sigma^2}} \tag{3-21}$$

式中，x 为随机变量。如果方差 σ^2、随机变量均值 μ 为常数，则称 x 是服从参数 σ^2，μ 的正态分布。特别，当 $\sigma=1$，$\mu=0$ 时，称为标准正态分布。

3.11 范 数

3.11.1 定义

1. 定义

范数是具有“长度”概念的函数。在泛函分析中，常被用来度量向量空间或矩阵中的每个向量的大小或长度。

2. 特性

范数满足以下三个特性：

(1) 正定性：$\|\boldsymbol{A}\|\geqslant 0$，且 $\|\boldsymbol{A}\|=0\Leftrightarrow\boldsymbol{A}=0$。

(2) 齐次性：$\forall c\in R$，$\|c\boldsymbol{A}\|=|c|\cdot\|\boldsymbol{A}\|$。

(3) 三角不等式：$\forall\boldsymbol{A}$，$\boldsymbol{B}\in\mathbf{R}^{n\times n}$，$\|\boldsymbol{A}+\boldsymbol{B}\|\leqslant\|\boldsymbol{A}\|+\|\boldsymbol{B}\|$。

3.11.2 向量的范数

(1) 1-范数是指向量所有元素的绝对值之和，即

$$\|x\|_1=\sum_{i=1}^{n}|x_i| \tag{3-22}$$

(2) 2-范数是指对向量元素的平方和开平方根，数值上等价于欧几里得距离，即

$$\|x\|_2=\left(\sum_{i=1}^{n}|x_i|^2\right)^{\frac{1}{2}} \tag{3-23}$$

(3) p-范数是指对向量元素的 p 次方之和再开 $1/p$ 次方，即

$$\|x\|_p=\left(\sum_{i=1}^{n}|x_i|^p\right)^{\frac{1}{p}} \tag{3-24}$$

(4) 正向无穷范数是指向量元素中绝对值最大的值，即

$$\|x\|_\infty=\max_i|x_i| \tag{3-25}$$

(5) 负向无穷范数是指向量元素中绝对值最小的值，即

$$\|x\|_{-\infty}=\min_i|x_i| \tag{3-26}$$

3.11.3 矩阵的范数

(1) 设 $\mathbf{A}$ 为 $m\times n$ 的矩阵：

1-范数是指矩阵 $\mathbf{A}$ 中列向量绝对值之和的最大值，即

$$\|\mathbf{A}\|_1=\max_j\sum_{i=1}^{m}|a_{ij}| \tag{3-27}$$

2 -范数是指对 $\mathbf{A}^{\mathrm{T}}\mathbf{A}$ 矩阵的最大特征值进行开平方，即

$$\|\mathbf{A}\|_2=\sqrt{\lambda} \tag{3-28}$$

F -范数是指对矩阵 $\mathbf{A}$ 所有元素求绝对值的平方和，然后再开方，即

$$\|\mathbf{A}\|_F=\left(\sum_{i=1}^{m}\sum_{j=1}^{n}|a_{ij}|^2\right)^{\frac{1}{2}} \tag{3-29}$$

在深度学习当中，监督类学习问题本质是在规化参数的同时最小化误差。最小化误差是为了模型能拟合训练数据，规化参数是防止模型过分拟合训练数据，规化项主要是模型参数向量的范数，如 L0、L1、L2 等。

(2) L0 范数表示向量中非 0 元素的个数，即

$$\|x\|_0=\#(i),\ x_i\neq 0 \tag{3-30}$$

采用 L0 范数来规则化参数矩阵 $\boldsymbol{W}$，则希望 $\boldsymbol{W}$ 的大部分元素都是 0，即矩阵 $\boldsymbol{W}$ 是稀疏的。

(3) L1 范数表示向量中各个元素绝对值之和

$$\|x\|_1=\sum_{i=1}^{n}|x_i| \tag{3-31}$$

虽然 L0 可以实现稀疏，但实际情况中常用 L1 范数取代 L0，这是因为 L1 范数是 L0 范数的最优凸近似，L1 范数的解通常是稀疏的，比 L0 范数要容易优化求解。

(4) L2 范数表示向量中各元素的平方和然后开根，即

$$\|x\|_2=\sqrt{\sum_{i=1}^{n}x_i^2} \tag{3-32}$$

L2 范数的作用是改善过拟合，让其规则项 $\|\boldsymbol{W}\|_2$ 最小，使 $\boldsymbol{W}$ 的每个元素都接近于 0。

习　　题

1. 请画出单输入神经元结构。
2. 结合神经元结构，阐述其工作原理。
3. 对比说明生物神经元与人工神经元结构与功能之间的差异。
4. 列举几种传递函数，并说明其特性。
5. 举例说明传递函数的作用有哪些？
6. 函数可微的定义是什么？
7. 向量的特征值和特征向量的定义是什么？
8. 什么是向量线性无关？
9. 在深度学习中，范数分为几种？其特点分别是什么？

参 考 文 献

[1] Martin T Hagan, Howard B Demuth, Mark H Beale. Neural Network Design[M]. Boston: MA: PWS, 1996.

[2] 顾凡及，梁培基. 神经信息处理[M]. 北京：北京工业大学出版社，2007.

[3] 焦李成. 神经网络系统理论[M]. 西安：西安电子科技大学出版社，1990.
[4] 同济大学应用数学系. 高等数学(上册)[M]. 5版. 北京：高等教育出版社，2002.
[5] 同济大学应用数学系. 高等数学(下册)[M]. 5版. 北京：高等教育出版社，2002.
[6] 郝志峰，谢国瑞，方文波，等. 线性代数[M]. 2版. 北京：高等教育出版社，2008.
[7] 盛骤. 概率论与数理统计[M]. 4版. 北京：高等教育出版社，2008.
[8] 同济大学数学系. 线性代数[M]. 6版. 北京：高等教育出版社，2014.

第二篇

人工神经网络理论篇

第4章　感　知　器

4.1　概　　述

神经元的状态取决于细胞自身或从其他的神经细胞收到的输入信号量，及突触的抑制或加强的强度大小。当输入或激励信号量总和超过了某个阈值时，细胞体就会产生电脉冲，电脉冲会沿着轴突并通过突触传递到其他神经元。

1958年，美国康奈尔大学的心理学家Rosenblatt(1928—1971)在研究大脑的储存、学习和认知的过程中，提出了一种具有自主学习能力的人工神经网络模型，即感知器模型，它是生物神经细胞最简单的抽象模型。该成果发表在他的研究论文“The Perceptron：A Probabilistic Model for Information Storage and Organization in the Brain”中。1960年6月23日，他研制了能识别英文字母的基于感知器的神经计算机Mark1。

后来，Rosenblatt发展了一种迭代、容错、类似于人类学习过程的学习算法——感知器学习规则。它除了能够识别出现较多次的字母，也能对不同书写方式的字母图像进行学习和识别。1962年，他又出版了著作《Principles of Neurodynamics：Perceptrons and the Theory of Brain Mechanisms》，本书详细地阐述了感知器的基本理论及假设背景，并介绍了如感知器收敛定理等一些重要的概念及定理证明。作为人工神经网络中的一种典型结构，感知器的神经元采用的是MP模型，在研究中还发现单层感知器只能在线性可分情况下进行模式分类，而且只能解决数据本身是线性可分的二分类问题。

1961年，图灵奖获得者Minsky指出了单层神经网络不能解决异或(XOR)问题。因为“异或”是一个基本逻辑问题，这也就证明了感知器的运算能力非常有限。1969年，他与美国麻省理工学院的Papert共同出版了著作《Perceptrons：An Introduction to Computational Geometry》，对单层感知器的局限性做了严格的数学证明和分析。这一证明对感知器的发展产生了极其深远的消极影响，使现在不可一世的神经网络曾经因为这一本书进入了近十多年的低谷期，并且直接导致了各国政府大幅缩减或者取消对神经网络研究的资助。

由于Rosenblatt等人没能够及时推广单层感知器学习算法到多层神经网络上，加上Minsky等人的著作在研究领域中的巨大影响，及人们对书中论点的误解，因此造成了整个人工神经网络领域发展的停滞。直到20世纪80年代，众多学者对单层感知器进行了优化和改进，提出了多层感知器等一些新的网络和规则，并且逐渐认识到多层感知器没有单层感知器固有的缺陷及多层感知器反向传播算法，才使感知器的研究再次进入了一个新发展期。1987年，书中的错误得到了校正，并更名再版为《Perceptrons：Expanded Edition》。

但无可厚非，感知器是第一个从算法上可以完整描述的人工神经网络，它的出现极大地推动了神经网络的研究，把人工神经网络研究从理论引向了实践。因此，感知器模型在人工神经网络的发展历史上有着十分重要的地位。

4.2 感知器的结构和原理

4.2.1 感知器的结构

感知器即单层神经网络，或者叫做神经元，是组成神经网络的最小单元。这种神经元模型由一个线性累加器和传递函数单元组成，如图 4－1 所示。输入信号由突触加权，再与偏置一起由累加器求和，之后通过传递函数单元获得输出。

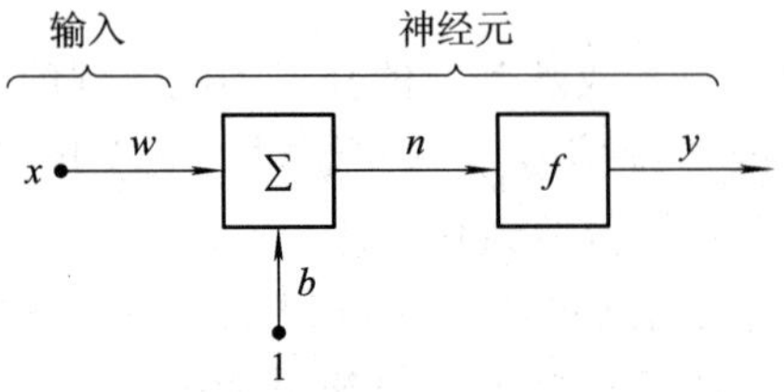

图 4－1 感知器的结构图

累加器对突触加权后的信号与偏置求和，得到的响应值为

$$n = wx + b \tag{4-1}$$

此时，感知器的输出为

$$y = f(n) = f(wx + b) \tag{4-2}$$

式中，w 和 b 为感知器模型参数，w 表示权值，b 表示偏置，wx 表示 w 和 x 的内积。

在感知器进行学习时，每一个样本都将作为一个刺激输入神经元。输入信号是每一个样本的特征，期望的输出是该样本的类别。当输出与类别不同时，可以通过调整突触权值和偏置值，直到每个样本的输出与类别相同。

4.2.2 感知器的原理

假设输入向量是 $\boldsymbol{x}=(x_1, x_2, \cdots, x_R)$，传递函数选用对称硬极限函数(hardlims)，则感知器结构如图 4－2 所示。

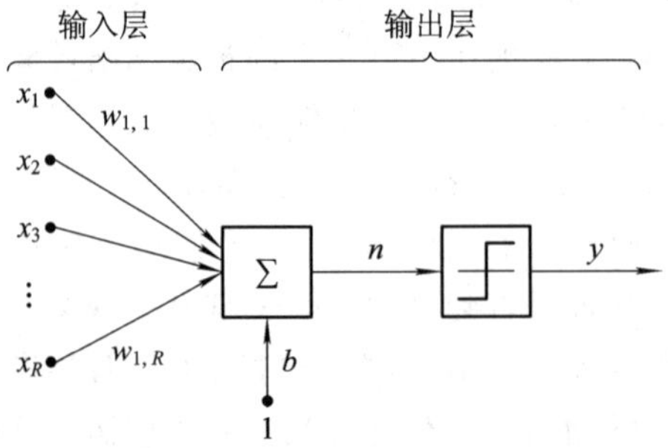

图 4－2 传递函数为对称硬极限函数的感知器

输入 $\boldsymbol{x}$ 表示输入向量中的元素，则此时输出为

$$y = \text{hardlims}(n) = \text{hardlims}(w_{1,1}x_1 + w_{1,2}x_2 + \cdots + w_{1,R}x_R + b) \tag{4-3}$$

由于传递函数选用的是对称硬极限函数，则输出可表示为

$$y = \begin{cases} +1 & n \geqslant 0 \\ -1 & n < 0 \end{cases} \tag{4-4}$$

如果权值矩阵中的行向量与输入向量的内积大于等于$-b$，则输出为1，否则输出为-1。因此，网络中的每个神经元可以将输入空间划分成两个区域。

下面以两输入的单感知器为例，对区域的边界进行讨论。

区域之间的判定边界由使得净输入n为零的输入向量来确定，即

$$n = w_{1,1}x_1 + w_{1,2}x_2 + b = 0 \tag{4-5}$$

为了可以具体说明判定边界的问题，假设权值和偏置值分别为$w_{1,1}=1$，$w_{1,2}=1$，$b=-1$，则判定边界为

$$n = x_1 + x_2 - 1 = 0 \tag{4-6}$$

式(4-6)在输入空间中确定了一条直线，该直线一侧区域的输入向量对应的网络输出为-1，而直线上和另一侧区域的输入向量对应的网络输出为1。为了确定直线在直角坐标系中的位置，分别求出直线在轴x_1和轴x_2上的截距。令$x_2=0$，则直线在轴x_1上的截距为

$$x_1 = -\frac{b}{w_{1,1}} = -\frac{-1}{1} = 1 \tag{4-7}$$

令$x_1=0$，则直线在轴x_2上的截距为

$$x_2 = -\frac{b}{w_{1,2}} = -\frac{-1}{1} = 1 \tag{4-8}$$

则该直线确定的判定边界在坐标系中的位置如图4-3所示。

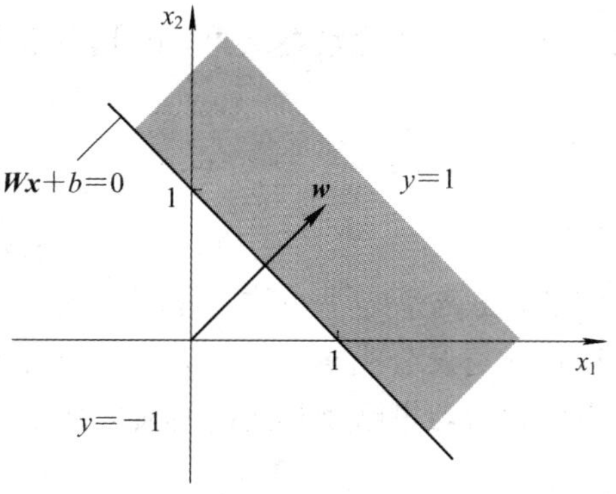

图4-3　两输入感知器的判定边界图

图4-3中的斜线表示净输入n等于零的各点，即

$$n = [1\quad 1]\boldsymbol{x} - 1 = 0 \tag{4-9}$$

另外，为了确定图4-3中直线的哪一侧对应的输出为1，只需要检验空间中的某一点的网络输出值即可。选取输入向量$\boldsymbol{x}=[2\quad 2]^{\mathrm{T}}$，此时网络的输出为

$$y = \text{hardlims}(\boldsymbol{W}\boldsymbol{x} + b) = \text{hardlims}\left([1\quad 1]\begin{bmatrix}2\\2\end{bmatrix} - 1\right) = 1 \tag{4-10}$$

所以，图4-3中判定边界的右上方即图中阴影部分的区域，网络输出为1。该判定边

界总是和权值矩阵正交，且边界的位置随 b 的改变而上下移动。通常 $\boldsymbol{W}$ 是由多个行向量组成的矩阵，每一行向量的使用方法如式(4－9)所示。$\boldsymbol{W}$ 的每一行向量都会形成一个判定边界。

感知器的几何解释是线性方程 $\boldsymbol{Wx}+b=0$ 对应于空间中的一条直线。${}_i\boldsymbol{w}$ 是该直线法向量，也是权值矩阵的某一行向量；b 为直线的截距。该直线确定的判定边界将空间内的不同元素划分为正负两类，通过学习得到感知器模型，对于新的输入向量，可预测其输出类别。

4.2.3 感知器的学习策略

假设由误分类点组成的训练集是可分的，通过定义一个损失函数，即误分类点到超平面 S 的总距离，来确定感知器模型中的权值 w 和偏置值 b，则输入空间中任一点 x_0 到超平面 S 的距离 l_0 为

$$l_0=\frac{1}{\| w \|}|wx_0+b| \tag{4-11}$$

$\| w \|$ 是 w 的 L2 的范数。

对于误分类的数据(x_i，y_i)，则

$$-y_i(wx_i+b)>0$$

成立。因此，误分类点 x_i 到超平面 S 的距离 l_i 为

$$l_i=-\frac{1}{\| w \|}y_i(wx_i+b) \tag{4-12}$$

假设由误分类点组成的训练集为 C，则所有误分类点到超平面 S 的总距离 L 为

$$L=-\frac{1}{\| w \|}\sum_{x_i\in C}y_i(wx_i+b) \tag{4-13}$$

因为 $\| w \|$ 不影响感知器学习算法的最终结果，因此在不考虑 $\| w \|$ 的情况下，可得感知器学习的损失函数为

$$L(w,b)=-\sum_{x_i\in C}y_i(wx_i+b) \tag{4-14}$$

式中，C 为误分类点的集合。

对给定训练集 C，损失函数 $L(w,b)$ 是 w，b 的连续可导的非负函数。如果没有误分类点，则损失函数的值为零，而且当误分类点越少时，误分类点到超平面的总距离就越少，即损失函数的值就越小。感知器学习策略就是选取使损失函数值最小的模型参数 w 和 b。

4.3 单层感知器

4.3.1 单层感知器模型

单层感知器是最简单的一种人工神经网络结构，它包含输入层和输出层，且输入层和输出层是直接相连的。输入层只负责接受外部信息，自身无信息处理能力，每个输入节点接收一个输入信号。输出层也称为处理层，具有信息处理能力，向外部输出处理信息。

图 4－4(a)是一个具体的单层感知器结构，网络中有 S 个感知器神经元，R 个输入元

素，以及对应的一系列权值 $w_{i,j}$，传递函数采用对称硬极限函数。图 4-4(b)是单层感知器的简化符号图。

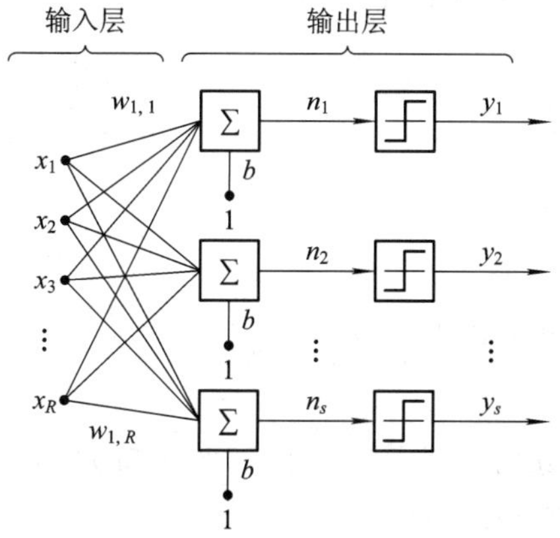

(a) 网络结构图

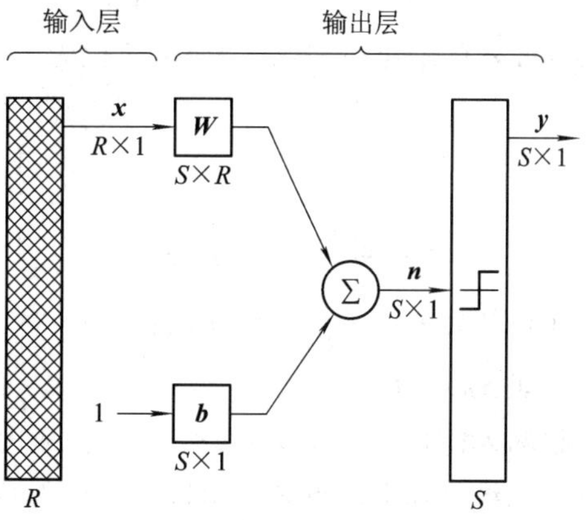

(b) 简化符号图

图 4-4　单层感知器模型

根据图 4-4 中的网络结构，第 i 个神经元累加器的输出为

$$n_i = \sum_{j=1}^{R} w_{i,j} x_j + b \quad (i = 1, 2, \cdots, S;\ j = 1, 2, \cdots, R) \tag{4-15}$$

输出层第 i 个神经元的输出为

$$y_i = f(n_i) = f\left(\sum_{j=1}^{R} w_{i,j} x_j + b\right) \tag{4-16}$$

由于这里单层感知器的传递函数选用的是对称硬极限函数，因此感知器的输出为

$$y_i = \text{hardlims}(\boldsymbol{W}\boldsymbol{x} + b) \tag{4-17}$$

式中，$\boldsymbol{W}$ 为权值矩阵，$\boldsymbol{x}$ 为输入向量。

权值矩阵为

$$\boldsymbol{W} = \begin{bmatrix} w_{1,1} & w_{1,2} & \cdots & w_{1,R} \\ w_{2,1} & w_{2,2} & \cdots & w_{2,R} \\ \vdots & \vdots & & \vdots \\ w_{S,1} & w_{S,2} & \cdots & w_{S,R} \end{bmatrix} \tag{4-18}$$

将权值矩阵 $\boldsymbol{W}$ 中的第 i 个行向量定义为

$${}_{i}\boldsymbol{w} = \begin{bmatrix} w_{i,1} \\ w_{i,2} \\ \vdots \\ w_{i,R} \end{bmatrix} \tag{4-19}$$

则权值矩阵 $\boldsymbol{W}$ 可表示为

$$\boldsymbol{W} = \begin{bmatrix} {}_{1}\boldsymbol{w}^{\mathrm{T}} \\ {}_{2}\boldsymbol{w}^{\mathrm{T}} \\ \vdots \\ {}_{S}\boldsymbol{w}^{\mathrm{T}} \end{bmatrix} \tag{4-20}$$

式中，由于${}_i\boldsymbol{w}$表示第i个行向量，因此，$\boldsymbol{w}^{\mathrm{T}}$包含$w_{1,1}$。此时，感知器网络中第$i$个输出神经元的输出为

$$y_i = \mathrm{hardlims}(n_i) = \mathrm{hardlims}({}_i\boldsymbol{w}^{\mathrm{T}}\boldsymbol{x} + b) \tag{4-21}$$

单层感知器的输出由式(4-21)可简化为

$$y_i = \begin{cases} +1 & {}_i\boldsymbol{w}^{\mathrm{T}}\boldsymbol{x} + b \geqslant 0 \\ -1 & {}_i\boldsymbol{w}^{\mathrm{T}}\boldsymbol{x} + b < 0 \end{cases} \tag{4-22}$$

4.3.2 单层感知器的功能

单层感知器的功能可以从两输入、三输入以及n输入三种情况来讨论。

1. 两输入情况

设输入向量$\boldsymbol{x}=(x_1, x_2)^{\mathrm{T}}$，这个输入向量在几何空间上形成了一个二维的平面，可以用这个二维平面上的点来表示输入的样本数据，则输出为

$$y = \begin{cases} +1 & {}_i\boldsymbol{w}^{\mathrm{T}}\boldsymbol{x} + b \geqslant 0 \\ -1 & {}_i\boldsymbol{w}^{\mathrm{T}}\boldsymbol{x} + b < 0 \end{cases} \quad (i = 1, 2) \tag{4-23}$$

此时，直线方程${}_i\boldsymbol{w}^{\mathrm{T}}\boldsymbol{x}+b=0$将二维平面内的样本数据分为两部分，处在直线上方的样本数据用“∘”表示，它们使净输入与偏置之和大于零，输出结果为+1；处在直线下方的样本数据用“*”表示，它们使净输入与偏置之和小于零，输出结果为−1，如图4-5所示。

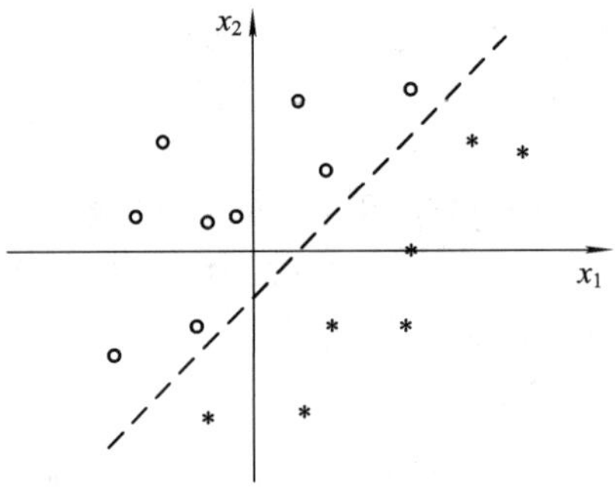

图4-5 单层感知器对二维样本的分类

由图4-5可以看出，直线的斜率和截距决定了直线在二维平面内的位置，即感知器的权值和偏置值确定了分界线在样本空间的位置，进而决定了如何将二维平面内样本数据分为两类。通过调节感知器的权值和偏置值，总是可以找到一条分界线，将二维空间内的样本分为两类。

2. 三输入情况

设输入向量$\boldsymbol{x}=(x_1, x_2, x_3)^{\mathrm{T}}$，则该输入向量在几何空间上形成一个三维空间，输出结果为

$$y = \begin{cases} +1 & {}_i\boldsymbol{w}^{\mathrm{T}}\boldsymbol{x} + b \geqslant 0 \\ -1 & {}_i\boldsymbol{w}^{\mathrm{T}}\boldsymbol{x} + b < 0 \end{cases} \quad (i = 1, 2, 3) \tag{4-24}$$

此时，方程${}_i\boldsymbol{w}^{\mathrm{T}}\boldsymbol{x}+b=0$在三维空间内形成一个分界面，如图4-6所示。该分界面将三维空间内的样本数据分为两类，与两输入向量的情况类似，处在该分界面左下方的样本用

“$*$”表示，输出结果为-1；处在该分界面右上方的样本用“。”表示，输出结果为-1。

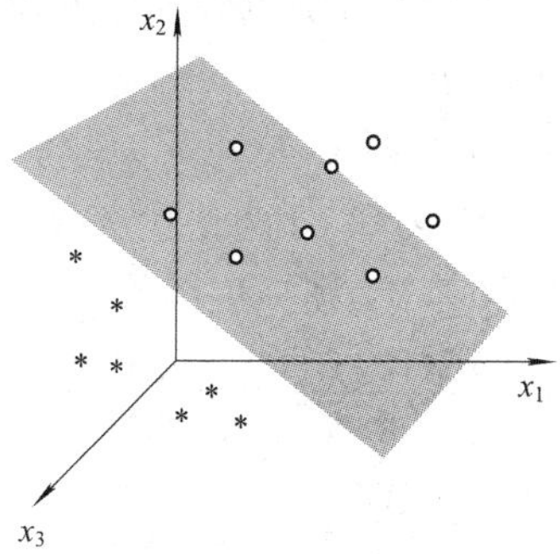

图 4-6 单层感知器对三维空间内样本的分类

同理，感知器的权值和偏置值决定了分界面在三维空间内的位置，通过改变权值和偏置值的大小，可以找到一个平面，将三维空间内的样本数据分类。

3. *n* 输入情况

考虑一般的情况，即 n 维空间，设输入向量 $\boldsymbol{x}=(x_1, x_2, \cdots, x_n)^{\mathrm{T}}$，则 n 个输入向量在几何上构成了一个 n 维空间，方程${}_n\boldsymbol{w}^{\mathrm{T}}\boldsymbol{x}+b=0$ 在 n 维空间内形成一个超平面，通过改变感知器的权值和偏置值的大小，从而改变该超平面的位置，最终可将输入的样本数据分为两类。

通过分析上述三种情况，可以看出单层感知器具有分类的功能，其思想就是通过改变感知器的权值和偏置值的大小，改变分界线或分界面的位置，将输入样本分为两类。

4.3.3 单层感知器的学习算法

感知器学习算法的基本思想是逐步地将样本输入到网络中，根据输出的结果和理想输出之间的差值来调整网络中的权值矩阵，也就是求解损失函数 $L(w, b)$的最优化问题，损失函数的数学表达式已在本章 4.2.3 节中给出。

感知器学习算法是误分类驱动的，故损失函数最优化采用随机梯度下降法，然后用梯度下降法不断地逼近目标函数的极小值。图 4-7 是一个随机梯度下降示意图。

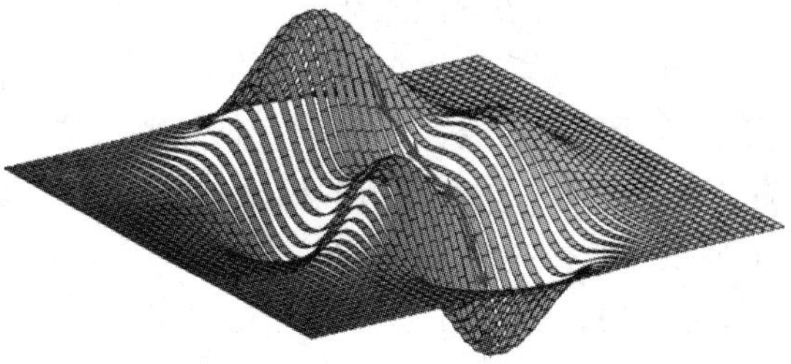

图 4-7 随机梯度下降示意图

从图 4-7 中可以看出，梯度下降法是一步一步达到最优值的过程，它的实质是局部最优。

由式(4-14)可以得出极小化目标函数为

$$\min L(\boldsymbol{W}, b) = -\sum_{\boldsymbol{x}_i \in C} y_i(\boldsymbol{W} \cdot \boldsymbol{x}_i + b) \tag{4-25}$$

式中，C 是误分类集合。

极小化过程不是一次使 C 中所有误分类点的梯度下降，而是一次随机地选取一个误分类点使其梯度下降。其规则可以写为

$$h(t+1) = h(t) - \eta\nabla(h) \tag{4-26}$$

式中，η ($0<\eta<1$)是步长，也称为学习率，t 为迭代次数，$\nabla(h)$是梯度，$h(t+1)$是 $h(t)$更新后的值。假设误分类集合 C 是固定的，则损失函数 $L(\boldsymbol{W}, b)$的梯度为

$$\frac{\partial L(\boldsymbol{W}, b)}{\partial \boldsymbol{W}} = -\sum_{\boldsymbol{x}_i \in C} y_i \boldsymbol{x}_i \tag{4-27}$$

$$\frac{\partial L(\boldsymbol{W}, b)}{\partial b} = -\sum_{\boldsymbol{x}_i \in C} y_i \tag{4-28}$$

在误分类点集合 C 中，随机选取一个误分类点，按照梯度下降法的规则进行计算，得到新的 $\boldsymbol{W}$ 和 $\boldsymbol{b}$，对其进行更新，即

$$\boldsymbol{W}(t+1) = \boldsymbol{W}(t) + \eta y_i \boldsymbol{x}_i \tag{4-29}$$

$$\boldsymbol{b}(t+1) = \boldsymbol{b}(t) + \eta y_i \tag{4-30}$$

通过这种迭代不断更新 $\boldsymbol{W}$ 和 $\boldsymbol{b}$ 的值，使损失函数 $L(\boldsymbol{W}, b)$不断减小，直至为 0。此时，训练集中没有误分类点，分类过程结束。

这种学习算法直观上有如下解释：当误分类集合中一元素被误分类，即该元素位于分离超平面的错误一侧时，即调整感知器的权值 $\boldsymbol{W}$ 和偏置 b 的值，使分离超平面向该误差分类点的一侧移动，以减少该误分类点与超平面间的距离，直至超平面越过该误分类点使其被正确分类。

下面通过举例来说明感知器的学习算法。

例 假设输入/目标输出对为

$$\left\{\boldsymbol{x}_1 = \begin{bmatrix}4\\4\end{bmatrix},\ y_1 = 1;\ \boldsymbol{x}_2 = \begin{bmatrix}4\\5\end{bmatrix},\ y_2 = 1;\ \boldsymbol{x}_3 = \begin{bmatrix}1\\1\end{bmatrix},\ y_3 = -1\right\}$$

求感知器模型 $f(\boldsymbol{x}) = \text{hardlims}(\boldsymbol{wx}+b)$，其中 $\boldsymbol{x} = (x^{(1)}, x^{(2)})^{\mathrm{T}}$。

解题思路：

(1) 将权值和偏置值初始化为较小的随机数。

(2) 随机选取一个点，如 $\boldsymbol{x}_1$，计算 $y_1(\boldsymbol{w}_0\boldsymbol{x}_1+b_0)$的值，若结果大于零，则表示该点被正确分类；若计算结果小于或等于零，则表示该点没有被正确分类，此时需根据式(4-29)、式(4-30)对权值和偏置值进行更新，并利用新的权值和偏置值再次进行计算，直到所有点都被正确分类。本例中，假设步长 $\eta=1$。

解 (1) 假设初始权值和偏置值分别为

$$\boldsymbol{w}(0) = [0\quad 0],\ b(0) = 1$$

(2) 分别计算 $\boldsymbol{x}_1$、$\boldsymbol{x}_2$、$\boldsymbol{x}_3$对应的值，若有

$$y_1(\boldsymbol{w}_0\boldsymbol{x}_1 + b_0) = 1\left([0\quad 0]\begin{bmatrix}4\\4\end{bmatrix}+1\right) = 1 > 0$$

则表示 x_1被正确分类。若有

$$y_2(\boldsymbol{w}_0\boldsymbol{x}_2 + b_0) = 1\left([0\quad 0]\begin{bmatrix}4\\5\end{bmatrix}+1\right) = 1 > 0$$

则表示 x_2 被正确分类。若有

$$y_3(\boldsymbol{w}_0\boldsymbol{x}_3+b_0)=-1\left([0\quad 0]\begin{bmatrix}1\\1\end{bmatrix}+1\right)=-1<0$$

则表示 x_3 没有被正确分类，此时需要对权值和偏置值进行更新，即

$$\boldsymbol{w}(1)=\boldsymbol{w}(0)+1\times(-1)\begin{bmatrix}1\\1\end{bmatrix}^{\mathrm{T}}=[-1\quad -1]$$

$$b(1)=b(0)+1\times(-1)=0$$

利用更新后的值再次对 x_3 进行计算，则有

$$y_3(\boldsymbol{w}_1\boldsymbol{x}_3+b_1)=-1\left([-1\quad -1]\begin{bmatrix}1\\1\end{bmatrix}\right)=2>0$$

此时，x_3 被正确分类，对 x_1 进行检验，得

$$y_1(\boldsymbol{w}_1\boldsymbol{x}_1+b_1)=1\left([-1\quad -1]\begin{bmatrix}4\\4\end{bmatrix}+0\right)=-8<0$$

此时，x_1 没有被正确分类，还需要对权值和偏置值进行更新，即

$$\boldsymbol{w}(2)=\boldsymbol{w}(1)+1\times1\begin{bmatrix}4\\4\end{bmatrix}^{\mathrm{T}}=[3\quad 3]$$

$$b(2)=b(1)+1\times1=1$$

此时，经检验计算 $y_1(\boldsymbol{w}_2\boldsymbol{x}_1+b_2)>0$、$y_2(\boldsymbol{w}_2\boldsymbol{x}_2+b_2)>0$、$y_3(\boldsymbol{w}_2\boldsymbol{x}_3+b_2)<0$，说明此时所有点仍没有完全被正确分类。经过多次迭代更新，当

$$\boldsymbol{w}(9)=[1\quad 1],\ b(9)=-4$$

时，所有点都被正确分类，即 $y_i(\boldsymbol{w}_9\boldsymbol{x}_i+b_9)>0$。

所以，此时感知器的模型为

$$f(x)=\mathrm{hardlims}(x^{(1)}+x^{(2)}-4)$$

分类结果如图 4-8 所示。

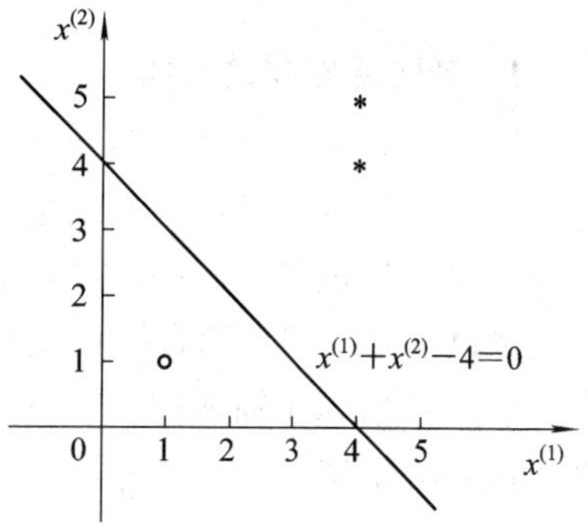

图 4-8　分类结果图

4.3.4　单层感知器的局限性

下面通过一个例子来说明单层感知器的局限性。

利用单层感知器来实现“异或”功能，“异或”真值表如表 4-1 所示。

表 4-1 中的样本数据可以分为 0 和 1 两类，把这四个样本数据标在如图 4-9 所示的平面直角坐标系中。

表 4-1　逻辑“异或”真值表

x_1	x_2	y
0	0	0
0	1	1
1	0	1
1	1	0

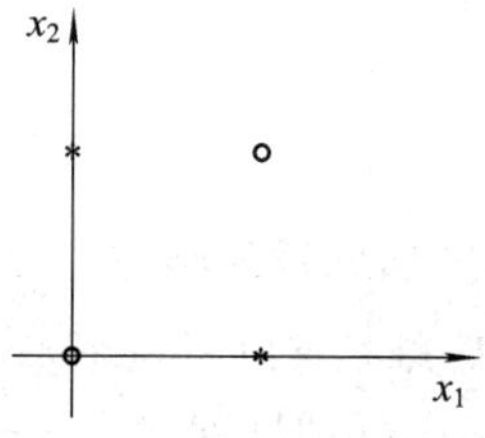

图 4-9　“异或”问题中两类样本数据

从图 4-9 中可以看出，在坐标系中不存在任何一条直线可以将这四个样本数据分为两类，该现象称为线性不可分。通过感知器的几何意义可知，单层感知器的分类判决方程是线性方程，所以单层感知器是无法解决线性不可分的问题的，只能解决线性可分问题，即单层感知器的局限性就是只能对线性可分的问题进行分类。

为了能够对线性不可分问题进行分类，在单层感知器的基础上设计出了多层感知器，这样可以完美地解决线性不可分的问题。

4.4 多层感知器

单层感知器只能解决线性可分问题，而大量的分类问题是线性不可分的。为了克服单层感知器这一局限性，提出了一种新的办法，即在输入层与输出层之间增加隐含层，将单层感知器变成多层感知器。输入信号在层层递进的基础上通过网络向前传播，这些人工神经网络被称为多层感知器。

4.4.1 多层感知器的结构和特点

1. 多层感知器的结构

图 4-10 所示的多层感知器具有隐含层和输出层，这两个网络是全连接的，即在任意层上的一个神经元可以与它之前的层上的所有节点/神经元连接起来。信号从左到右一层一层地逐步流过各个网络，方向是向前的。输出神经元构成网络的输出层，余下的神经元构成网络的隐含层，隐含层单元是“隐含”于神经网络输入层和输出层之间的感知器层。隐含层的信号来源于输入层，其输出信号也就是下一隐含层的输入信号，以此类推，信号一直传递到输出层。

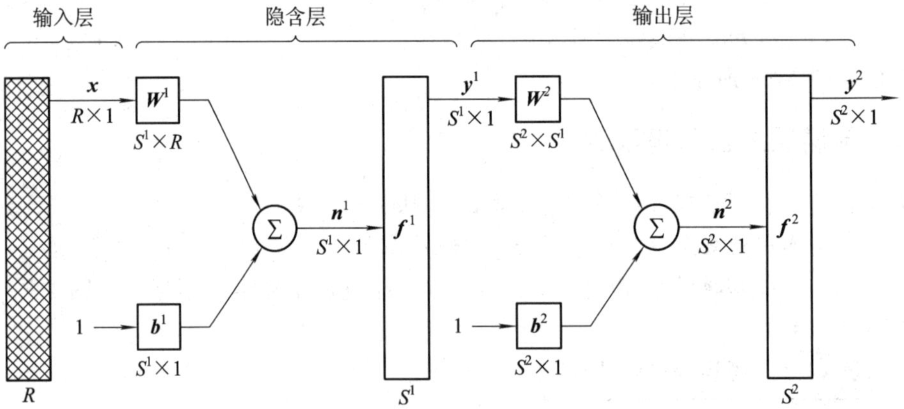

图 4-10　多层感知器结构图

2. 多层感知器的特点

多层感知器有以下三个基本特点：

(1) 多层感知器网络中每个神经元都包含一个可微的非线性传递函数。Rosenblatt 感知器使用的硬限幅传递函数与此刚好相反，非线性传递函数是处处可微的(即是光滑的曲线)，如对数 S 型函数，则有

$$y_i = \frac{1}{1+e^{-n_i}} \tag{4-31}$$

式中，n_i是神经元的净输入，y_i是该神经元的输出信号。

（2）在网络的输入层和输出层之间有一个或多个隐含神经元。这些隐含的神经元不断地从输入向量中提取有用的特征值，使网络可以完成更加复杂的任务。

（3）网络表现出高度的连续性，其强度是由网络的权值决定的。可以通过改变突触连接数量和权值来改变网络的连续性。

4.4.2　多层感知器的功能

多层感知器的功能可以从模式分类和函数逼近这两个方面来介绍。

1. 模式分类

由 4.3.4 节分析得出单层感知器是无法解决非线性分类（“异或”）问题的，本节将利用多层感知器解决“异或”问题来说明多层感知器的模式分类功能。

由“异或”真值表可以得到异或的输入/目标输出对为

$$\left\{x_1 = \begin{bmatrix}0\\0\end{bmatrix},\ y_1 = 0;\ x_2 = \begin{bmatrix}0\\1\end{bmatrix},\ y_2 = 1;\ x_3 = \begin{bmatrix}1\\0\end{bmatrix},\ y_3 = 1;\ x_4 = \begin{bmatrix}1\\1\end{bmatrix},\ y_4 = 0\right\}$$

为了解决如图 4-11 所示的分类问题，可以构建一个 2-2-1 的网络。隐含层利用两个神经元分别产生两个判定边界 S_1和 S_2，边界 S_1将 x_1和其他模式分开（如图 4-12(a)所示），边界 S_2将 x_4分开（如图 4-12(b)所示）。输出层执行一个 AND 操作，将边界 S_1和 S_2结合起来，这样就完成了“异或”问题的分类。隐含层中的两个神经元的判定边界如图 4-12 所示。

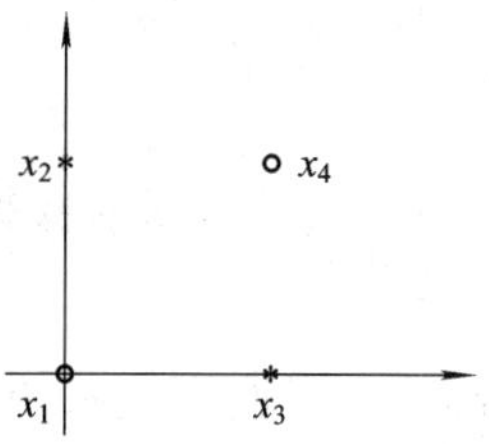

图 4-11　异或问题的输入/目标输出图

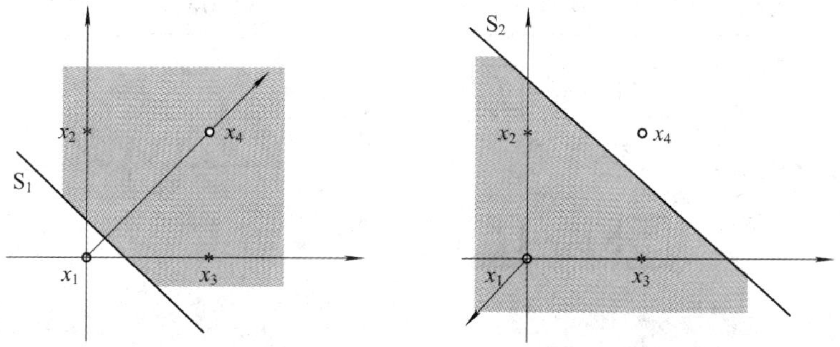

(a) 隐含层中神经元 1　　(b) 隐含层中神经元 2

图 4-12　2-2-1 网络的判定边界图

生成的两层网络的整体模型如图 4 - 13 所示。由于输入向量的值域为[0 1]，所以此处的传递函数采用的是硬极限函数(hardlim)，与前几节网络中选用的对称硬极限函数有所区别。该网络产生的判定边界如图 4 - 14 所示，阴影部分表示目标输出为 1 的对应的输入。

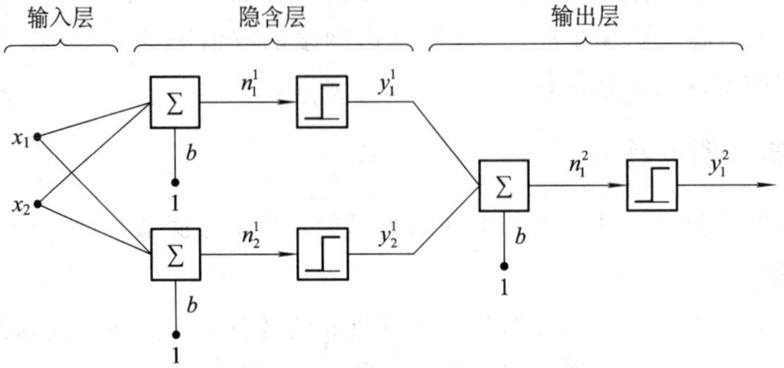

图 4 - 13　2 - 2 - 1 神经网络示意图

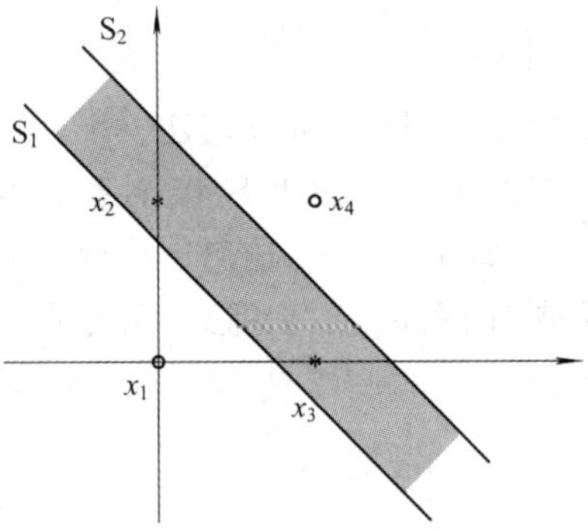

图 4 - 14　2 - 2 - 1 神经网络分界图

2. 函数逼近

通过构建一个 1 - 2 - 1 的网络结构来说明多层感知器的函数逼近功能，该网络中隐含层中的传递函数选用对数 S 型函数，输出层中的传递函数选用线性函数，如图 4 - 15 所示。

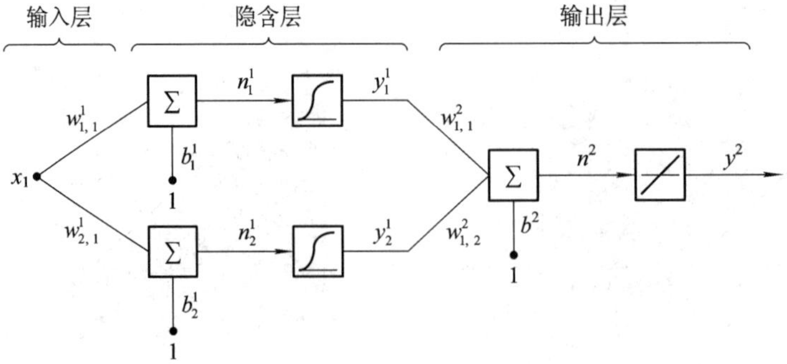

图 4 - 15　函数逼近网络实例图

根据图 4-15 中的网络结构，隐含层的输出为

$$y^1 = f^1(n^1) = \frac{1}{1+e^{-n^1}} \tag{4-32}$$

输出层的输出为

$$y^2 = f^2(n^2) = n^2 \tag{4-33}$$

假设该网络的权值和偏置值为 $w_{1,1}^1=5$，$w_{2,1}^1=5$，$b_1^1=-5$，$b_2^1=5$，$w_{1,1}^2=1$，$w_{1,2}^2=1$，$b^2=0$，那么网络结构中的输出 y^2 将输入 x 的函数。令 x 的取值范围是[-2，2]，此时网络的输出响应如图 4-16 所示。

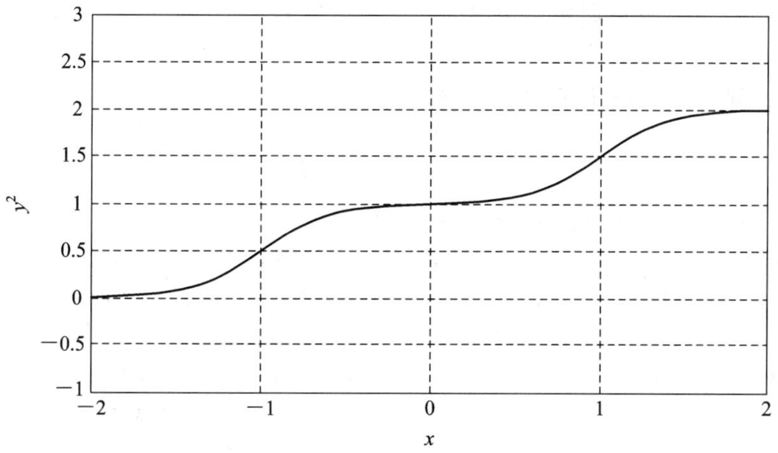

图 4-16　网络输出响应图

在神经网络的响应过程中，通过调整网络的权值和偏置值，可以使图中的曲线陡度和位置发生改变，直至达到期望的曲线。从这个例子中也可以看出，多层感知器网络的灵活性，只要在隐含层中有足够数量的神经元，就可以用该网络逼近期望的函数。研究已表明，在网络结构中，隐含层选用对数 S 型传递函数，输出层选用线性传递函数，就几乎可以任意精度逼近期望函数。

4.4.3　多层感知器的学习算法

在训练多层感知器学习的时候，通常使用在监督学习方式下的误差反向传播算法。这种算法是基于误差修正学习规则的。误差反向传播学习过程由信号的正向传播与误差的反向传播两个过程组成。

在信号正向传播的过程中，输入向量作用于网络的感知节点上，经过神经网络一层接一层地传播，最后产生一个输出作为网络的实际响应。在前向通过时，神经网络的突触权值保持不变。在信号反向传播的过程中，突触权值全部根据误差修正规则来调整，误差信号由目标响应减去网络的实际响应而产生。这个误差信号反向传播经过网络，与突触连接的方向相反，故称为“误差反向传播”。通过调整突触的权值使网络的实际响应接近目标响应。

随着信号的正向传播过程和误差的反向传播过程的交替反复进行，网络的实际输出逐

渐向各自所对应的期望输出逼近，网络对输入模式响应的正确率也不断上升。通过此学习过程，确定各层间的连接权值之后就可以工作了。误差反向传播算法的发展是神经网络发展史上的一个里程碑，因为它为训练多层感知器提供了一个非常有效的学习方法。

4.5 应用案例

★ 案例一

给定输入向量 $\boldsymbol{P}$=[−0.6 −0.4 0.4；0.6 0 0.3；0.6 −0.3 0.2]和目标向量 $\boldsymbol{T}$=[1 1 0]，设计一个单层感知器对输入向量组 $\boldsymbol{Q}$=[0.5 0.7 −0.4；−0.6 −0.7 0.5；0.6 0.1 −0.3]进行分类。

解　(1) 创建、训练、储存神经网络。

```
clear all;                                    %清除所有内存变量
clc;                                          %清屏
P=[-0.6 -0.4 0.4; 0.6 0 0.3; 0.6 -0.3 0.2];   %输入向量
T=[1 1 0];                                    %目标向量
pr=[-1 1; -1 1; -1 1;];                       %设置感知器网络输入向量每个元素的值域
net=newp(pr, 1);                              %建立感知器网络
handle=plotpc(net.iw{1}, net.b{1});           %返回画线的空点，绘制分类线时将旧线删除
net.trainParam.epochs=50;                     %设置训练次数最大为50次
net=train(net, P, T);                         %训练感知器网络
save net41 net                                %储存训练后的网络
```

(2) 网络仿真。

```
load net41 net                                %加载训练后的网络
Q=[0.5 0.7 -0.4; -0.6 -0.7 0.5; 0.6 0.1 -0.3] %测试样本
Y=sim(net, Q)                                 %仿真结果
iw1=net.iw{1};                                %输出训练后的权值
b1=net.b{1};                                  %输出训练后的偏置值
plotpv(Q, Y);                                 %绘制分类结果
plotpc(iw1, b1)                               %绘制分类线
title('样本分类');
```

(3) 结果输出。

仿真结果为

```
Q =
     0.5000     0.7000    -0.4000
    -0.6000    -0.7000     0.5000
     0.6000     0.1000    -0.3000
Y =
     0     0     1
```

网络训练过程和分类结果如图 4－17 和图 4－18 所示。

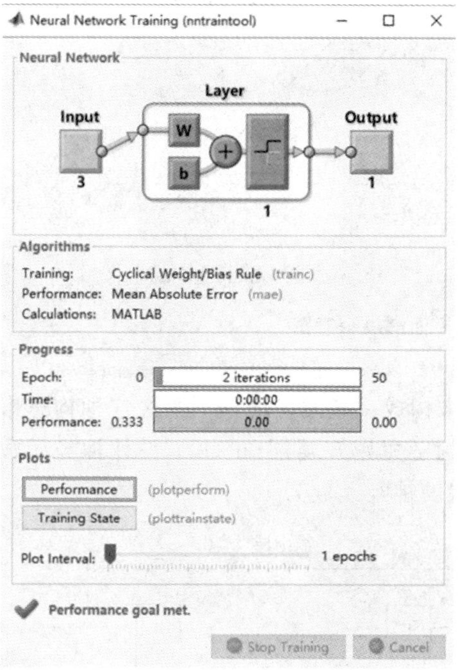

图 4－17　网络训练过程

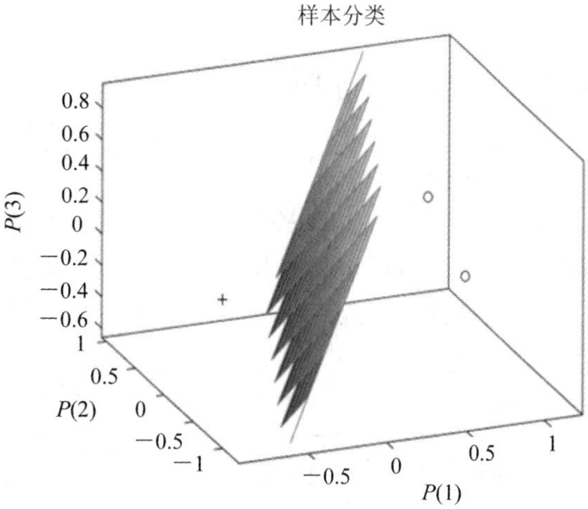

图 4－18　输入样本分类图

★ 案例二

单层感知器无法解决线性不可分的问题，即不能模拟“异或”函数。请使用两层感知器网络模拟“异或”函数。表 4－2 为逻辑“异或”真值表。

解　(1) 分析问题。

逻辑“异或”真值表如表 4－2 所示。将“异或”问题转换为对平面上的点进行分类的问题，如图 4－19(a)所示。

表 4－2　逻辑“异或”真值表

x_1	x_2	y
0	0	0
0	1	1
1	0	1
1	1	0

对图 4－19(a)分析可得，在平面上无法用一条线将四个输入样本分为两类，而使用两条直线组成的超平面可以将四个输入样本分为两类，如图 4－19(b)所示。

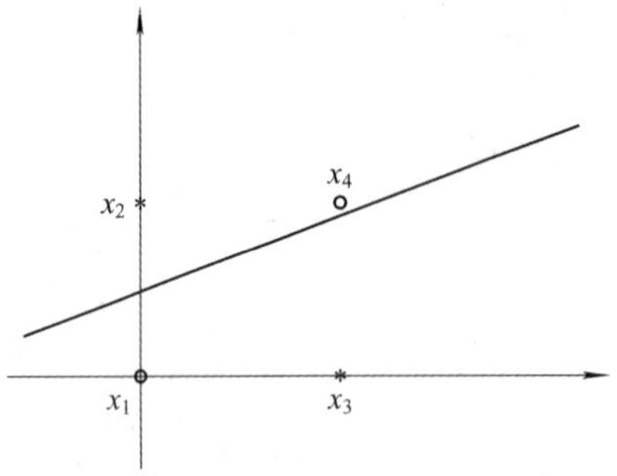

(a) 单层感知器超平面划分

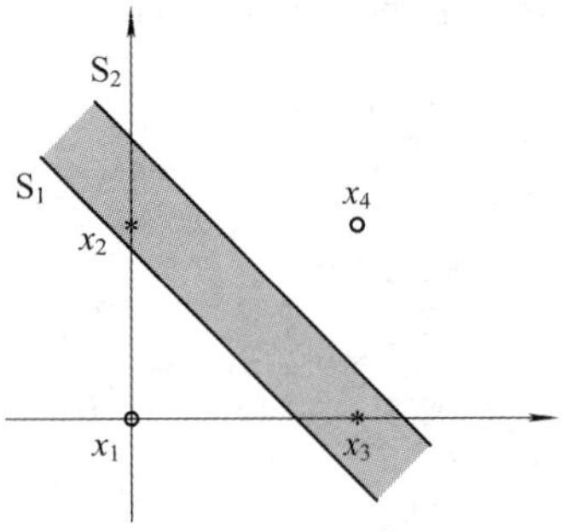

(b) 两层感知器超平面划分

图 4-19 "异或"问题的平面解决示意图

(2) 网络设计。

设计一个 2-3-1 感知器，每一层感知器用来构成一条划分直线，通过这种构思来解决"异或"问题的分类。如图 4-20 所示，隐含层为随机感知器层(net1)，设计神经元数目为 3，其权值和偏置值利用随机函数产生，输出层的神经元数为 1。

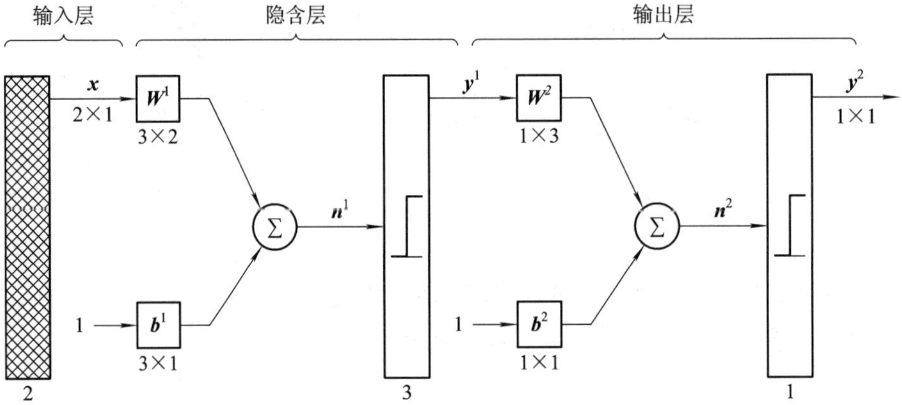

图 4-20 感知器模型

(3) 程序实现。

创建、训练、存储网络：

```
clear all;                          %清除所有内存变量
pr1=[0 1;0 1];                      %设置随机感知器层输入向量每个元素的值域
net1=newp(pr1, 3);                  %设置随机感知器层的值域和神经元数
net1.inputweights{1}.initFcn='rands';   %指定随机感知器层权值初始化函数为随机函数
net1.biases{1}.initFcn='rands';     %指定随机感知器层偏置值初始化函数为随机函数
net1=init(net1);                    %初始化随机感知器层
iw1=net1.iw{1};                     %给随机感知器层的权值向量赋值
b1=net1.b{1};                       %给随机感知器层的偏置值赋值

%随机感知器层仿真
x1=[0 0;0 1;1 0;1 1]';              %随机感知器层的输入向量
[y1, pf]=sim(net1, x1);             %随机感知器层仿真
```

```
%初始化第二感知器层
pr2=[0 1;0 1;0 1];                %设置输出层输入向量每个元素的值域
net2=newp(pr2, 1);                %设置输出层的值域和神经元数

net2.trainParam.epochs=10;        %设置训练次数最大为10次
net2.trainParam.show=1;           %每间隔1步显示一次训练结果
x2=ones(3, 4);                    %初始化输出层的输入向量
x2=x2.*y1;                        %随机感知器层输出结果作为输出层的输入向量
t2=[0 1 1 0];                     %输出层的目标向量
[net2, tr2]=train(net2, x2, t2);  %训练输出层
epoch2=tr2.epoch                  %输出训练过程经过的每一步长
perf2=tr2.perf                    %输出每一步长训练结果的误差
iw2=net2.iw{1}                    %输出层的权值向量
b2=net2.b{1}                      %输出层的偏置值
%储存训练后的网络
save net42 net1 net2
```

(4) 结果输出。

① 网络仿真：

```
%加载训练后的网络
load net42 net1 net2

x1=[0 0;0 1;1 0;1 1]';           %随机感知器层输入向量
y1=sim(net1, x1);                 %随机感知器层仿真结果

y2=ones(3, 4);                    %初始化输出层的输入向量
x2=x2.*y1;                        %随机感知器层输出结果作为输出层的输入向量
y2=sim(net2, x2)                  %输出层仿真结果
```

② 仿真结果：

输出层的权值向量为

```
iw2 =

     -2    -1    -2
```

输出层的偏置值为

```
b2 =

     2
```

输出训练过程经过的每一步长

```
epoch2 =

     0     1     2     3     4     5     6     7
```

输出每一步训练结果误差为

```
perf2 =

  0.5000    0.5000    0.5000    0.5000    0.2500    0.5000    0.2500    0
```

输出向量为

```
y2 =
```

0　1　1　0

网络训练过程和训练误差曲线如图 4-21 和图 4-22 所示。

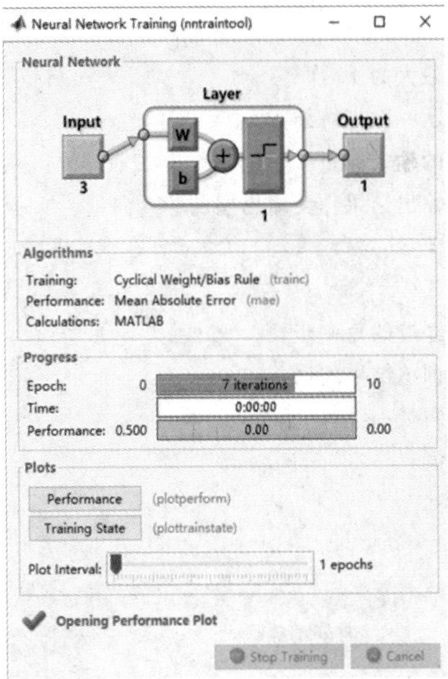

图 4-21　网络训练过程

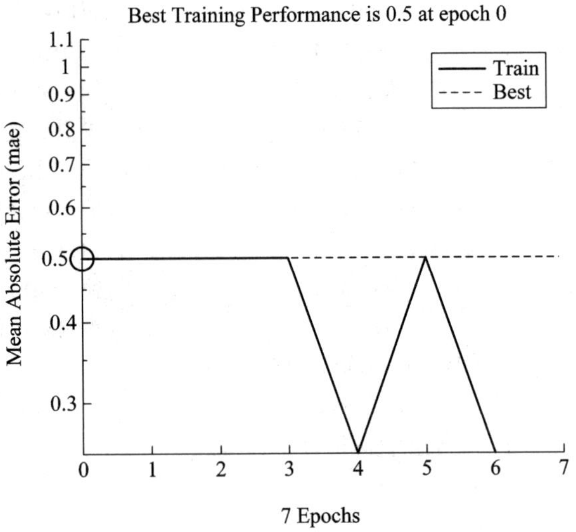

图 4-22　训练误差曲线

由以上结果可以看出，设计的两层感知器可以模拟“异或”函数。

因为隐含层的权值和偏置值是随机产生的，所以感知器网络可能达到训练误差指标，也可能无法达到训练误差指标。当无法达到要求时，需要对隐含层，即随机感知器层的权值和偏置值进行初始化赋值。在图 4-20 所示的网络中，使用随机函数代替了该过程，所以程序一次运行很可能达不到要求，因此在网络训练的过程中，需要反复运行，直到满足要求为止。

习　题

1. 一个具有偏置值的单输入神经元，当输入值大于等于 5 时，输出结果为 +1；当输入值小于 5 时，输出结果为 −1。请问需要什么类型的传递函数，试画出该神经元模型。

2. 假设一个单输入的神经元的输入为 2.5，其输入连接的权值为 3.3，偏置值为 −1。试计算：当传递函数为硬极限函数时，输出值是多少？传递函数为对数 S 函数时，输出值又是多少？

3. 单层感知器的局限性是什么？如何解决单层感知器的局限性？

4. 设计一个单层感知器对以下输入/输出对进行分类。

$$\left\{x_1=\begin{bmatrix}-1\\1\end{bmatrix},\ y_1=1;\quad x_2=\begin{bmatrix}-1\\-1\end{bmatrix},\ y_2=-1\right\}$$

5. 简述多层感知器解决“异或”问题的具体过程。

参考文献

[1] Martin T Hagan, Howard B Demuth, Mark H Beale. Neural Network Design[M]. Boston: MA: PWS, 1996.

[2] 李航. 统计学习方法[M]. 北京：清华大学出版社，2012.

[3] 申富饶，徐烨，郑俊. 神经网络与机器学习[M]. 3 版. 晁静，译. 北京：机械工业出版社，2011.

[4] 张德丰. MATLAB 神经网络应用设计[M]. 2 版. 北京：机械工业出版社，2011.

[5] 周品. MATLAB 神经网络设计与应用[M]. 北京：清华大学出版社，2013.

第 5 章 BP 神经网络

5.1 概 述

人工神经网络就是模拟人类大脑思维方式的一种人工网络，虽然单个神经元的结构非常简单，但功能上却存在一定的局限性。第 4 章所述的感知器是单层的神经网络，缺点是它只能解决线性可分的分类问题。

1974 年，美国自然科学基金会的 Paul Werbos 在他哈佛大学的博士论文中第一次提出了用误差反向传播方法来训练人工神经网络，并深刻分析了将之用于神经网络方面的可能性，有效地解决了单感知器无法处理的异或回路问题，并因此获得了 1995 年的"The IEEE Neural Network Pioneer"奖。由于 20 世纪 70 年代正值神经网络研究的低潮期，因此该论文并没有引起人们的足够重视。

直到 20 世纪 80 年代中期，这一研究才开始被加利福尼亚州立大学的 Rumelhart 和 McClelland 重新提起。在他们所著的《Parallel Distributed Processing》一书中描述了基于反向传播(Back Propagation，BP)算法，并在数学上给出了较完整的推导。BP 神经网络算法解决了多层网络中隐含层神经元连接权值的学习问题，以及以前单个感知器所不能解决的一些问题，证明了人工神经网络具有强大的运算能力，有力地回击了 Minsky 等人对多层网络的悲观态度。这本书的出版重新引燃了广大研究者对神经网络的兴趣，并将 BP 算法传播开来，促进了人工神经网络研究的再次发展。

BP 神经网络是一种按照误差反向传播算法训练的多层前馈网络，也是目前应用最广泛的神经网络模型之一。它由信息的正向传播和误差的反向传播两个过程组成。输入层的神经元负责接受外界发来的各种信息，并将信息传递给中间层神经元，中间隐含层神经元负责将接受到的信息进行处理变换，根据需求处理信息，实际应用中可将中间隐含层设置为一层或者多层隐含层结构，并通过最后一层的隐含层将信息传递到输出层，这个过程就是 BP 神经网络的正向传播过程。

当实际输出与理想输出之间的误差超过期望时，就需要进入误差的反向传播过程。它首先从输出层开始，误差按照梯度下降的方法对各层权值进行修正，并依次向隐含层、输入层传播。通过不断的信息正向传播和误差反向传播，各层权值会进行不断的调整，这就是神经网络的学习训练。当输出的误差减小到期望程度或者预先设定的学习迭代次数时，训练结束，BP 神经网络完成学习。

随着科学技术的发展，尤其近年集成电路技术的快速发展，计算机运算能力变得越来越强，人工神经网络也得到了迅速的普及和推广。BP 神经网络由于其自身具有很强的非线性映射能力，所以能解决应用中许多非线性问题。另外，它的网络拓扑结构简单，易于编程实现，且具有较高的精度和较强的泛化能力。因此，BP 神经网络已经成为目前人工智能领域中的最具代表的算法之一，在信号处理、模式识别、机器控制、专家系统、数据压缩等领域有着广泛的应用。

5.2　BP 神经网络结构

典型的 BP 神经网络结构如图 5－1 所示，它是一个包含输入层、隐含层和输出层的网络结构。另外，为了保证图 5－1 是多层神经网络，这里定义 $M \geqslant 2$。

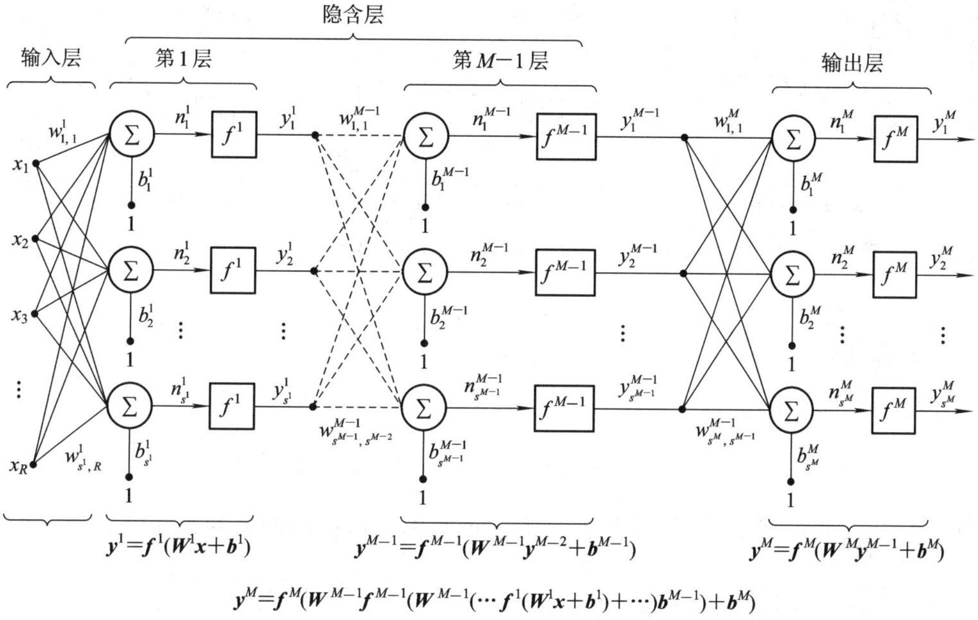

图 5－1　BP 神经网络结构

输入层的作用是负责接受来自外界的信息，并传递给下一层神经元。

隐含层是网络结构的中间部分，它的主要作用是对信息进行处理和变换，根据实际问题的需求，中间层可以设计为单隐含层或多隐含层结构。

输出层是网络结构的最后一层，其输出信息为 $\boldsymbol{y}^M$。输出层神经元的传递函数特性决定了整个网络的输出特性。

在图 5－1 中，为了更好地表述多层 BP 神经网络结构，这里定义参数“层上标”含义为：标记网络层的种类以及层数。除输入层外，每一层都有权值矩阵 $\boldsymbol{W}$、偏置值向量 $\boldsymbol{b}$、净输入向量 $\boldsymbol{n}$ 和一个输出向量 $\boldsymbol{y}$。另外，BP 神经网络中最前面的一层为输入层，输入层神经元只负责接受外界信息，没有处理信息的能力。后面 M 层网络中第 1 层有 R 个输入、S^1 个神经元，第 2 层有 S^1 个输入，S^2 个神经元。以此类推，第 M 层有 S^{M-1} 个输入，S^M 个神经元。每个输入连接下一层神经元都具有不同的权值。

5.3 BP 神经网络算法

5.3.1 算法原理

如图 5-2 所示，以一个具有 $M-1$ 个隐含层的 $R-S^1-\cdots-S^{M-1}-S^M$ 的 BP 神经网络为例，对 BP 神经网络算法进行说明。

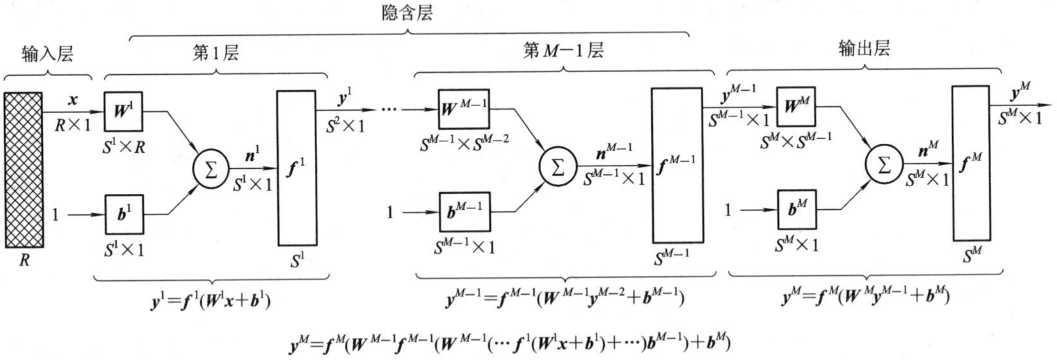

图 5-2 BP 神经网络结构简图

1. 前向传播

神经网络的净输入为

$$n_i^m = \sum_{j=1}^{S^{m-1}} w_{i,j}^m y_j^{m-1} + b_i^m,\ m = 1,\ 2,\ \cdots,\ M\quad (M \geqslant 2) \tag{5-1}$$

式中，n_i^m 表示网络第 m 层第 i 个神经元的权值与偏置值的净输入和，M 代表神经网络的层数。

神经网络中，第 m 层的输出为

$$\boldsymbol{y}^m = \boldsymbol{f}^m(\boldsymbol{n}^m) \tag{5-2}$$

式中，m 代表神经网络中的某一层，$\boldsymbol{f}^m$ 代表该层的传递函数。

由式(5-2)可知，当 $m=1$ 时，$\boldsymbol{y}^1$ 代表第 1 层神经元的输出信息，其输入信息由输入层决定，所以 $\boldsymbol{y}^1$ 可表示为

$$\boldsymbol{y}^1 = \boldsymbol{f}^1(\boldsymbol{W}^1\boldsymbol{x} + \boldsymbol{b}^1) \tag{5-3}$$

此时，BP 神经网络的输出就是网络最后一层神经元的输出，即

$$\boldsymbol{y} = \boldsymbol{y}^M \tag{5-4}$$

2. 反向传播

1）误差函数

BP 神经网络算法使用的误差函数是均方误差函数。

以算法的输入和对应的理想或期望输出作为样本的集合为

$$\{\boldsymbol{x}_1,\ \boldsymbol{t}_1\},\ \{\boldsymbol{x}_2,\ \boldsymbol{t}_2\},\ \cdots,\ \{\boldsymbol{x}_R,\ \boldsymbol{t}_R\} \tag{5-5}$$

式中，$\boldsymbol{x}_R$ 代表神经网络的输入，$\boldsymbol{t}_R$ 为理想或期望的目标输出。

每一个输入样本，都会使神经网络实际输出与期望输出相比较。算法将会计算新的神

经网络参数以使均方误差最小化，可表示为

$$F(\boldsymbol{z}) = E[e^2] = E[(t-y)^2] \tag{5-6}$$

式中，$E[\ ]$表示期望值，$\boldsymbol{z}$ 是神经网络权值和偏置值的向量，表示为

$$\boldsymbol{z} = \begin{bmatrix} \boldsymbol{w} \\ \boldsymbol{b} \end{bmatrix} \tag{5-7}$$

如果 BP 神经网络有多个输出，则式(5-6)写成一般形式可表示为

$$F(\boldsymbol{z}) = E[\boldsymbol{e}^{\mathrm{T}}\boldsymbol{e}] = E[(\boldsymbol{t}-\boldsymbol{y})^{\mathrm{T}}(\boldsymbol{t}-\boldsymbol{y})] \tag{5-8}$$

若用 $\hat{F}(\boldsymbol{z})$来近似计算均方误差，则式(5-8)可表示为

$$\hat{F}(\boldsymbol{z}) = (\boldsymbol{t}(k)-\boldsymbol{y}(k))^{\mathrm{T}}(\boldsymbol{t}(k)-\boldsymbol{y}(k)) = \boldsymbol{e}^{\mathrm{T}}(k)\boldsymbol{e}(k) \tag{5-9}$$

式(5-9)中均方误差的期望值被第 k 次迭代误差值替代。

2) 权值修正方法

近似均方误差的梯度下降方法为

$$w_{i,j}^{m}(k+1) = w_{i,j}^{m}(k) - \eta\frac{\partial\hat{F}}{\partial w_{i,j}^{m}} \tag{5-10}$$

$$b_i^m(k+1) = b_i^m(k) - \eta\frac{\partial\hat{F}}{\partial b_i^m} \tag{5-11}$$

式中，η 代表学习速率。

计算到此，已经得到了权值与截距值的更新方法。

3) 链式法则

要求误差函数的最小值，通常使用梯度下降法，也就是对函数进行求偏导，在算法中对偏导数的求解需要用到链式法则。为了快速理解链式法则的原理，下面通过一个简单的例子来说明。

假设有一个函数 f，它仅是变量 n 的函数，如果求 f 关于第三个变量 w 的导数，则使用链式法则可表述为

$$\frac{\mathrm{d}f(n(w))}{\mathrm{d}w} = \frac{\mathrm{d}f(n)}{\mathrm{d}n}\frac{\mathrm{d}n(w)}{\mathrm{d}w} \tag{5-12}$$

4) 偏导数的化简

下面用链式法则对式(5-10)和式(5-11)中的偏导数进行化简。

$$\frac{\partial\hat{F}}{\partial w_{i,j}^{m}} = \frac{\partial\hat{F}}{\partial n_i^m}\times\frac{\partial n_i^m}{\partial w_{i,j}^{m}} \tag{5-13}$$

$$\frac{\partial\hat{F}}{\partial b_i^m} = \frac{\partial\hat{F}}{\partial n_i^m}\times\frac{\partial n_i^m}{\partial b_i^m} \tag{5-14}$$

由于每一层神经网络的输入是它的权值和偏置值的显函数，因此式(5-13)和式(5-14)中的第二项均可计算出来。

由式(5-1)可知

$$\frac{\partial n_i^m}{\partial w_{i,j}^{m}} = y_j^{m-1},\quad \frac{\partial n_i^m}{\partial b_i^m} = 1 \tag{5-15}$$

若定义

$$s_i^m = \frac{\partial \hat{F}}{\partial n_i^m} \tag{5-16}$$

式中，s_i^m 表示敏感性。

根据式(5-15)和式(5-16)，可将式(5-13)和式(5-14)分别简化为

$$\frac{\partial \hat{F}}{\partial w_{i,j}^m} = s_i^m y_j^{m-1} \tag{5-17}$$

$$\frac{\partial \hat{F}}{\partial b_i^m} = s_i^m \tag{5-18}$$

5）敏感性的反向传播

根据式(5-16)，可知敏感性 s_i^m 的定义为：$\hat{F}$ 对神经网络第 m 层的净输入的第 i 个元素变化的敏感性。

敏感性的递推关系需要使用雅可比矩阵，如式(5-19)所示。

$$\frac{\partial \boldsymbol{n}^m}{\partial \boldsymbol{n}^{m-1}} = \begin{bmatrix} \dfrac{\partial n_1^m}{\partial n_1^{m-1}} & \dfrac{\partial n_1^m}{\partial n_2^{m-1}} & \cdots & \dfrac{\partial n_1^m}{\partial n_{s^{m-1}}^{m-1}} \\ \dfrac{\partial n_2^m}{\partial n_1^{m-1}} & \dfrac{\partial n_2^m}{\partial n_2^{m-1}} & \cdots & \dfrac{\partial n_2^m}{\partial n_{s^{m-1}}^{m-1}} \\ \vdots & \vdots & & \vdots \\ \dfrac{\partial n_{s^m}^m}{\partial n_1^{m-1}} & \dfrac{\partial n_{s^m}^m}{\partial n_2^{m-1}} & \cdots & \dfrac{\partial n_{s^m}^m}{\partial n_{s^{m-1}}^{m-1}} \end{bmatrix} \tag{5-19}$$

计算式(5-19)矩阵中的一个表达式时，要考虑 i、j 元素，如式(5-20)所示。

$$\frac{\partial n_i^m}{\partial n_j^{m-1}} = \frac{\partial\left(\sum_{l=1}^{S^{m-1}} w_{i,l}^m y_l^{m-1} + b_i^m\right)}{\partial n_j^{m-1}} = w_{i,j}^m (f^{m-1})'(n_j^{m-1}) \tag{5-20}$$

在式(5-20)中，

$$(f^{m-1})'(n_j^{m-1}) = \frac{\partial f^{m-1}(n_j^{m-1})}{\partial n_j^{m-1}} \tag{5-21}$$

同时，由式(5-20)可以将雅可比矩阵简写为

$$\frac{\partial \boldsymbol{n}^m}{\partial \boldsymbol{n}^{m-1}} = \boldsymbol{W}^m (\boldsymbol{F}^{m-1})'(\boldsymbol{n}^{m-1}) \tag{5-22}$$

在式(5-22)中

$$(\boldsymbol{F}^{m-1})'(\boldsymbol{n}^{m-1}) = \begin{bmatrix} (f^{m-1})'(n_1^{m-1}) & 0 & \cdots & 0 \\ 0 & (f^{m-1})'(n_2^{m-1}) & \cdots & 0 \\ \vdots & \vdots & & \vdots \\ 0 & 0 & \cdots & (f^{m-1})'(n_{s^{m-1}}^{m-1}) \end{bmatrix} \tag{5-23}$$

由式(5-22)和式(5-23)，可以得到敏感性矩阵形式的递推关系式为

$$\boldsymbol{s}^{m-1} = \frac{\partial \hat{F}}{\partial \boldsymbol{n}^{m-1}} = \left(\frac{\partial \boldsymbol{n}^m}{\partial \boldsymbol{n}^{m-1}}\right)^{\mathrm{T}} \frac{\partial \hat{F}}{\partial \boldsymbol{n}^m} = (\boldsymbol{F}^{m-1})'(\boldsymbol{n}^{m-1})\ (\boldsymbol{W}^m)^{\mathrm{T}} \boldsymbol{s}^m \tag{5-24}$$

式中，

$$\boldsymbol{s}^m \equiv \frac{\partial \hat{F}}{\partial \boldsymbol{n}^m} = \begin{bmatrix} \dfrac{\partial \hat{F}}{\partial n_1^m} \\ \dfrac{\partial \hat{F}}{\partial n_2^m} \\ \vdots \\ \dfrac{\partial \hat{F}}{\partial n_s^m} \end{bmatrix} \tag{5-25}$$

由式(5－24)可以看出敏感性从最后一层通过神经网络可以反向传播到第一层，如式(5－26)所示。这也是BP神经网络得名“反向传播算法”的原因。

$$\boldsymbol{s}^M \rightarrow \boldsymbol{s}^{M-1} \rightarrow \cdots \rightarrow \boldsymbol{s}^2 \rightarrow \boldsymbol{s}^1 \tag{5-26}$$

另外，式(5－24)表明BP算法要进行反向传播，必须先要计算递推关系式(5－26)的起始点，即计算神经网络最后一层敏感性 $\boldsymbol{s}^M$ 的值。

$$s_i^M = \frac{\partial \hat{F}}{\partial n_i^M} = \frac{\partial (\boldsymbol{t}-\boldsymbol{y})^{\mathrm{T}}(\boldsymbol{t}-\boldsymbol{y})}{\partial n_i^M} = -2(t_i - y_i)\frac{\partial y_i}{\partial n_i^M} \tag{5-27}$$

由于

$$\frac{\partial y_i}{\partial n_i^M} = \frac{\partial y_i^M}{\partial n_i^M} = \frac{\partial f^M(n_i^M)}{\partial n_i^M} = (f^M)'(n_i^M) \tag{5-28}$$

由式(5－28)，可以将式(5－27)改写为

$$s_i^M = -2(t_i - y_i)(f^M)'(n_i^M) \tag{5-29}$$

式(5－29)可以用矩阵形式表示为

$$\boldsymbol{s}^M = -2(\boldsymbol{F}^M)'(\boldsymbol{n}^M)(\boldsymbol{t}-\boldsymbol{y}) \tag{5-30}$$

6) 权值更新

BP神经网络算法中权值及偏置值的近似梯度下降法为

$$w_{i,j}^m(k+1) = w_{i,j}^m(k) - \eta s_i^m y_j^{m-1} \tag{5-31}$$

$$b_i^m(k+1) = b_i^m(k) - \eta s_i^m \tag{5-32}$$

如果用矩阵形式表示，则可写为

$$\boldsymbol{W}^m(k+1) = \boldsymbol{W}^m(k) - \eta \boldsymbol{s}^m(\boldsymbol{y}^{m-1})^{\mathrm{T}} \tag{5-33}$$

$$\boldsymbol{b}^m(k+1) = \boldsymbol{b}^m(k) - \eta \boldsymbol{s}^m \tag{5-34}$$

3. 小结

下面对BP神经网络算法进行小结，主要分三步对前向传播值、反向传播值和权值与偏置值进行计算。

(1) 计算神经网络前向传播值。

$$\boldsymbol{n}^m = \boldsymbol{W}^m \boldsymbol{y}^{m-1} + \boldsymbol{b}^m, \quad m = 1, 2, \cdots, M \ (M > 2) \tag{5-35}$$

$$\boldsymbol{y}^m = \boldsymbol{f}^m(\boldsymbol{n}^m) \tag{5-36}$$

$$\boldsymbol{y} = \boldsymbol{y}^M \tag{5-37}$$

(2) 计算神经网络敏感性的反向传播值。

$$\boldsymbol{s}^M = -2(\boldsymbol{F}^M)'(\boldsymbol{n}^M)(\boldsymbol{t}-\boldsymbol{y}) \tag{5-38}$$

$$\boldsymbol{s}^{m-1} = (\boldsymbol{F}^{m-1})'(n^{m-1})(\boldsymbol{W}^m)^{\mathrm{T}}\boldsymbol{s}^m, \quad m = M, \cdots, 2, 1\ (M \geqslant 2) \tag{5-39}$$

(3) 使用近似的梯度下降法来更新权值和偏置值。

$$\boldsymbol{W}^m(k+1) = \boldsymbol{W}^m(k) - \eta \boldsymbol{s}^m(\boldsymbol{y}^{m-1})^{\mathrm{T}} \tag{5-40}$$

$$\boldsymbol{b}^m(k+1) = \boldsymbol{b}^m(k) - \eta \boldsymbol{s}^m \tag{5-41}$$

5.3.2 反向传播实例

假设有一个神经网络如图 5-3 所示，建立一个 3 层的 BP 神经网络，其中隐含层的传递函数为对数 S 型函数，输出层的函数为线性函数 pureline。用此网络来逼近函数 $g(x)=1+\sin\left(\frac{\pi}{4}(x_1+x_2)\right)$，$(-1\leqslant x\leqslant 1)$。

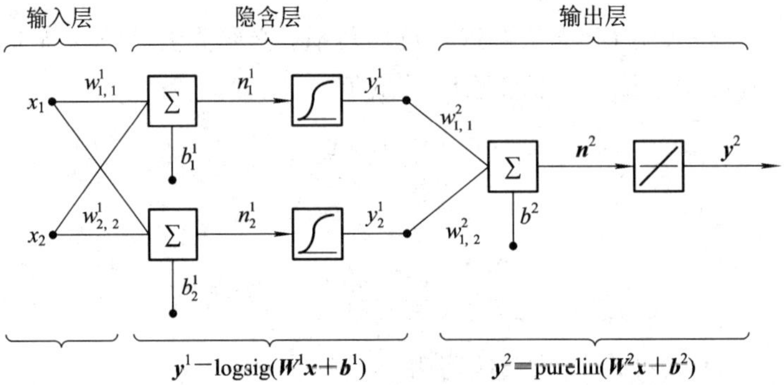

图 5-3　BP 神经网络结构图

解　(1) 确定下面要解决的问题。用图 5-3 所示的神经网络来逼近函数

$$g(x) = 1 + \sin\left(\frac{\pi}{4}(x_1 + x_2)\right),\ (-1 \leqslant x \leqslant 1)$$

训练数据可以通过 $g(x)$ 函数来得到

$$x_1 + x_2 = [-2, -1, 0, 1, 2]$$

$$g(x) = \left[0, 1-\frac{\sqrt{2}}{2}, 1, 1+\frac{\sqrt{2}}{2}, 2\right]$$

对于神经网络的权值与偏置值的初始值设定，通常选择较小的随机值，给出权值和偏置值的初始值。

$$\boldsymbol{W}^1(0) = \begin{bmatrix} -0.27 & -0.41 \\ -0.21 & -0.30 \end{bmatrix}, \quad \boldsymbol{b}^1(0) = \begin{bmatrix} -0.48 \\ -0.13 \end{bmatrix}$$

$$\boldsymbol{W}^2(0) = [0.09 \quad -0.17], \quad \boldsymbol{b}^2(0) = [0.48]$$

对于初始输入，如果设定

$$\boldsymbol{x} = \begin{bmatrix} -1 \\ -1 \end{bmatrix}$$

则隐含层的输出为

$$\boldsymbol{y}^1 = \text{logsig}(\boldsymbol{W}^1\boldsymbol{x}+\boldsymbol{b}^1) = \text{logsig}\left(\begin{bmatrix}-0.27 & -0.41\\ -0.21 & -0.30\end{bmatrix}\begin{bmatrix}-1\\ -1\end{bmatrix}+\begin{bmatrix}-0.48\\ -0.13\end{bmatrix}\right)$$

$$= \text{logsig}\left(\begin{bmatrix}0.20\\ 0.38\end{bmatrix}\right) = \begin{bmatrix}\dfrac{1}{1+e^{0.20}}\\ \dfrac{1}{1+e^{0.38}}\end{bmatrix}$$

$$= \begin{bmatrix}0.4502\\ 0.4061\end{bmatrix}$$

输出层的输出为

$$\boldsymbol{y}^2 = \text{purelin}(\boldsymbol{w}^2\boldsymbol{y}^1+\boldsymbol{b}^2) = \text{purelin}\left(\begin{bmatrix}0.09 & -0.17\end{bmatrix}\begin{bmatrix}0.4502\\ 0.4061\end{bmatrix}+\begin{bmatrix}0.48\end{bmatrix}\right) = \begin{bmatrix}0.4515\end{bmatrix}$$

神经网络误差为

$$e = t-\boldsymbol{y}^2 = g(-2)-\boldsymbol{y}^2 = \left\{1+\sin\left(-\frac{\pi}{2}\right)\right\}-0.4515 = -0.4515$$

(2) 计算反向传播敏感性值。

在开始反向传播前，需要先求传递函数的导数$(f^1)'(n)$和$(f^2)'(n)$。

隐含层为

$$(f^1)'(n) = \frac{d}{dn}\left(\frac{1}{1+e^{-n}}\right) = \frac{e^{-n}}{(1+e^{-n})^2} = \left(1-\frac{1}{1+e^{-n}}\right)\left(\frac{1}{1+e^{-n}}\right) = (1-\boldsymbol{y}^1)(\boldsymbol{y}^1)$$

输出层为

$$(f^2)'(n) = \frac{d}{dn}(n) = 1$$

反向传播的起点在输出层，可得

$$\begin{aligned}\boldsymbol{s}^2 &= -2(\boldsymbol{F}^2)'(\boldsymbol{n}^2)(\boldsymbol{t}-\boldsymbol{y})\\ &= -2[(f^2)'(n^2)](-0.4515) = -2[1](-0.4515) = 0.9030\end{aligned}$$

由于隐含层的敏感性由输出层的敏感性反向传播得到，因此由式(5-38)可求出

$$\begin{aligned}\boldsymbol{s}^1 &= (\boldsymbol{F}^1)'(n^1)(\boldsymbol{W}^2)^{\mathrm{T}}\boldsymbol{s}^2\\ &= \begin{bmatrix}(1-y_1^1)(y_1^1) & 0\\ 0 & (1-y_2^1)(y_2^1)\end{bmatrix}\begin{bmatrix}0.09\\ -0.17\end{bmatrix}\begin{bmatrix}0.9030\end{bmatrix}\\ &= \begin{bmatrix}(1-0.4502)(0.4502) & 0\\ 0 & (1-0.4061)(0.4061)\end{bmatrix}\begin{bmatrix}0.081\\ -0.153\end{bmatrix}\\ &= \begin{bmatrix}0.0201\\ -0.0370\end{bmatrix}\end{aligned}$$

(3) 对权值进行更新，这里可以将学习率设定为$\eta=0.1$。

输出层到隐含层的权值更新由式(5-39)和式(5-40)可求出

$$\begin{aligned}\boldsymbol{W}^2(1) &= \boldsymbol{W}^2(0)-\eta s^2(\boldsymbol{y}^1)^{\mathrm{T}} = \begin{bmatrix}0.09 & -0.17\end{bmatrix}-0.1\begin{bmatrix}0.9030\end{bmatrix}\begin{bmatrix}0.4502 & 0.4061\end{bmatrix}\\ &= \begin{bmatrix}0.0493 & -0.2067\end{bmatrix}\end{aligned}$$

$$\boldsymbol{b}^2(1) = \boldsymbol{b}^2(0)-\eta\boldsymbol{s}^2 = \begin{bmatrix}0.48\end{bmatrix}-0.1\begin{bmatrix}0.9030\end{bmatrix} = \begin{bmatrix}0.3890\end{bmatrix}$$

隐含层到输入层的权值更新为

$$\boldsymbol{W}^1(1)=\boldsymbol{W}^1(0)-\eta\boldsymbol{s}^1(\boldsymbol{y}^0)^{\mathrm{T}}=\begin{bmatrix}-0.27 & -0.41\\ -0.21 & -0.30\end{bmatrix}-0.1\begin{bmatrix}0.0201\\ -0.0367\end{bmatrix}\begin{bmatrix}-1 & -1\end{bmatrix}$$

$$=\begin{bmatrix}-0.2680 & -0.4080\\ -0.2137 & -0.3037\end{bmatrix}$$

$$\boldsymbol{b}^1(1)=\boldsymbol{b}^1(0)-\eta\boldsymbol{s}^1=\begin{bmatrix}-0.48\\ -0.13\end{bmatrix}-0.1\begin{bmatrix}0.020\\ -0.037\end{bmatrix}=\begin{bmatrix}-0.4820\\ -0.1263\end{bmatrix}$$

这就是BP算法的第一次迭代。下一步可以选择另一个输入 $\boldsymbol{x}$，使用更新过的权值与截距项来执行算法的第二次迭代过程。迭代过程一直照此方法进行下去，直到神经网络输出与目标函数之差达到某一可接受的水平。

5.4 BP算法的不足与改进

5.4.1 BP算法的不足

BP算法理论具有依据可靠、推导过程严谨、精度较高、通用性较好等优点，但随着应用范围的逐渐扩大，BP神经网络也暴露出越来越多的不足，下面简单介绍一下BP算法中存在的一些不足。

1. 局部极小化问题

BP神经网络是一种全局逼近的算法，当要解决一个复杂的非线性化函数时，神经网络的权值将会逐步调整，但算法将会极易陷入局部极值的陷阱，如图5-4所示。权值一旦收敛到局部极小点时，就会造成神经网络训练的失败。BP神经网络对初始的神经网络权值非常敏感，当以不同的神经网络权值进行初始化神经网络时，其往往会收敛到不同的局部极小值，造成训练的失败。

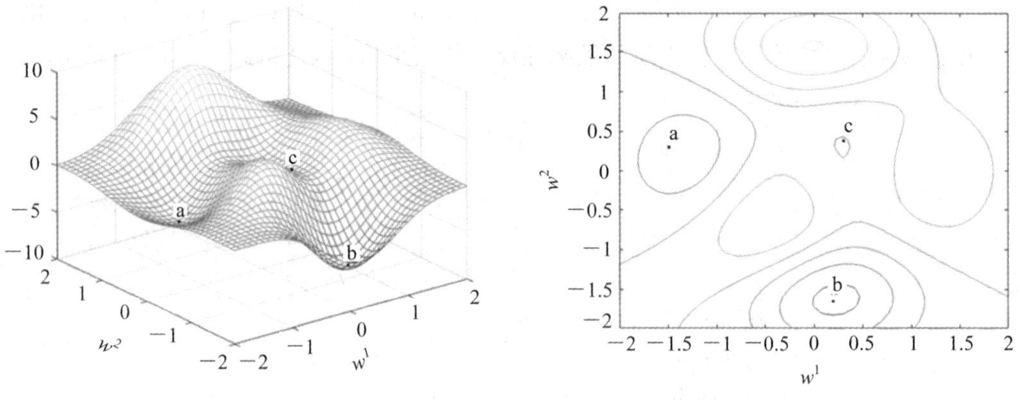

(a) 误差曲面图　　(b) 误差等高线图

图5-4　存在局部极值问题的情况

从图5-4中可以观察到：当神经网络的权值过小时，BP神经网络极易收敛到局部极小值点c点，而无法收敛到全局极小值点b点。当网络的初始权值增大时，网络虽然可能避免收敛到 c 点，但却又可能陷入到另一个局部极值 a 点，而不是全局极小值点 b 点。所以，网络初始权值的选取会在一定程度上影响 BP 神经网络训练的结果。

2. 收敛性问题

BP 神经网络算法权值更新采用梯度下降法。当它需要优化一个非常复杂的函数时，往往极易出现锯齿波现象，这会使算法变得非常低效。在优化复杂函数时，它必然会在神经元输出接近 0 或 1 的情况下，出现部分平坦区。在这些平坦区中，权值的改变将会变得非常微小，训练过程也会接近停顿，这也是 BP 神经网络算法收敛速度较慢的原因。

如图 5－5 所示的误差曲面图，可以观察到：当 BP 神经网络沿着 a 点向 b 点收敛时，极易出现锯齿波现象。当到达 b 点时，往 c 点收敛时，因为 c 点的区域变得非常平坦，权值的改变将会变得非常微小，训练的过程已经接近停止，这就造成 BP 神经网络算法收敛变慢、训练时间变长，甚至造成训练失败。

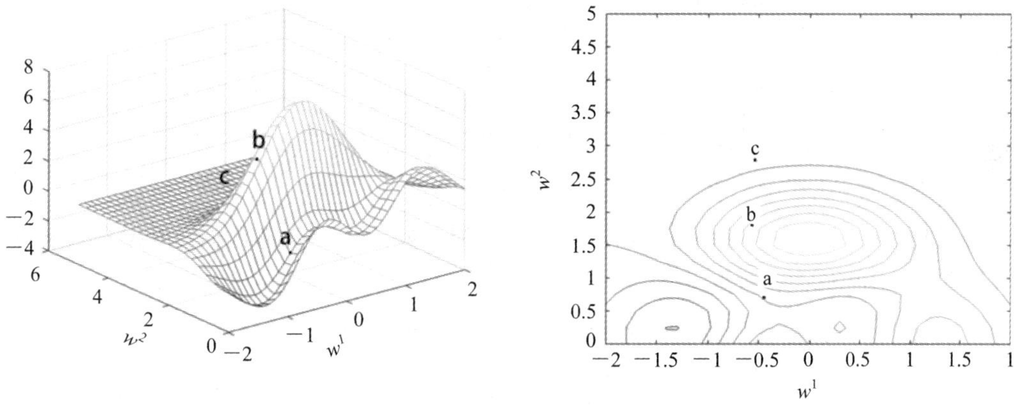

(a) 误差曲面图　　(b) 误差等高线图

图 5－5　存在收敛性问题情况

3. 神经网络层数的选择问题

在使用 BP 神经网络算法解决实际问题的过程中，如果选用较少的网络层数，则优点是神经网络结构简单，训练时间较短，但缺点是网络层数太少，这样会导致误差较大、精度较低，甚至会造成神经网络无法进行正常训练；如果选用较多的神经网络层数，则可以降低神经网络误差，提高精度，但缺点就是神经网络变得相对复杂，而且训练时间会增加。

神经网络层数的选取会直接影响到神经网络函数的逼近能力和适应能力。因此，在实际应用中对于神经网络层数的选取是一个非常重要的问题。但如何正确选择神经网络的层数？目前尚无系统、完整的理论指导，一般只能根据经验或者实验来进行选取。因此，有人也将神经网络层数的选取称之为一种艺术。

4. 过拟合问题

过拟合是指学习时选择的模型所包含的参数过多，即样本数量很大，以至于出现这一模型对已知数据预测得很好，但对未知数据预测得很差的现象。BP 神经网络过拟合的本质就是在训练样本中表现得过于优越，而在验证数据集以及测试数据集中表现得不佳。过拟合现象通常都是由于学习的过于精确造成的。如：在人脸识别中，训练样本为 100 个，但是学习如果过于精确，造成除了这 100 个样本以外，其他的人脸在神经网络中都不认为是人脸。在训练中，需要的信息只是人脸的基本特征而不需要详细到人的鼻子、眼睛的大小等过于细致的局部特征，这样才能够最大效果地识别人脸。

在利用神经网络实现函数逼近时，如果网络过大，则通常会出现过拟合现象，如图 5-6 所示。

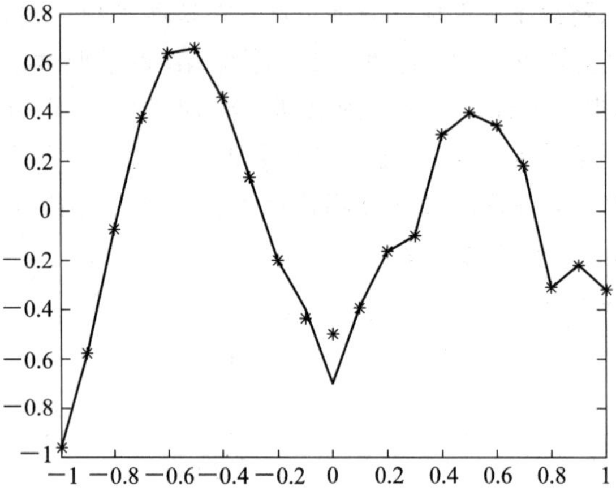

图 5-6 过拟合图

当将网络性能参数调小后，神经网络尽管没能很好地拟合全部数据，但拟合效果反而会变得更好，如图 5-7 所示。

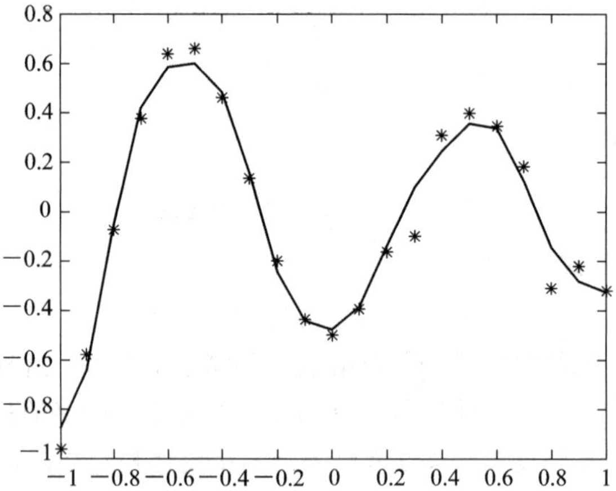

图 5-7 较理想的拟合图

除了上述缺点外，标准 BP 算法还存在以下缺点：BP 神经网络结构选择没有统一标准问题、应用实例与网络规模的矛盾问题、BP 神经网络预测能力和网络训练能力的矛盾问题、BP 神经网络样本依赖性的问题等等。

5.4.2 BP 算法的改进

上面已经讨论了 BP 算法的一些缺点，下面介绍针对这些问题的一些改进算法，主要包括动量 BP 算法、自适应 BP 神经网络算法、拟牛顿法和 L-M 算法。

1. 动量 BP 算法

在标准 BP 算法中，由式(5-33)和式(5-34)可知，权值和截距项的更新按照梯度下降算法为

$$\boldsymbol{W}^m(k+1) = \boldsymbol{W}^m(k) - \eta \boldsymbol{s}^m (\boldsymbol{y}^{m-1})^{\mathrm{T}}$$

$$\boldsymbol{b}^m(k+1) = \boldsymbol{b}^m(k) - \eta \boldsymbol{s}^m$$

动量 BP 算法就是在梯度下降算法的基础上加入动量因子 $\alpha(0<\alpha<1)$，则有

$$\Delta\boldsymbol{W}^m(k+1) = \alpha\Delta\boldsymbol{W}^m(k) + (1-\alpha)\eta \boldsymbol{s}^m (\boldsymbol{y}^{m-1})^{\mathrm{T}} \tag{5-42}$$

$$\boldsymbol{W}^m(k+1) = \boldsymbol{W}^m(k) + \Delta\boldsymbol{W}^m(k+1) \tag{5-43}$$

$$\Delta\boldsymbol{b}^m(k+1) = \alpha\Delta\boldsymbol{b}^m(k) + (1-\alpha)\eta \boldsymbol{s}^m \tag{5-44}$$

$$\boldsymbol{b}^m(k+1) = \boldsymbol{b}^m(k) + \Delta\boldsymbol{b}^m(k+1) \tag{5-45}$$

动量 BP 算法主要是通过上一次的修正结果来影响本次的修正量。特别注意的是，当前一次的修正量过大时，式(5-42)和式(5-44)的第二项的符号取与上一次的修正量相反的符号，从而使本次的修正量减小，起到减小振荡的作用；当前一次的修正量过小时，式(5-42)和式(5-44)的第二项的符号取与上一次修正量相同的符号，从而使本次的修正量增大，起到加速修正的作用。该算法的中心思想是在统一梯度方向上对修正量进行修正。

动量 BP 算法中，当加入一个动量因子时，不会因为采用了较大的学习率而造成学习过程的发散，当修正量过大或者过小时，动量 BP 算法总是可以使修正量减小或者增大，来保证修正的方向向着收敛的方向进行。同时，因为动量因子能加速同一梯度方向的收敛性，所以动量 BP 算法既能保证收敛性，也能加速收敛速度，缩短学习时间。因此，采用动量 BP 算法可以保证 BP 神经网络加快收敛，又可以避免陷入局部极值的问题。

2. 自适应 BP 神经网络算法

在标准 BP 神经网络算法和动量 BP 算法中，学习率是一个在整个训练过程中保持固定不变的常数，学习算法的性能对于学习率的选择非常敏感。如果学习率选得太小，则收敛速度会变慢，训练时间变长；学习率选得太大，则有可能造成修正过头，导致系统振荡、不稳定甚至发散。自适应学习算法就是在训练过程中，使学习率沿着误差曲面进行动态修正。

自适应 BP 神经网络算法在训练过程中，学习率可以根据局部误差曲面做出动态调整，所以它既能使算法稳定，同时又能使学习步长尽量大，加快收敛时间。当误差逐渐减小趋向于目标值时，证明修正方向正确，可以增加步长，此时乘以因子 a，使学习率增加；而当误差超过事先预设值时，说明修正过头，应减小步长，此时乘以因子 b，使学习率减小，同时舍弃误差增大的上一步的修正值，如式(5-46)所示。

$$\eta(k+1) = \begin{cases} a\eta(k) & E(k+1) < E(k),\ a > 1 \\ bn(k) & E(k+1) > E(k),\ 0 < b < 1 \end{cases} \tag{5-46}$$

3. 拟牛顿法

拟牛顿法是一种基于牛顿法的 BP 神经网络的改进算法。要了解拟牛顿法，先得了解牛顿法，牛顿法是一种基于二阶泰勒级数的快速优化算法，它的基本方法是

$$\boldsymbol{z}(k+1) = \boldsymbol{z}(k) - \boldsymbol{A}^{-1}(k)\boldsymbol{g}(k) \tag{5-47}$$

式中，$\boldsymbol{z}(k)$表示的是第 k 次迭代各层之间的连接权向量和截距向量。

$\boldsymbol{g}(k)$表示的是第 k 次迭代的神经网络输出误差对各权值的梯度向量，可表示为

$$\boldsymbol{g}(k)=\frac{\partial \hat{\boldsymbol{F}}}{\partial \boldsymbol{z}(k)} \tag{5-48}$$

$\boldsymbol{A}(k)$为误差性能函数在当前权值下的二阶导数 Hessian 矩阵，可表示为

$$\boldsymbol{A}(k)=\nabla^{(2)}F(z)\big|_{z=z(k)} \tag{5-49}$$

牛顿法通常比梯度变化法的收敛速度快，但是对于前馈神经网络计算 Hessian 矩阵是非常复杂的。

拟牛顿法也被称为正切法，优点是它基于牛顿法不需要求二阶导数，在算法中的 Hessian 矩阵用其近似值进行修正，修正值代表了梯度的函数。

在已经公开发表的研究成果中，拟牛顿法引用最成功的有 Broyden、Fletcher、Goldfard 和 Shanno 修正算法，合称为 BFGS 算法。

4. L－M 算法

L－M 算法的本质与拟牛顿法一样，都是为了避免 Hessian 矩阵而设计的，当算法以近似二阶训练速率修正时，可不用计算 Hessian 矩阵。当误差性能函数具有平方和误差的形式时，可以将 Hessian 矩阵近似的表示为

$$\boldsymbol{H}=\boldsymbol{J}^{\mathrm{T}}\boldsymbol{J} \tag{5-50}$$

计算梯度的表达式为

$$\boldsymbol{g}=\boldsymbol{J}^{\mathrm{T}}\boldsymbol{e} \tag{5-51}$$

式(5－50)中，$\boldsymbol{H}$ 是神经网络误差函数对权值和截距的一阶导数的雅可比矩阵，式(5－51)中，$\boldsymbol{e}$ 代表神经网络的误差向量。雅可比矩阵与 Hessian 矩阵相比计算要简单得多，它可以通过标准的前馈神经网络技术进行修正计算。

L－M 算法与牛顿法类似，它可以用近似 Hessian 矩阵方式进行修正，具体的表达式可以写成

$$\boldsymbol{z}(k+1)=\boldsymbol{z}(k)-[\boldsymbol{J}^{\mathrm{T}}\boldsymbol{J}+\mu\boldsymbol{I}]^{-1}\boldsymbol{J}^{\mathrm{T}}\boldsymbol{e} \tag{5-52}$$

式中，$\boldsymbol{z}$ 表示与 $\boldsymbol{J}^{\mathrm{T}}\boldsymbol{J}$ 矩阵相同维度的全 L 矩阵。当系数 $\mu=0$ 时，式(5－52)就可以认为是牛顿法；当系数 μ 的值非常大时，式(5－52)变为步长较小的梯度下降法。当系数 μ 的值非常小时，相当于高斯牛顿法。在使用L－M 算法时，先设置一个比较小的 μ 值，当发现目标函数值增大时，先将 μ 增大，使用梯度下降法快速寻找合适的步长，然后再将 μ 减小，使用牛顿法进行寻找。牛顿法逼近最小误差时的速度更快，更精确，因此尽可能地使算法接近于牛顿法，在每一步成功地将误差减小时，使 μ 减小；若在进行了几次迭代后，误差仍然增加的情况下，则将 μ 增加。L－M 算法的目标是保证每一步迭代的误差总是减小的。L－M 算法主要是针对中等规模的神经网络而提出的算法，在实际应用中非常有效。

5.5 应用案例

★ 案例一

构建一个 BP 神经网络，给定输入向量 $\boldsymbol{P}=[-1\ -1\ 2\ 2\ 4;0\ 5\ 0\ 5\ 7]$和目标向量 $\boldsymbol{T}=[-1\ -1\ 1\ 1\ -1]$，编程实现对数据进行训练，并观察最后隐含层与输出层的权值与阈值变

化。BP神经网络的结构如图5-8所示，其中隐含层为tansig函数，输出层为pureline函数。

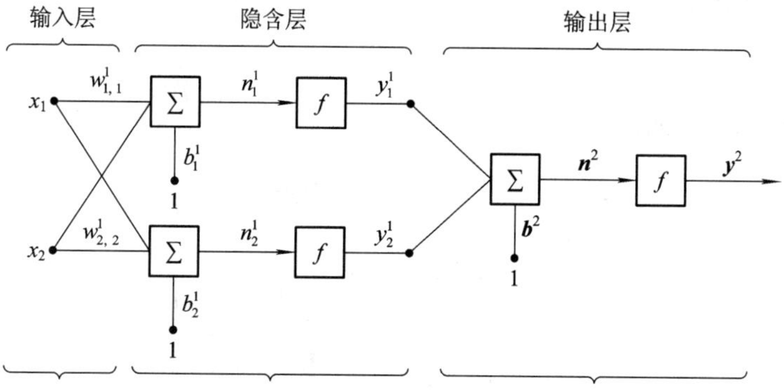

图5-8　案例一的BP神经网络结构图

解　(1) 创建、训练、储存神经网络。

```
clear;
clc;
P=[-1 -1 2 2 4;0 5 0 5 7];                              %输入训练集
T=[-1 -1 1 1 -1];                                       %目标集
net = newff(minmax(P), T, [2], {'tansig', 'purelin'}, 'trainrp');
%网络训练参数设置。其中，利用minmax函数求输入样本范围
net.trainParam.show=50;                                 %两次显示之间的训练次数50次
net.trainParam.lr=0.05;                                 %学习率取值为0.05
net.trainParam.epochs=300;                              %训练次数设置为300次
net.trainParam.goal=1e-5;                               %网络性能目标设为1e-5
[net, tr]=train(net, P, T);
%输出各层权值与阈值
net.iw{1, 1}                                            %隐含层权值
net.b{1}                                                %隐含层阈值
net.lw{2, 1}                                            %输出层权值
net.b{2}                                                %输出层阈值
save net                                                %保存网络
```

(2) 运行结果。

隐含层权值的输出为

```
ans =
     1.5220   -1.2680
     0.9361    0.9620
```

隐含层阈值的输出为

```
ans =
    -1.9967
     2.4308
```

输出层权值的输出为

```
ans =
```

```
    -0.1862    -0.3540
```

输出层阈值的输出

```
ans =

       0.0079
```

神经网络训练过程如图 5-9 所示。

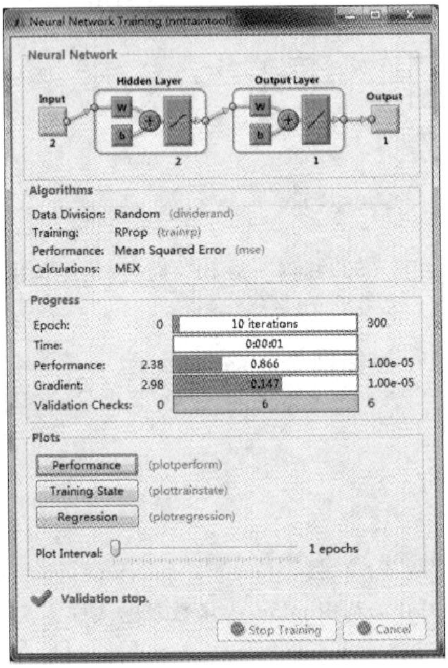

图 5-9 案例一的 BP 神经网络训练过程图

★ 案例二

利用三层 BP 神经网络来完成非线性函数的逼近任务，其中隐含层神经元个数为 10 个，如表 5-1 所示。

表 5-1 输入与输出数据表

输入 X	输出 D	输入 X	输出 D	输入 X	输出 D
-1.0000	-0.9602	-0.3000	0.1336	0.4000	0.3072
-0.9000	-0.5770	-0.2000	-0.2013	0.5000	0.3960
-0.8000	-0.0729	-0.1000	-0.4344	0.6000	0.3449
-0.7000	0.3771	0	-0.5000	0.7000	0.1816
-0.6000	0.6405	0.1000	-0.3930	0.8000	-0.3120
-0.5000	0.6600	0.2000	-0.1647	0.9000	-0.2189
-0.4000	0.4609	0.3000	-0.0988	1.0000	-0.3201

解 (1) 分析问题。

从题中分析可知，期望的输出 D 的范围在(-1，1)之间，所以在神经网络中采用双极性 tansig 函数作为传递函数。

(2) 程序实现。

程序如下：

```
clear;
```

```
clc;
X=-1:0.1:1;
D=[-0.9602 -0.5770 -0.0729 0.3771 0.6405 0.6600 0.4609…
    0.1336 -0.2013 -0.4344 -0.5000 -0.3930 -0.1647 -.0988…
    0.3072 0.3960 0.3449 0.1816 -0.312 -0.2189 -0.3201];
figure;
plot(X, D, '*');                        %绘制原始数据分布图
net = newff([-1 1], [10 1], {'tansig', 'tansig'}); %建立隐含层为10层，输出层为1层的网络
net.trainParam.epochs = 1000;           %训练的最大次数
net.trainParam.goal = 0.005;            %全局最小误差
net = train(net, X, D);                 %训练以D为数据以X为目标进行网络训练
O = sim(net, X);                        %对神经网络进行仿真，输出值传递给O
figure;
plot(X, D, '*', X, O);                  %绘制训练后得到的结果和误差曲线
V = net.iw{1, 1};                       %输入层到隐层权值
theta1 = net.b{1};                      %隐层各神经元阈值
W = net.lw{2, 1};                       %隐层到输出层权值
theta2 = net.b{2};                      %输出层各神经元阈值
```

(3) 结果输出。

输入层到隐层的权值：$V=(6.1283\ 8.2533\ 8.0882\ -4.212\ 3.7644)^T$

隐层各神经元的阈值：theat1$=(-7.7309\ -5.9481\ -2.3845\ -1.5761\ 3.1704)^T$

隐层到输出层的权值：$W=(0.9156\ -0.4298\ 0.5073\ 1.0254\ 1.8425)$

输出层各神经元的阈值：theat2$=-0.3662$

神经网络训练过程、经训练后得到的原始数据图和拟合函数图如图 5-10、图 5-11 和图 5-12 所示。

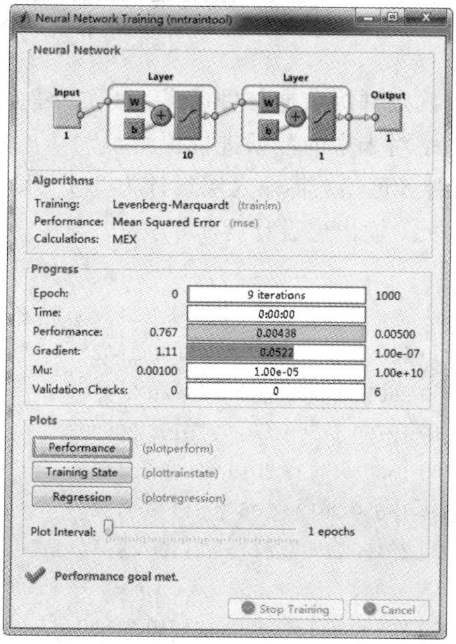

图 5-10　案例二的 BP 神经网络训练过程图

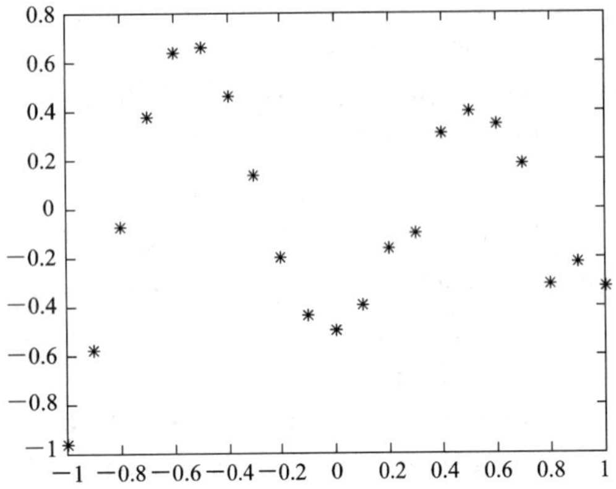

图 5-11 训练后原始数据图

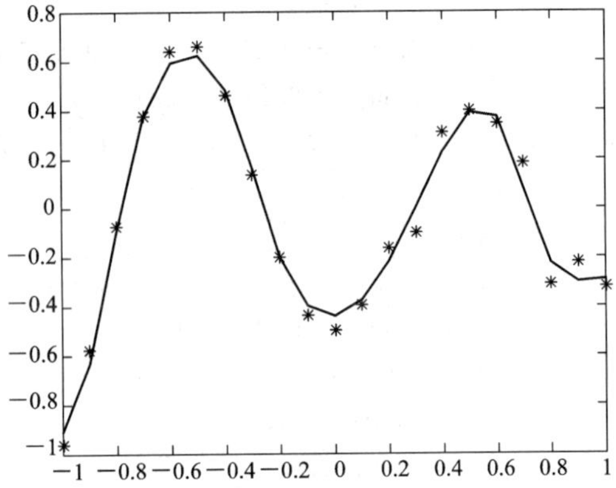

图 5-12 拟合函数图

★ 案例三

以下是某市 2000 年到 2017 年的 GDP，单位为百万。构建一个 BP 神经网络，利用历史数据值预测某市 2018 年的经济总量，并给出预测图。

表 5-2 年份与 GDP 数值表 百万

年份	2000	2001	2002	2003	2004	2005	2006	2007	2008
GDP	13 640	13 850	14 230	14 560	14 930	15 380	16 010	16 760	17 710
年份	2009	2010	2011	2012	2013	2014	2015	2016	2017
GDP	18 600	19 620	20 190	20 690	21 150	21 520	21 710	21 890	23 100

解 (1) 分析问题。

首先进行数据的预测，确定训练数据与目标集。其次，建立 BP 神经网络，对历史数据进行训练，利用训练好的网络对未来的数据进行预测。

在本题中，先建立 BP 神经网络，将输入层设计为 8 个，隐含层设计为 2 层，第 1 层 5 个神经元，第 2 层 2 个神经元，输出层设计为 1 层。

(2) 程序实现。

```
%训练样本
P=[14230 14560 14930 15380 16010 16760 18600 19620;
   14560 14930 15380 16010 16760 18600 19620 20190;
   14930 15380 16010 16760 18600 19620 20190 20690;
   15380 16010 16760 18600 19620 20190 20690 21150;
   16010 16760 18600 19620 20190 20690 21150 21520;
   16760 18600 19620 20190 20690 21150 21520 21710;

   18600 19620 20190 20690 21150 21520 21710 21890;
   19620 20190 20690 21150 21520 21710 21890 23100];
```

```
T=[ 19620 20190 20690 21150 21520 21710 21890 23100];
[p1, minp, maxp, t1, mint, maxt]=premnmx(P, T);                    %归一化
net=newff(minmax(P), [5, 2, 1], {'tansig', 'tansig', 'purelin'}, 'trainlm');  %创建网络
net.trainParam.epochs = 500;                                       %设置训练次数
net.trainParam.goal=0.0000001;                                     %设置收敛误差
[net, tr]=train(net, p1, t1);                                      %训练网络
a=[19620; 20190; 20690; 21150; 21520; 21710; 21890; 23100];       %输入数据
d=premnmx(a);                                                      %将输入数据归一化
f=[13640; 13850; 14230; 14560; 14930; 15380; 16010; 16760; 17710;
18600; 19620; 20190; 20690; 21150; 21520; 21710; 21890; 23100];
b=sim(net, d);                                                     %放入到网络输出数据
c=postmnmx(b, mint, maxt);                                         %反归一化得到预测数据
c
e=[23100;c];
figure, plot(2000:2017, f, 'k+:', 2017:2018, e, 'k*-')            %绘制预测图像
```

(3) 结果输出。

程序的输出结果为

```
c =

    2.3386e+04
```

预测图像如图 5-13 所示，带+的虚线为原始数据趋势，带 * 的实线为预测的趋势。

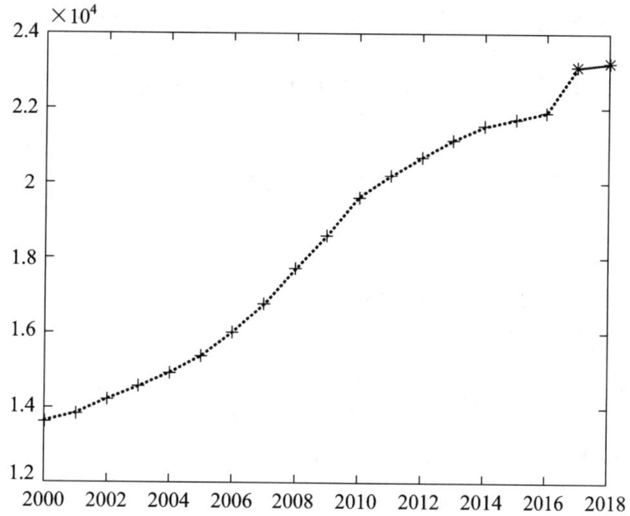

图 5-13　预测图

从图 5-14 中可以看出，神经网络有 8 个输入，2 个隐含层，第 1 层有 5 个神经元，第 2 层有 2 个神经元，1 个输出层的神经网络结构。

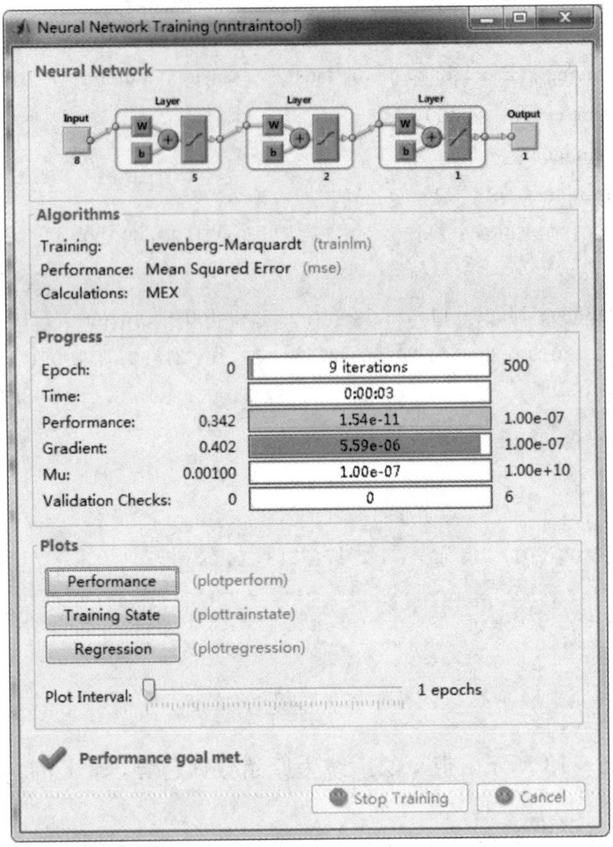

图 5-14　案例三的 BP 神经网络训练图

习　题

1. 结合 BP 神经网络的结构，举例说明其算法。

2. 根据 BP 算法的基本思想，讨论 BP 的优缺点。

3. 用链式法则来求下面函数的导数$\dfrac{\partial f}{\partial w}$：

(1) $f(n)=\sin(n)$，$n(w)=w^2$；

(2) $f(n)=\tan(n)$，$n(w)=5w$；

(3) $f(n)=\exp(n)$，$n(w)=\cos(w)$；

(4) $f(n)=\mathrm{logsig}(n)$，$n(w)=\exp(w)$。

4. 对图 5-15 中的网络，初始权值和偏置值设为 $w_1=1$，$b_1(0)=-2$，$w_2(0)=1$，$b_2(0)=1$，网络传递函数为 $f^1(n)=(n)^2$，$f^2(n)=\dfrac{1}{n}$，一个输入/目标对为$((x=1),(t=1))$，对 $\eta=1$ 的 BP 神经网络算法，执行一次迭代。

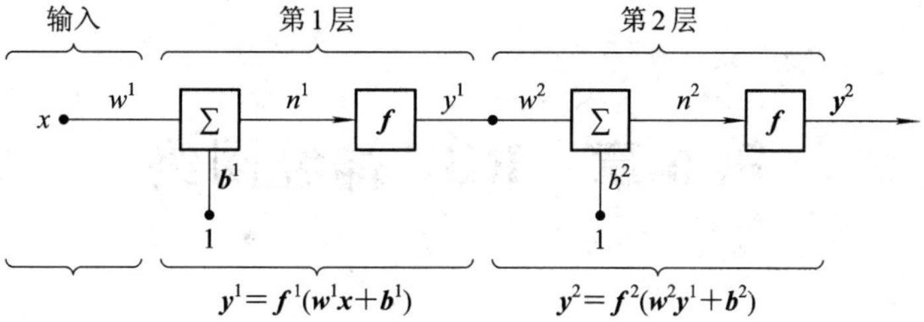

图 5 - 15　两层线性网络

5. 应用 MATLAB 编写一个基于 BP 神经网络的算法程序，用此程序来逼近 $\sin x$ 函数。

参考文献

[1] Martin T Hagan , Howard B Demuth, Mark H Beale. Neural Network Design[M]. Boston: MA: PWS, 1996.

[2] 文常保，卢文科. 基于神经网络的压缩机故障诊断 [J]. 压缩机技术，2002，(5)：1 - 4.

[3] 周开利，康耀红. 神经网络模型及其 MATLAB 仿真程序设计[M]. 北京：清华大学出版社，2005.

[4] Haykin S. Neural Networks: A Comprehensive Foundation[M]. 3 rd ed. London: Macmillan, 1998.

[5] 李航. 统计学习方法[M]. 北京：机械工业出版社，2002.

第 6 章 RBF 神经网络

6.1 概 述

径向基函数(Radial Basis Function，RBF)是一个取值仅取决于到原点距离的实值函数，记作 $\phi(x)=\phi(\|x\|)$，也可以是到任意一中心点 c 的距离，即 $\phi(x, c)=\phi(\|x-c\|)$。任何一个满足上述特性的函数都可以称为 RBF。

1971 年，Hardy 用 RBF 来处理飞机外形设计曲面拟合问题，取得了非常好的效果。

1985 年，英国剑桥大学数学家 Powell 提出了多变量插值的 RBF 方法。

20 世纪末期，Broomhead、Lowe、Moody、Darken 等科学家先后将 RBF 应用于神经网络设计，提出了一种 RBF 神经网络结构，即 RBF 神经网络。

RBF 神经网络的结构与多层前向网络类似，是一种具有单隐层的三层前向神经网络。输入层由信号源节点组成，隐含层是单神经元层，但神经元数可视所描述问题的需要而定，输出层对输入的作用作出响应。从输入层空间到隐含层空间的变换是非线性的，而从隐含层空间到输出层空间的变换是线性的。隐含层神经元的变换函数是 RBF，它是一种局部分布的中心径向对称衰减的非负非线性函数。BP 神经网络用于函数逼近时，权值的调节采用负梯度下降法，这种权值调节的方法存在着收敛速度慢和局部极小等局限性。同时，BP 神经网络在训练过程中需要对网络中的所有权值和阈值进行修正，属于全局逼近的神经网络。而 RBF 神经网络在逼近能力、分类能力和学习速度等方面均优于 BP 神经网络。另外，尽管 RBF 神经网络比 BP 神经网络需要更多的神经元，但是它能够按时间片来优化训练网络。因此，RBF 神经网络是一种局部逼近性能非常好的神经网络结构，有学者证明它能以任意精度逼近任一连续函数。

RBF 人工神经网络以其独特的信息处理能力在许多领域得到了成功的应用，它不仅继承了神经网络强大的非线性映射能力，而且具有自适应、自学习和容错性，能够从大量的历史数据中进行聚类和学习，进而得到某些行为变化的规律。同时，RBF 神经网络是一种新颖有效的前馈式神经网络，具有最佳局部逼近和全局最优的性能，且训练方法快速易行，这些优点使得 RBF 神经网络在非线性时间序列预测中得到了广泛的应用。

另外，RBF 神经网络能够逼近任意的非线性函数，可以处理系统内难以解析的规律性，具有良好的泛化能力，并有很快的学习收敛速度。当有很多的训练向量时，这种网络很有效果。目前，RBF 神经网络已在非线性函数逼近、时间序列分析、数据分类、模式识别、信息处理、图像处理、系统建模、控制和故障诊断等多种场合得到了成功的应用。

6.2　RBF 神经网络结构和原理

1. RBF 神经元模型

RBF 神经元模型如图 6－1 所示。

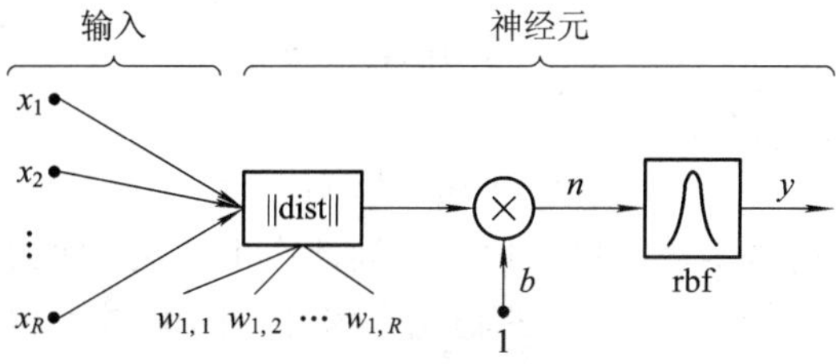

图 6－1　RBF 神经元模型

在图 6－1 中，‖dist‖为欧氏距离，用函数式可表示为

$$\|\mathrm{dist}\| = \|\boldsymbol{w}-\boldsymbol{x}\| = \sqrt{\sum_{i=1}^{R}(w_{1,i}-x_i)^2} = [(\boldsymbol{w}-\boldsymbol{x}^{\mathrm{T}})(\boldsymbol{w}-\boldsymbol{x}^{\mathrm{T}})^{\mathrm{T}}]^{1/2} \tag{6-1}$$

另外，净运算值 n 为 RBF 神经元的中间运算结果，可由式(6－2)表示为

$$n = \|\boldsymbol{w}-\boldsymbol{x}\| b \tag{6-2}$$

RBF 神经元模型的输出 y 为

$$y = \mathrm{rbf}(n) = \mathrm{rbf}(\|\boldsymbol{w}-\boldsymbol{x}\| b) \tag{6-3}$$

式中，$\mathrm{rbf}(x)$为径向基函数，常见的形式有

$$\mathrm{rbf}(x) = \exp\left[-\left(\frac{x}{\sigma}\right)^2\right] \tag{6-4}$$

$$\mathrm{rbf}(x) = \frac{1}{(\sigma^2+x^2)^{\alpha}}, \quad \alpha > 0 \tag{6-5}$$

$$\mathrm{rbf}(x) = (\sigma^2+x^2)^{\beta}, \quad \alpha < \beta < 1 \tag{6-6}$$

2. RBF 神经网络结构

RBF 神经网络由输入层、单隐含层、输出层三层组成，其结构如图 6－2 所示。

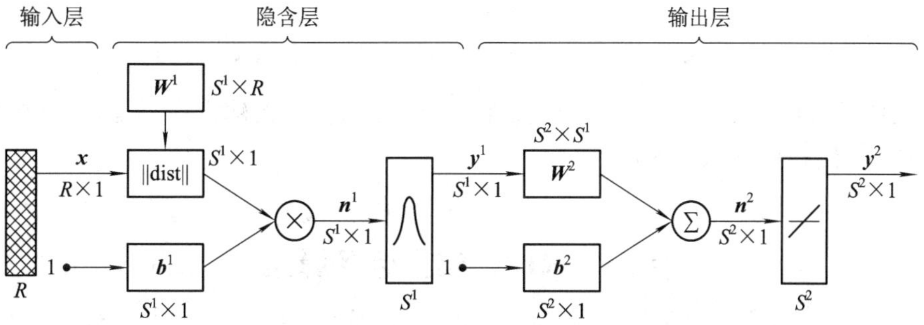

图 6－2　RBF 神经网络的结构原理图

图 6－2 中，$\boldsymbol{n}^1$ 为 RBF 神经网络隐含层的中间运算结果，可由式(6－7)表示为

$$\boldsymbol{n}^1 = \|\boldsymbol{W}^1 - \boldsymbol{x}\| \boldsymbol{b}^1 = [\text{diag}((\boldsymbol{W}^1 - \text{ones}(N, 1)\boldsymbol{x}^\text{T})(\boldsymbol{W}^1 - \text{ones}(N, 1)\boldsymbol{x}^\text{T})^\text{T})]^{1/2}\boldsymbol{b}^1 \tag{6-7}$$

式中，diag(x)表示取矩阵向量主对角线上的元素组成的列向量。

RBF 神经网络隐含层的输出 $\boldsymbol{y}^1$ 为

$$\boldsymbol{y}^1 = \text{rbf}(\boldsymbol{n}^1) \tag{6-8}$$

$\boldsymbol{n}^2$ 为 RBF 输出层的中间运算结果，可由式(6-9)表示为

$$\boldsymbol{n}^2 = \boldsymbol{W}^2\boldsymbol{y}^1 + \boldsymbol{b}^2 \tag{6-9}$$

RBF 神经网络的输出 $\boldsymbol{y}^2$ 为

$$\boldsymbol{y}^2 = \text{purelin}(\boldsymbol{n}^2) \tag{6-10}$$

隐含层节点中的径向基函数对输入信号在局部产生响应，即当输入信号靠近该函数的中央范围时，隐含层节点将产生较大的输出。因此，RBF 神经网络具有局部逼近能力，RBF 神经网络也被称为局部感知场网络。

3. RBF 神经网络原理

RBF 神经网络的基本思想是用径向基函数作为隐含层单元的"基"构成隐含层空间，隐含层对输入向量进行变换，将低维空间的输入数据映射到高维空间，使得在低维空间线性不可分的问题，在高维空间实现线性可分。

假设 RBF 神经网络的输入向量 $\boldsymbol{x}$ 为 R 维，输出向量 $\boldsymbol{y}^2$ 为 S^2 维，输入输出样本长度为 N。RBF 神经网络隐含层的传递函数由径向基函数构成，通常选用式(6-4)所示的高斯函数。输入层节点传递输入信号到隐含层，实现了 $\boldsymbol{x} \to \boldsymbol{y}^1(x)$ 的非线性映射，即

$$\boldsymbol{y}_i^1 = \exp\left[-\frac{(\boldsymbol{x} - \boldsymbol{c}_i)^\text{T}(\boldsymbol{x} - \boldsymbol{c}_i)}{2\sigma_i^2}\right], \quad i = 1, 2, \cdots, S^1 \tag{6-11}$$

式中，y_i^1 是 RBF 神经网络第 i 个隐节点的输出，σ_i 是第 i 个隐节点的扩展常数，S^1 是隐节点个数，$\boldsymbol{x} = (x_1, x_2, \cdots, x_R)^\text{T}$ 是输入样本，$\boldsymbol{c}_i$ 是第 i 个隐含层节点径向基函数的中心向量，此向量是一个与输入样本 $\boldsymbol{x}$ 的维数相同的列向量，即 $\boldsymbol{c}_i = (c_{i1}, c_{i2}, \cdots, c_{iR})^\text{T}$。由式(6-11)可知，隐含层节点的输出范围在 0 和 1 之间，且输入样本越靠近节点的中心，输出值越大。

输出层传递函数采用线性函数，隐含层到输出层的信号传递实现了 $\boldsymbol{y}^1(x) \to \boldsymbol{y}^2$ 的线性映射，即

$$\boldsymbol{y}_k^2 = \sum_{i=1}^{S^1} w_{ki}^2 y_i^1 + b_k^2, \quad k = 1, 2, \cdots, S^2 \tag{6-12}$$

式中，y_i^1 是第 i 个隐层节点的输出，y_k^2 是第 k 个输出层节点的输出，w_{ki}^2 是隐含层到输出层的加权系数，b_k^2 是隐含层的阈值。

6.3 RBF 神经网络算法

假设 RBF 神经网络有 N 个训练样本，则系统对 N 个训练样本的总误差函数为

$$J = \sum_{p=1}^{N} J_p = \frac{1}{2}\sum_{p=1}^{N}\sum_{k=1}^{S^2}(t_k^p - y_k^p)^2 = \frac{1}{2}\sum_{p=1}^{N}\sum_{k=1}^{S^2} e_k^2 \tag{6-13}$$

式中，N 为输入输出样本数，S^2 为 RBF 神经网络输出节点数，t_k^p 表示在样本 p 作用下的第 k 个神经元的期望输出，y_k^p 表示在样本 p 作用下的第 k 个神经元的实际输出。

RBF 神经网络的学习过程分为两个阶段，无监督学习阶段和有监督学习阶段。

1. 无监督学习阶段

根据所有的输入样本决定隐含层各节点的径向基函数的中心向量 $\boldsymbol{c}_i$ 和标准化常数 σ_i。

无监督学习是对所有样本的输入进行聚类，求得 RBF 神经网络隐含层节点的中心向量 $\boldsymbol{c}_i$。无监督学习使用 k 均值聚类算法调整中心向量 $\boldsymbol{c}_i$，即将训练样本集中的输入向量分为若干族，在每个数据族内找出一个径向基函数中心向量，使得该族内各样本向量与该族中心的距离最小。具体步骤如下：

(1) 给定各隐含层节点的初始中心向量 $\boldsymbol{c}_i(0)$ 和判定停止计算的误差阈值 ε。

(2) 计算欧氏距离并求出最小欧式距离的节点：

$$\begin{cases} d_i(p) = \| x(p) - c_i(p-1) \|, & 1 \leqslant i \leqslant S^1 \\ d_{\min}(p) = \min d_i(p) = d_r(p) \end{cases} \tag{6-14}$$

式中，p 为样本序号，r 为中心向量 $\boldsymbol{c}_i(p-1)$ 与输入样本 $\boldsymbol{x}(p)$ 距离最近的隐含层节点序号。

(3) 调整 RBF 神经网络隐含层径向基函数的中心向量：

$$\begin{cases} \boldsymbol{c}_i(p) = \boldsymbol{c}_i(p-1), & 1 \leqslant i \leqslant S^1,\ i \neq r \\ \boldsymbol{c}_r(p) = \boldsymbol{c}_r(p-1) + \eta(p)[x(t) - \boldsymbol{c}_r(p-1)] \end{cases} \tag{6-15}$$

式中，$\eta(p)$ 是学习速率，$0 < \eta(p) < 1$。$\eta(p) = \eta(p-1) / (1 + \mathrm{int}(p / S^1))^{1/2}$，$\mathrm{int}(x)$ 表示对 x 进行取整运算。因此经过 S^1 个样本之后，学习速率逐渐减至零。

(4) 判定聚类质量。

当满足

$$\boldsymbol{J}_e = \sum_{i=1}^{S^1} \| \boldsymbol{x}(p) - \boldsymbol{c}_i(p) \|^2 \leqslant \varepsilon \tag{6-16}$$

时，聚类结束，否则转到第(2)步。

2. 有监督学习阶段

确定好隐含层的参数后，利用最小二乘法原则求出隐含层到输出层的连接权值 w_{ki}。

当 $\boldsymbol{c}_i$ 确定以后，训练隐含层至输出层之间的连接权值，由于输出层传递函数使用的是线性函数，则求连接权值的问题即相当于线性优化问题。因此，与线性网络相类似，RBF 神经网络隐含层到输出层连接权值 $w_{ki}(k = 1, 2, \cdots, S^2;\ i=1, 2, \cdots, S^1)$ 的学习算法为

$$w_{ki}(k+1) = w_{ki}(k) + \eta(t_k - y_k) y_i^1(x) / (\boldsymbol{y}^1)^{\mathrm{T}} \boldsymbol{y}^1 \tag{6-17}$$

式中，$\boldsymbol{y}^1 = [y_1^1(x) \quad y_2^1(x) \quad \cdots \quad y_{S^1}^1(x)]^{\mathrm{T}}$，$y_i^1(x)$ 为径向基函数。η 为学习速率，通常取 $0 < \eta < 1$。t_k 和 y_k 分别表示第 k 个输出分量的期望值和实际值。

由于向量 $\boldsymbol{y}^1$ 中只有少量几个元素为 1，其余均为零，因此在一次数据训练中只有少量的连接权值需要调整。正是由于这个特点，才使得 RBF 神经网络具有比较快的学习速度。另外，由于当 x 远离 c_i 时，$y_i^1(x)$ 非常小，因此可作 0 对待。实际上仅当 $y_i^1(x)$ 大于某一数值(例如 0.05)时才对相应的权值 w_{ki} 进行修改，经这样处理后 RBF 神经网络也同样具备局部逼近网络学习收敛快的优点。

对于 RBF 神经网络的学习算法，关键问题是隐含层节点中心参数的合理确定。常用的

方法是从给定的训练样本集里按照某种方法直接选取，或者是采用聚类的方法确定。以下是 RBF 神经网络的几种学习算法：

1）直接计算法(随机选取 RBF 神经网络中心)

RBF 神经网络隐含层节点的中心是随机地在输入样本中选取，且中心固定。当隐含层节点中心固定时，隐含层的输出随之确定下来，则求解 RBF 神经网络隐含层到输出层的连接权值就相当于求解线性方程组。

2）自组织学习选取 RBF 神经网络中心法

RBF 神经网络隐含层节点的中心不是固定不变的，而是需要通过自组织学习确定其位置，隐含层到输出层的连接权值则是通过有监督的学习来确定的。自组织学习选取 RBF 神经网络中心法是采用 k 均值聚类法来选择 RBF 神经网络的中心，属于无监督的学习方法。该方法是对神经网络资源的再分配，通过学习使 RBF 神经网络的隐含层节点中心位于输入空间重要的区域。

3）有监督学习选取 RBF 神经网络中心法

通过训练样本集来获得满足监督要求的 RBF 神经网络隐含层节点中心、隐含层到输出层连接权值等参数。常用的方法是梯度下降法。

4）正交最小二乘法选取 RBF 神经网络中心法

正交最小二乘法(Orthogoal Least Square，OLS)的思想来源于线性回归模型。RBF 神经网络的输出实际上是隐含层神经元的响应参数(如回归因子)和隐含层到输出层连接权值的线性组合。所有隐含层神经元上的回归因子构成回归向量，因此 RBF 神经网络的学习过程主要是回归向量正交化的过程。

在很多实际问题中，RBF 神经网络隐含层节点中心并非是训练集中的某些样本点或样本的聚类中心，而是需要通过学习的方法获得的，才能使所得到的隐含层节点中心能够更好地反应训练集数据所包含的信息。

6.4 RBF 神经网络的相关问题

(1) RBF 神经网络输入层到隐含层不是通过权值和阈值进行连接的，而是通过输入样本与隐含层节点中心之间的距离连接的。训练 RBF 神经网络时，需要确定隐含层节点的个数、隐含层径向基函数中心、标准化常数以及隐含层到输出层的权值等参数。到目前为止，求 RBF 神经网络隐含层径向基函数的中心向量 $\boldsymbol{c}_i$ 和标准化常数 σ_i 是一个困难的问题。

(2) 径向基函数，即径向对称函数有多种。对于同一组样本，如何选择合适的径向基函数、确定隐含层节点数等参数，从而使 RBF 神经网络学习达到所要求的精度，目前还无法解决。当前，用计算机选择、设计、再检验是一种通用的手段。

(3) RBF 神经网络用于非线性系统辨识与控制，已证明 RBF 神经网络具有唯一最佳逼近的特性，且无局部极小值。虽具有唯一最佳逼近的特性，以及无局部极小的优点，但隐含层节点的中心难求，这是 RBF 神经网络难以广泛应用的原因。

(4) 从理论上而言，RBF 神经网络和 BP 神经网络一样可近似任何的连续非线性函数。两者的主要不同点是在非线性映射上采用了不同的作用函数。BP 神经网络隐含层激活函数使用的是 Sigmoid 函数，其函数值在输入空间中无限大的范围内为非零值，即该激活函数为全局的；而 RBF 神经网络隐含层激活函数使用的是高斯函数，即它的作用函数是局部的。

（5）与 BP 神经网络收敛速度慢的缺点相反，RBF 神经网络学习速度很快，适于在线实时控制。这是因为 RBF 神经网络可以把一个难题分解成两个较易解决的问题。首先，通过若干个隐含层节点，用聚类方式覆盖全部样本模式。然后，修改隐含层到输出层的连接权值，以获得最小映射误差。这两步都是比较直观的。

6.5 应用案例

★ 案例一

给定输入向量 $\boldsymbol{p} = -1:0.1:0.9$ 和目标向量 $\boldsymbol{t} = [0.0596\ 0.6820\ 0.0424\ 0.0714\ 0.5216\ 0.0967\ 0.8181\ 0.8175\ 0.7224\ 0.1499\ 0.6596\ 0.5186\ 0.9730\ 0.6490\ 0.8003\ 0.4538\ 0.4324\ 0.8253\ 0.0835\ \ 0.1332]$，设计一个 RBF 神经网络，完成 $y = f(x)$的曲线拟合。

解　（1）创建、训练、储存 RBF 神经网络。

```
clear all;                                        %清除所有内存变量
clc;                                              %清屏
p =-1:0.1:0.9;                                    %输入向量
t = [0.0596 0.6820 0.0424 0.0714 0.5216 0.0967 0.8181 0.8175…
0.7224 0.1499 0.6596 0.5186 0.9730 0.6490 0.8003 0.4538…
0.4324 0.8253 0.0835 0.1332];                     %目标向量
net = newrb(p, t, 0.01, 0.01, 20, 3);             %设计径向基网络
save net61 net                                    %储存训练后的网络
```

（2）RBF 神经网络仿真。

```
load net61 net                                    %加载训练后的网络
i =-1:0.05:0.9;                                   %测试样本
r = sim(net, i);                                  %仿真结果
figure('NumberTitle', 'off', 'Name', 'RBF 神经网络案例一');  %修改窗口标题
hold on, plot(p, t, 'k');                         %绘制训练样本图形
plot(i, r, 'o'); hold off                         %绘制函数拟合曲线
```

（3）结果输出。

运行结果为：

```
NEWRB, neurons = 0, MSE = 0.0963896
NEWRB, neurons = 3, MSE = 0.0678653
NEWRB, neurons = 6, MSE = 0.0420571
NEWRB, neurons = 9, MSE = 0.0201837
NEWRB, neurons = 12, MSE = 0.00555406
```

网络训练的误差性能曲线和曲线拟合仿真结果如图 6-3 和图 6-4 所示。

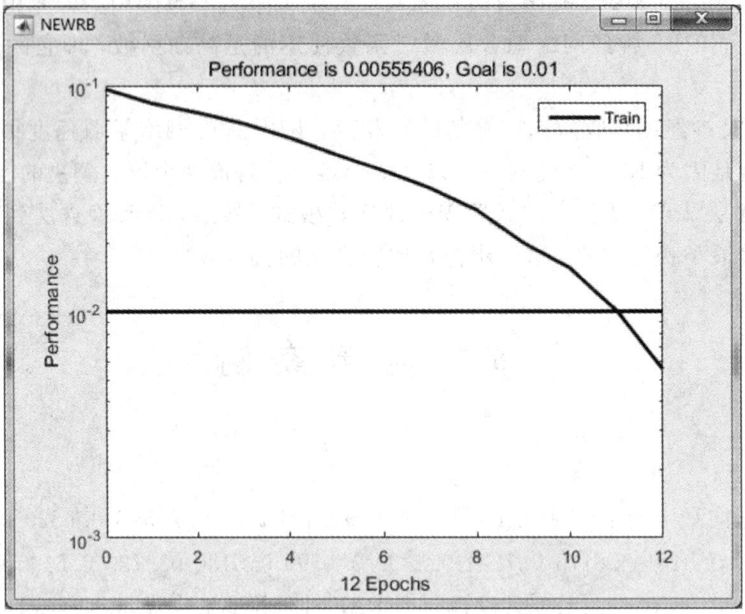

图 6-3 网络训练的误差性能曲线

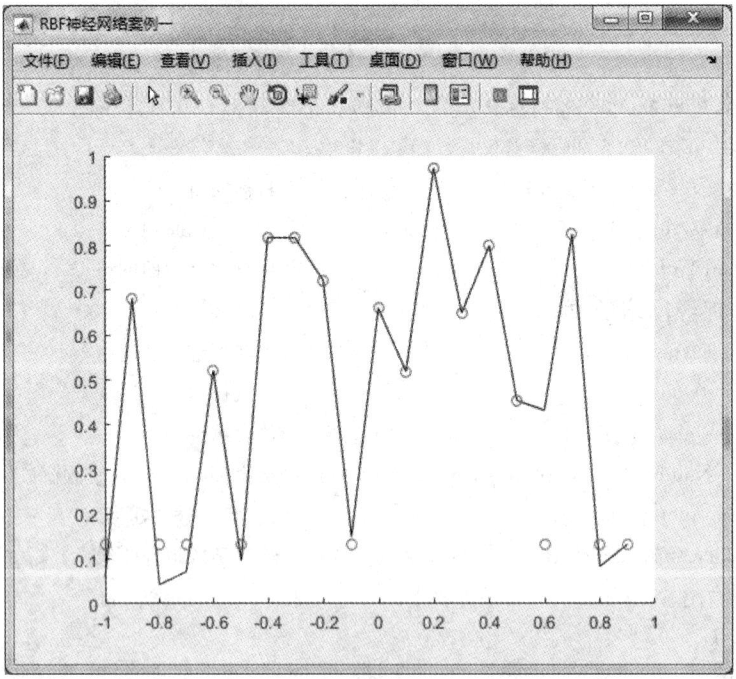

图 6-4 曲线拟合仿真结果

图 6-4 中，实线为训练样本曲线，“o”为拟合值。

★ 案例二

设计一个 RBF 神经网络，实现如图 6-5 所示的两类模式的分类。

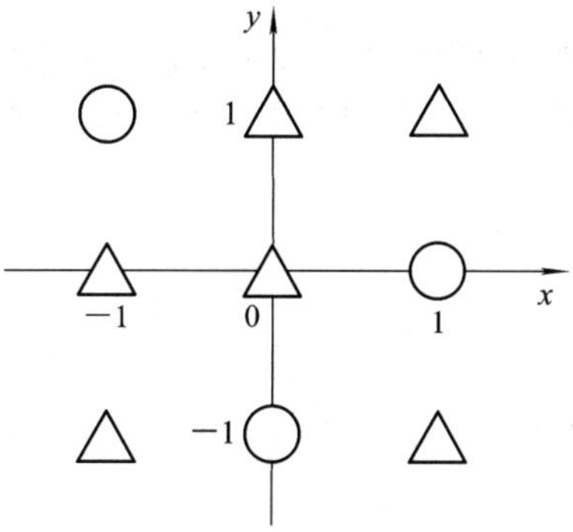

图 6-5　待分类模式

解　(1) 分析问题。

将三角形规定为第 1 类模式，圆形规定为第 2 类模式。以 (x, y) 代表各模式样本的位置，形成相应的输入向量。

(2) 创建、训练、存储 RBF 神经网络。

```
clear all;                                          %清除所有内存变量
clc;                                                %清屏
p = [0 0 0 1 1 1 -1 -1 -1; 0 1 -1 0 1 -1 0 1 -1];  %输入向量
tc = [1 1 2 2 1 1 1 2 1];
t = ind2vec(tc);                                    %目标向量
net = newpnn(p, t, 0.7);                            %设计径向基网络
save net62 net                                      %储存训练后的网络
```

(3) RBF 神经网络仿真。

```
load net62 net                                      %加载训练后的网络
i = [0 0 0 1 1 1 -1 -1 -1; 0 1 -1 0 1 -1 0 1 -1];  %测试样本
r = sim(net, i);
rc = vec2ind(r)                                     %仿真结果
```

(4) 结果输出。

```
rc = 1    1    2    2    1    1    1    2    1
```

从仿真结果可以看出，RBF 神经网络能够很好地完成模式分类。

习　题

1. 画出 RBF 神经网络的结构，并说明其工作原理。
2. RBF 神经网络有哪些优缺点？与 BP 神经网络相比，有什么不同之处？
3. 简述 RBF 神经网络的算法流程。
4. 径向基函数中心的选取方法有哪些？
5. 给定输入向量 $\boldsymbol{p}$ = −1:0.1:1 和目标向量 $\boldsymbol{t}$ = [−0.9602 −0.5770 −0.0729

0.3771 0.6405 0.6600 0.4609 0.1336 −0.2013 −0.4344 −0.5000 −0.3930 −0.1647 0.0988 0.3072 0.3960 0.3449 0.1816 −0.0312 −0.2189 −0.3201]，设计一个 RBF 神经网络，完成 $y = f(x)$的曲线拟合。

6. 一个具有偏置值的单输入 RBF 神经元，当输入值大于等于 5 时，输出结果为+1；当输入值小于 5 时，输出结果为−1。请问需要选择什么类型的传递函数，试画出该神经元模型。

参考文献

[1] Martin T Hagan , Howard B Demuth, Mark H Beale. Neural Network Design[M]. Boston: MA: PWS, 1996.

[2] 李航. 统计学习方法[M]. 北京：清华大学出版社，2012.

[3] 申富饶，徐烨，郑俊. 神经网络与机器学习[M]. 3 版. 晁静，译. 北京：机械工业出版社，2011.

[4] 张德丰. MATLAB 神经网络应用设计[M]. 2 版. 北京：机械工业出版社，2011.

[5] 周品. MATLAB 神经网络设计与应用[M]. 北京：清华大学出版社，2013.

[6] Powell M J D. Restart Procedures for the Conjugate Gradient Method [J]. Mathematical Programming. 1977, 12 (1): 241 - 254.

第 7 章　ADALINE 神经网络

7.1 概　　述

自适应线性神经元(Adaptive Linear Neuron，ADALINE)由斯坦福大学教授 Widrow 和他的研究生 Hoff 于 1960 年提出，它与感知器的提出几乎在同一时期。在结构方面，自适应线性神经元与感知器十分相似，不同之处在于传递函数的不同。感知器为硬限幅传递函数 Hardlims，而 ADALINE 为线性传递函数 Purelin。传递函数的不同导致了功能上的差异，Hardlims 函数为二值函数，因此感知器只能做简单的分类；ADALINE 使用的 Purelin 函数为线性函数，它除了可以对样本进行分类之外，还能够线性逼近。在算法方面，ADALINE 神经网络采用 W - H 学习规则，又称做最小均方差(Least Mean Square，LMS)算法，它从感知器的算法发展而来，收敛速度和精度都有很大的提升。感知器只能保证训练模式收敛到一个正确可分类的解上，但它接近网络的判定边界，因此得到的网络对噪声敏感。与之相比，LMS 算法使网络输出与训练目标值之间的均方误差最小化，能让判定边界尽可能远离训练模式，因此抗干扰性较好。ADALINE 神经网络结构简单，并存在多层结构，在实际应用中用法灵活，广泛应用在信号处理、系统辨识、模式识别和智能控制领域。

ADALINE 神经网络是一种自适应可调的线性网络，本章将从结构、算法及其应用方面对该网络进行介绍。其中较为详细地阐述了 LMS 算法的推导过程，并分析其性能与收敛性，描述了单层和多层 ADALINE 神经网络及其相应的网络学习算法。最后，通过具体案例介绍网络在线性拟合以及自适应滤波噪声消除方面的应用。

7.2 ADALINE 结构和原理

7.2.1 单层 ADALINE 模型

ADALINE 结构如图 7 - 1 所示，它具有与感知器相同的基本结构，仅在传递函数上有所不同。

神经元的输出表达式为

$$\begin{aligned}\boldsymbol{y} &= \mathrm{purelin}(n) = \mathrm{purelin}(w_{1,1}x_1 + w_{1,2}x_2 + \cdots + w_{1,R}x_R + b)\\ &= w_{1,1}x_1 + w_{1,2}x_2 + \cdots + w_{1,R}x_R + b\end{aligned} \tag{7-1}$$

下面以两输入的 ADALINE 为例，对区域的边界进行讨论。区域之间的判定边界由使得净输入 $\boldsymbol{n}$ 为零的输入向量来确定，即

$$\boldsymbol{n} = w_{1,1}x_1 + w_{1,2}x_2 + b = 0 \tag{7-2}$$

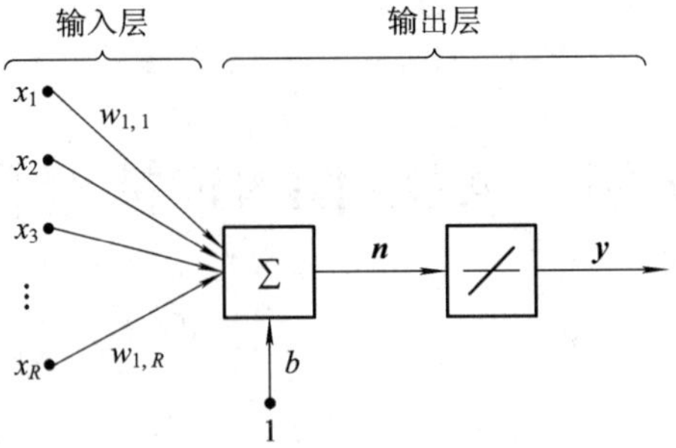

图 7 - 1　ADALINE 结构

式(7 - 2)在二维平面坐标系中确定了一条直线，如图 7 - 2 所示，灰色区域对应的神经元输出大于 0，而白色区域中神经元输出小于 0。ADALINE 的这个特点与感知器类似，它同样可以将线性可分的对象分为两类。

由 S 个 ADALINE 构成的单层神经网络结构如图 7 - 3 所示，当网络中具有多个 ADALINE 时，此时的自适应线性神经网络又称为 Madaline(Many adaline)神经网络，为了内容的一致性，本书统一将含多个自适应线性神经元的单层网络称做单层 ADALINE 神经网络，将多层 Madaline 网络称做多层 ADALINE 神经网络。

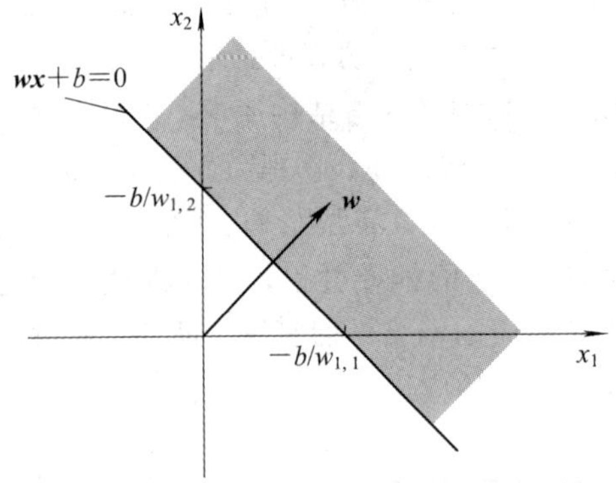

图 7 - 2　两输入 ADALINE 的判定边界图

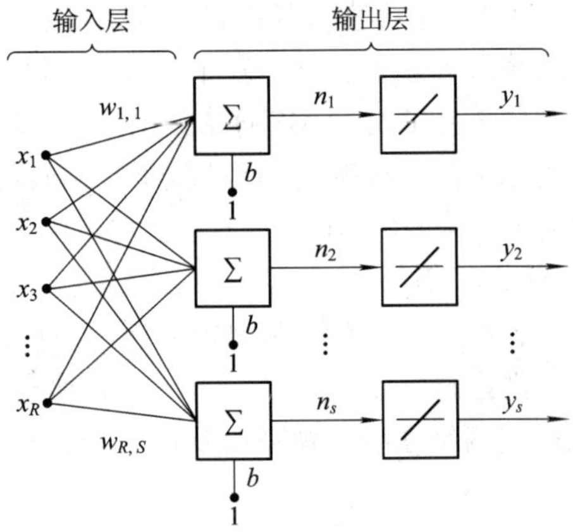

图 7 - 3　单层 ADALINE 网络结构

此时的网络输出表达式为

$$\boldsymbol{y} = \text{purelin}(\boldsymbol{W}\boldsymbol{x} + \boldsymbol{b}) \tag{7-3}$$

7.2.2　算法原理

单层 ADALINE 网络运用的算法是 LMS 算法，它与感知器的算法类似，也属于有监督学习算法，因此需要给网络输入正确样本来对初始网络进行训练，这个样本被称做网络的训练样本。通过比较网络的输出和目标输出，不断调整网络的权值和偏置值，使网络输出与目标输出之间的均方误差最小。

假设训练样本有 m 个，训练样本集合为

$$\{\boldsymbol{p}_1,\ \boldsymbol{t}_1\},\ \{\boldsymbol{p}_2,\ \boldsymbol{t}_2\},\ \cdots,\ \{\boldsymbol{p}_m,\ \boldsymbol{t}_m\} \tag{7-4}$$

式中，$\boldsymbol{p}_m$ 代表网络输入，$\boldsymbol{t}_m$ 代表网络的目标输出，且每个训练样本输入具有 q 个分量，即 $\boldsymbol{p}=\{p_1, p_2, \cdots, p_q\}$。先考虑网络中只有一个神经元的情况，则 ADALINE 网络的均方误差表达式为

$$F(\boldsymbol{z}) = E[e^2] = E[(t-y)^2] \tag{7-5}$$

式中，$E[\cdot]$表示期望值，e 表示网络输出和目标输出间的误差，$\boldsymbol{z}$ 是关于神经网络权值和偏置值的向量，其定义为

$$\boldsymbol{z} = \begin{bmatrix} \boldsymbol{w} \\ \boldsymbol{b} \end{bmatrix} \tag{7-6}$$

与此同时，输入向量定义为

$$\boldsymbol{x} = \begin{bmatrix} \boldsymbol{p} \\ 1 \end{bmatrix} \tag{7-7}$$

因此，网络输出为

$$y = \boldsymbol{z}^{\mathrm{T}}\boldsymbol{x} = \boldsymbol{wp} + b \tag{7-8}$$

式中，网络输出的前 q 项为网络权值与样本输入的乘积，第 $q+1$ 项为偏置值。将式(7-8)代入式(7-5)，并将二次项展开得

$$F(\boldsymbol{z}) = E[t^2 - 2t\boldsymbol{z}^{\mathrm{T}}\boldsymbol{x} + \boldsymbol{z}^{\mathrm{T}}\boldsymbol{x}\boldsymbol{x}^{\mathrm{T}}\boldsymbol{z}] = E[t^2] - 2\boldsymbol{z}^{\mathrm{T}}E[t\boldsymbol{x}] + \boldsymbol{z}^{\mathrm{T}}E[\boldsymbol{x}\boldsymbol{x}^{\mathrm{T}}]\boldsymbol{z} \tag{7-9}$$

式中，$E[t\boldsymbol{x}]$表示输入向量和目标输出之间的相关系数，$E[\boldsymbol{x}\boldsymbol{x}^{\mathrm{T}}]$表示输入向量的相关矩阵，矩阵中对角线元素为输入向量元素的均方值。可以看出，网络的均方误差表达式为一个以 $\boldsymbol{z}$ 为变量的二次函数，它具有如下一些重要特性。

(1) 二次函数的性质与相关矩阵 $E[\boldsymbol{x}\boldsymbol{x}^{\mathrm{T}}]$有关，当相关矩阵的特征值均为正值时，函数有唯一的全局极小点；

(2) 当相关矩阵的特征值中含有 0 值，则二次函数将含有一个弱极小点或没有极小点；

(3) 极小点处的梯度一定为零。

根据上述二次函数的特性，则 $F(\boldsymbol{z})$的梯度为

$$\begin{aligned}\nabla F(\boldsymbol{z}) &= \nabla(E[t^2] - 2\boldsymbol{z}^{\mathrm{T}}E[t\boldsymbol{x}] + \boldsymbol{z}^{\mathrm{T}}E[\boldsymbol{x}\boldsymbol{x}^{\mathrm{T}}]\boldsymbol{z}) \\ &= -2E[t\boldsymbol{x}] + 2E[\boldsymbol{x}\boldsymbol{x}^{\mathrm{T}}]\boldsymbol{z}\end{aligned} \tag{7-10}$$

令梯度等于零，则可以得到

$$E[\boldsymbol{x}\boldsymbol{x}^{\mathrm{T}}]\boldsymbol{z} - E[t\boldsymbol{x}] = 0 \tag{7-11}$$

若相关矩阵为正定，即其特征值均为正值时，式(7-11)的解代表了唯一的全局极小点

$$\boldsymbol{z} = E[\boldsymbol{x}\boldsymbol{x}^{\mathrm{T}}]^{-1}E[t\boldsymbol{x}] \tag{7-12}$$

可以看出，唯一全局极小点的存在仅与相关矩阵有关。因此，网络是否有唯一解与训练样本的输入向量有关。

上述内容分析了网络解的情况，下面需要设计算法来确定网络的极小点。虽然式(7-12)中给出了极小点的计算公式，但在实际应用中，相关矩阵的逆以及相关系数往往不方便求得，因此在算法设计上需要使用近似的最速下降法。其核心思想为：用第 k 次迭代时的均方误差替换网络的实际均方误差，即

$$\hat{F}(\boldsymbol{z}) = (t(k) - y(k))^2 = e^2(k) \tag{7-13}$$

因此，在进行每一步迭代时，梯度的估计值为

$$\hat{\nabla}F(\boldsymbol{z}) = \nabla e^2(k) \tag{7-14}$$

由于$\nabla \boldsymbol{e}^2(k)$前 q 项是网络权值的导数，第 $q+1$ 项是网络偏置值的导数，因此可得

$$\nabla e^2(k) = \sum_{j=1}^{q} \frac{\partial e^2(k)}{\partial w_{1,j}} + \frac{\partial e^2(k)}{\partial b} \tag{7-15}$$

对式(7-15)中右边两项分别求解，可得

$$\begin{aligned}\frac{\partial e^2(k)}{\partial w_{1,j}} &= 2e(k)\frac{\partial e(k)}{\partial w_{1,j}} = 2e(k)\frac{\partial[t(k)-y(k)]}{\partial w_{1,j}} \\ &= 2e(k)\frac{\partial}{\partial w_{1,j}}\left[t(k) - \left(\sum_{i=1}^{q} w_{1,i}p_i(k) + b\right)\right] \\ &= -2e(k)p_j(k)\end{aligned} \tag{7-16}$$

$$\begin{aligned}\frac{\partial e^2(k)}{\partial b} &= 2e(k)\frac{\partial e(k)}{\partial b} \\ &= 2e(k)\frac{\partial}{\partial b}\left[t(k) - \left(\sum_{i=1}^{q} w_{1,i}p_i(k) + b\right)\right] \\ &= -2e(k)\end{aligned} \tag{7-17}$$

将式(7-16)和式(7-17)代入式(7-15)，得到第 k 次迭代的均方误差的梯度为

$$\hat{\nabla}F(\boldsymbol{z}) = \nabla e^2(k) = -2e(k)\sum_{j=1}^{q} p_j(k) - 2e(k) = -2e(k)\boldsymbol{x}(k) \tag{7-18}$$

因此，最小均方算法公式为

$$\boldsymbol{z}_{k+1} = \boldsymbol{z}_k + 2\eta e(k)\boldsymbol{x}(k) \tag{7-19}$$

式中，η 为学习速率，且满足 $0<\eta<1/\lambda_{\max}$，其中 $\lambda_{\max}$ 为相关矩阵的最大特征值。若将式(7-19)展开成权值更新和偏置值更新两个部分，则可得到

$$\boldsymbol{w}(k+1) = \boldsymbol{w}(k) + 2\eta e(k)\boldsymbol{p}(k) \tag{7-20}$$

$$b(k+1) = b(k) + 2\eta e(k) \tag{7-21}$$

当 LMS 单神经元算法扩展到多神经元的单层 ADALINE 神经网络时，则权值向量扩展为权值矩阵 $\boldsymbol{W}$，偏置值 b 扩展为偏置向量 $\boldsymbol{b}$，误差值 e 扩展为误差向量 $\boldsymbol{e}$，即

$$\boldsymbol{W}(k+1) = \boldsymbol{W}(k) + 2\eta \boldsymbol{e}(k)\boldsymbol{p}(k) \tag{7-22}$$

$$\boldsymbol{b}(k+1) = \boldsymbol{b}(k) + 2\eta \boldsymbol{e}(k) \tag{7-23}$$

LMS 学习算法中，ADALINE 神经网络的权值变化量正比于网络的输入和网络的输出误差，由于算法中不包含导数项，因此该算法较简单，并且具有收敛速度快的特点。

ADALINE 神经网络反映了输入和输出样本向量空间中的线性映射关系，它运用 LMS 算法，网络的均方误差呈现出的是二次函数的抛物曲面，曲面的顶点则为神经网络的最优解。虽然在网络的学习速率足够小的情况下，网络总能够找到最优解，但是其误差可能达不到 0，只能输出误差最小的解，这也是 ADALINE 网络的局限性之一。

7.2.3 多层 ADALINE 模型

单层 ADALINE 神经网络只能对样本进行线性分割，而多层 ADALINE 神经网络可以利用多维的超平面组合来实现非线性分割，这就需要将多个 ADALINE 进行相应组合以完成所需的功能。多层 ADALINE 神经网络是一种全连接、前馈型的神经网络，其结构如图 7-4 所示。

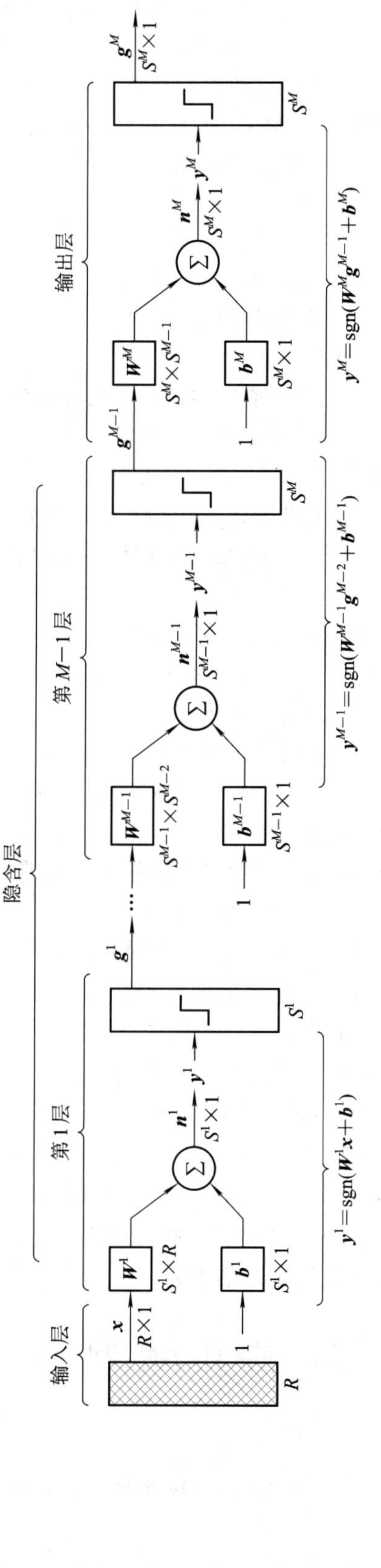

图7-4　多层ADALINE网络结构

多层 ADALINE 网络由三个部分组成，它们分别为输入层、隐含层和输出层，ADALINE 神经元位于隐含层和输出层中，网络层与层之间的传递函数为符号函数。给网络输入一组向量，第一层 ADALINE 的输出包含两个值，第一个是第一层网络的输出 $\boldsymbol{y}^1$，它是一个连续值，用于与 LMS 算法结合来调整该层网络的权值；第二个是离散值 $\boldsymbol{g}^1$，第一层的输出经过符号函数被转换成二进制量，因此从网络第二层开始，其输入矢量为二进制量。因此第 k 时刻第 i 层网络的输入输出关系为

$$\boldsymbol{y}_k^i = \boldsymbol{w}_k^i \boldsymbol{g}_k^{i-1} + \boldsymbol{b}_k^i = \sum_{j=1}^{R} w_{jk}^i g_{jk}^{i-1} + \boldsymbol{b}_k^i \tag{7-24}$$

$$\boldsymbol{g}_k^i = \mathrm{sgn}(\boldsymbol{y}_k^i) \tag{7-25}$$

式中，$\boldsymbol{g}_k^{i-1}$ 表示第 k 时刻第 $i-1$ 层网络的输出向量，同时也是第 k 时刻第 i 层网络的输入向量，$\boldsymbol{b}_k^i$ 表示第 k 时刻第 i 层网络的偏置值。

针对多层 ADALINE 网络，研究学者前后共提出了三种算法：RuleⅠ、RuleⅡ和 RuleⅢ。RuleⅠ于 1962 年提出，由于它不适用于隐含层与输出层之间的权值调整，因此 RuleⅡ在 RuleⅠ的基础上进行调整，并于 1988 年正式提出。RuleⅢ中将网络传递函数更改为 sigmoid 函数，之后发现它相当于反向传播算法，因此在本小节中主要介绍 RuleⅡ，它是目前在多层 ADALINE 网络中主要应用的算法，又被称做 MRⅡ(Madaline RuleⅡ)算法。MRⅡ算法的步骤如下：

(1) 初始化 ADALINE 网络，确定初始的网络权值。

(2) 给网络输入训练样本，根据式(7-24)和式(7-25)，一层一层地计算出网络输出，并与训练样本中的目标输出进行比较，求出误差。

(3) 从第一层开始，找到输出最接近 0 的神经元，取其相反数。

(4) 计算网络输出和目标输出间的误差，若误差减小，则接受上一步的改变；若误差没有减小，则恢复上一步骤被改变的神经元符号。

(5) 第一个神经元训练结束后，开始对第二个最接近 0 的神经元继续执行步骤(4)中的内容。

(6) 第一层训练完毕后，按照同样的方法训练后面的层，直到误差等于 0。

通过 MRⅡ算法可以得到与训练样本对应的每一层的输出，确定每一层的输出后，再通过 LMS 算法对每一层网络的权值进行求解。总之，多层 ADALINE 的学习算法分为两大部分，先利用 MRⅡ算法计算出每一层的输出要求，然后采用单层 LMS 算法来完成每一层之间权值的学习，最终获得一个训练好的神经网络。

ADALINE 神经网络的传递函数为线性函数，因此单层的 ADALINE 神经网络只能够实现对样本的线性分割，或是对样本的线性逼近。虽然多层 ADALINE 神经网络可以弥补这一点，但多层 ADALINE 神经网络收敛速度较慢，准确率较低，尤其是在输入样本个数较多时，网络训练往往需要长时间等待且很难收敛。

7.3 应用案例

★ 案例一

在二维平面上有一些离散的点，每个点的横纵坐标已知，它们的坐标分别为：(0.21,

0.29)、(0.56，0.57)、(1.01，1.30)、(0.72，093)、(0.54，0.74)、(1.03，1.25)。利用 ADALINE 神经网络对这些点进行线性拟合，观察网络在线性逼近求解方面的能力。

解　使用 MATLAB 神经网络工具箱函数 newlin 建立 ADALINE 神经网络，程序代码如下：

```
clear all;
close all;
clc
x=[0.21 0.56 1.01 0.72 0.54 1.03]; %输入坐标点的横纵坐标
y=[0.29 0.57 1.30 0.93 0.74 1.25];
net=newlin(minmax(x), 1, 0, 0.01);
net=init(net);
net.trainParam.epochs=2000;
net.trainParam.goal=0;
net=train(net, x, y); %以横坐标作为输入向量，纵坐标作为目标向量进行训练
output_l=sim(net, x); %网络仿真
figure;
plot(x, y, 'o');    %绘制图形
hold on;
plot(x, output_l, 'b');
```

运行程序，得到结果如图 7-5 所示。

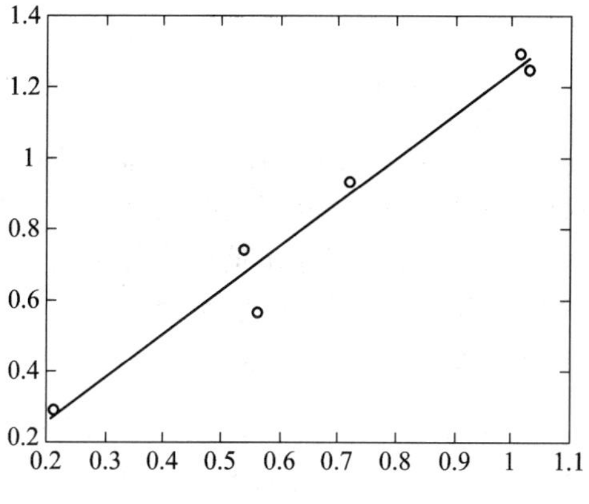

(a) 线性拟合结果

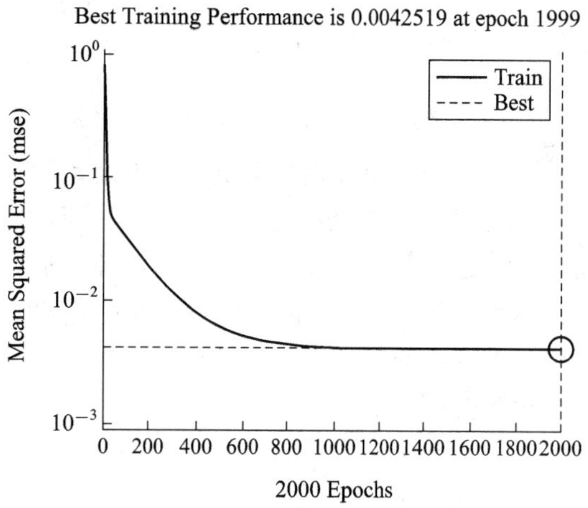

(b) 误差下降曲线

图 7-5　结果图

由结果可知，网络输出结果存在一定误差，这是由于 ADALINE 网络只能进行线性逼近。若样本点不能严格在一条直线上，则会产生误差，若要继续减小误差，则可以通过降低学习速率来实现，网络可以输出最接近目标的结果。

★ 案例二

在医学领域，分析精神病患者的大脑活动常常需要用专业设备采集患者的脑电图

(Electroencephalogram, EEG)，但采集到的信号混杂了来自仪器设备的正弦波噪声，利用 ADALINE 神经网络设计一款噪声滤除装置，能够使医生实时地分析脑电图。

分析：虽然单层 ADALINE 网络只能解决线性可分问题，但它的应用依然十分广泛，并且它是实际应用中使用最广的神经网络之一。利用 ADALINE 神经网络可以实现自适应滤波，自适应滤波器的结构如图 7-6 所示，它由抽头延迟线和 ADALINE 网络两部分组成。其中，图 7-6 左边部分为一个具有 R 个输出的抽头延迟线，如图 7-7 所示，信号从左边输入，延迟线右边输出一个 R 维的向量，自上而下分别延迟了 0、1、…、$R-1$ 个时间步的输入信号。

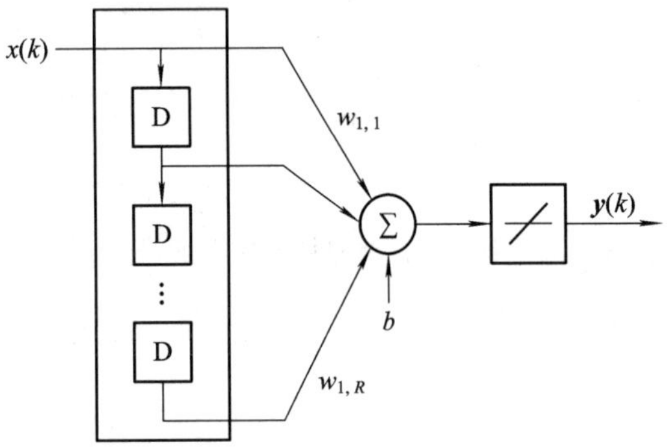

图 7-6　自适应滤波器

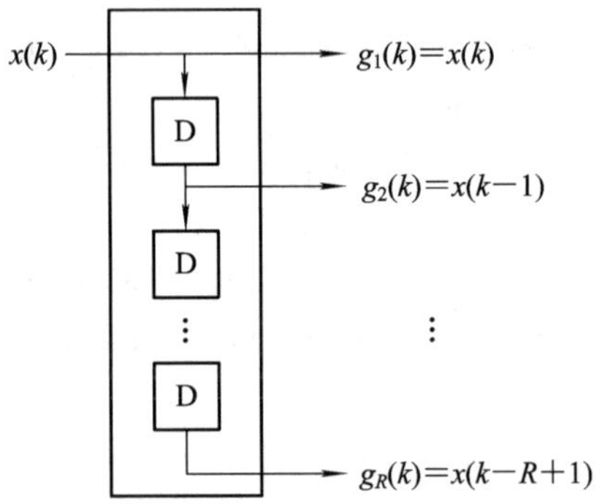

图 7-7　抽头延迟线

综上所述，自适应滤波器相当于将输入信号延时了不同的时间步之后，将它们作为 ADALINE 网络的输入信号，满足关系式

$$y(k)=\sum_{i=1}^{R} w_{1,i}\,y(k-i+1)+b \tag{7-26}$$

根据案例二中描述的情况，采集设备的噪声信号作为网络的输入信号，而混合了噪声的 EEG 信号作为网络的目标输出信号。网络在训练过程中会尽可能使实际输出接近目标输出，但是由于 ADALINE 网络的线性逼近特性，它只能逼近目标输出信号中与输入信号线性相关的部分，因此网络最终的实际输出更加接近正弦波噪声信号，此时将采集到的混合信号与网络的实际输出信号相减，就可以得到去除噪声干扰之后的 EEG 信号了。具体实现程序代码如下：

```
clear all;
close all;
clc
time=0.5:0.005:50;
eeg_0=(rand(1, 9901)-0.5)*4;              %EEG 信号，这里用随机噪声序列模拟
noise=sin(time);                          %噪声源
eeg=eeg_0+noise;                          %采集到的混合了噪声的 EEG 信号
input=con2seq(noise);                     %采集噪声源信号作为网络输入信号
target=con2seq(eeg);                      %混合信号作为网络目标输出
delays=[1 2];                             %设置延迟线延迟向量
net=newlin(minmax(eeg), 1, delays, 0.0005);   %ADALINE 网络初始化
```

```
[net, output, e]=adapt(net, input, target);
subplot(3, 1, 1);plot(time, eeg, 'r'); %结果输出
xlabel('t', 'position', [20.5, -1.8]);
ylabel('混合信号');
subplot(3, 1, 2);
output=seq2con(output);
plot(time, output{1}, 'k-');
ylabel('网络输出信号');
subplot(3, 1, 3);
e=seq2con(e);
plot(time, e{1}, 'k-');
ylabel('恢复的 EEG 信号');
```

关于程序内容有几点说明，首先，由于人脑活动信号具有随机性，因此代码中将 EEG 信号用随机噪声信号来模拟。其次，代码中使用了 MATLAB 神经网络工具箱函数 newlin 来建立 ADALINE 神经网络，具体来说，是一个具有两个权值且偏置值为 0 的 ADALINE 神经元，延迟线部分有两个输出。程序的运行结果如图 7－8 所示。

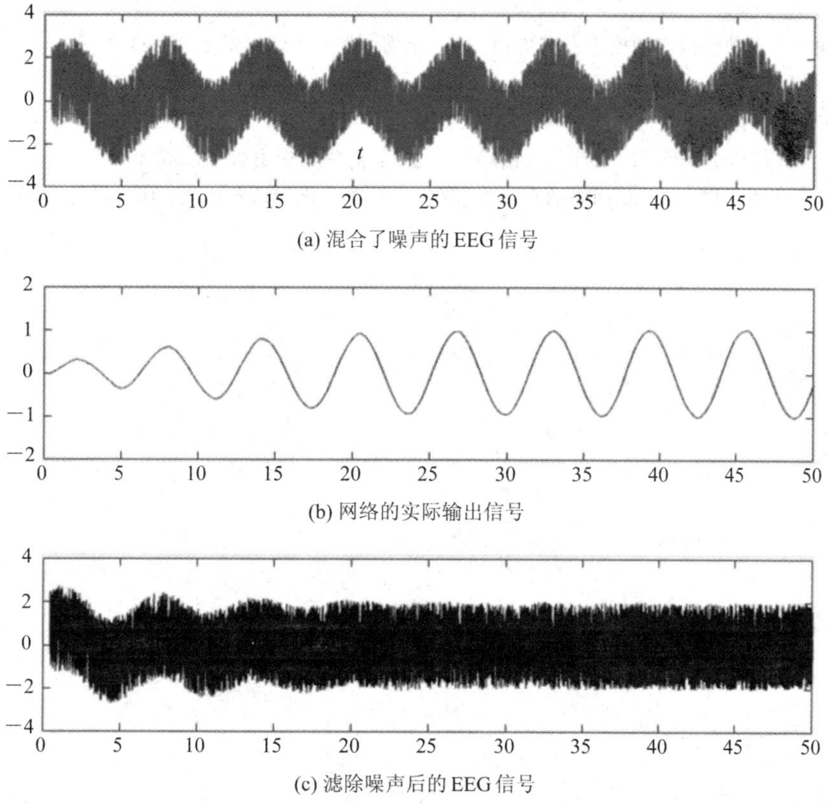

(a) 混合了噪声的 EEG 信号

(b) 网络的实际输出信号

(c) 滤除噪声后的 EEG 信号

图 7－8　程序运行结果

从程序运行结果可以看出，ADALINE 神经网络的滤波效果良好，响应速度较快，准确性较高，适用场合广泛。在电话的回声对消、电话机内均衡器中都有应用，并且它结构简单，仅用一个神经元就可以完成复杂的功能，易于用硬件搭建，因此成为了应用最广泛

的神经网络之一。

习　题

1. ADALINE神经网络与感知器的区别有哪些？请分别从结构和算法两方面进行描述。

2. ADALINE神经网络采用什么算法？试描述该算法的基本原理。

3. 比较BP神经网络和ADALINE神经网络的算法的异同。

4. 选择感兴趣的方向，利用ADALINE神经网络线性分类特性，训练一个网络对采集到的样本点进行分类。

5. 案例二中介绍的自适应滤波器还能够用于电话回声对消，试编写程序模拟这一功能。提示：可将自身的声音作为噪声源输入ADALINE网络中，混合了自身和对方声音的信号作为目标信号。

参考文献

[1] 张立明. 人工神经网络的模型及其应用[M]. 上海：复旦大学出版社，1993.
[2] Hagan M T, Beale M. Neural Network Design[M]. Beijing：China Machine Press，2002.
[3] 罗伯特·A·蒙津戈，托马斯·W·米勒. 自适应阵导论[M]. 长沙：国防工业出版社，1988.
[4] 周品. MATLAB神经网络设计与应用[M]. 北京：清华大学出版社，2013.
[5] 王耀南. 基于单层Adaline网络的自适应控制[J]. 自动化与仪器仪表，1997(4)：12-14.

第 8 章　Hopfield 神经网络

8.1 概　　述

1982 年，美国科学家 John Joseph Hopfield 在他的论文“Neural Networks and Physical Systems with Emergent Collective Computational Abilities”中提出了一种反馈型神经网络——“Hopfield 神经网络”。这种网络将物理学中的有关理论与神经网络的构造相融合，是一种结合存储系统和二元系统的神经网络，不仅提供了模拟人类记忆的模型，而且保证了向局部极小的收敛。

Hopfield 神经网络相比于其他神经网络存在很大差异。在网络结构上，Hopfield 神经网络中每一个神经元都与其他神经元相互连接并通过连接接收所有其他神经元输出信息的反馈，因此它不像 BP 神经网络那样具有“层”的概念。在训练方式上，其他神经网络一般是给定输入值和目标值，通过权值的改变和传递函数的映射，使网络的输出逼近目标值。而 Hopfield 神经网络是一种反馈动力学系统，属于反馈型神经网络，它引入了“能量函数”的概念，在保证能量函数单调下降的情况下，网络一定能收敛到一个稳定状态，而这个稳定状态就是网络的输出。由于该稳定状态的存在，网络体现出了分布式存储和联想记忆的特点，因此，Hopfield 神经网络又被称为联想记忆网络。目前，研究者已经成功应用 Hopfield 神经网络求解了优化组合问题中最有代表性的旅行商问题(Traveling Salesman Problem，TSP)，具有很强的实践价值。另外，从理论上来说，如果参数设置得当，Hopfield 神经网络几乎可以被用来优化任何问题。

鉴于 Hopfield 的杰出贡献，2002 年他被授予 Dirac 奖章，2005 年获得爱因斯坦世界科学奖，并于 2006 年担任了美国物理学会主席。Hopfield 神经网络是一种反馈网络，具有联想记忆功能，它分为离散型和连续型两种类型。本章将分别介绍这两种类型的 Hopfield 神经网络的网络结构及其工作方式，并对其稳定性加以证明，最后通过具体的实践案例说明网络的应用方法和效果。

8.2 离散 Hopfield 神经网络

8.2.1 网络结构

离散 Hopfield 神经网络(Discrete Hopfield Neural Network，DHNN)是一种单层反馈非线性神经网络，网络中的每个神经元都与其他神经元相连，每个神经元都接受来自其他神经元输出的反馈，因此神经元之间可以相互制约，DHNN 的具体结构如图 8－1 所示。

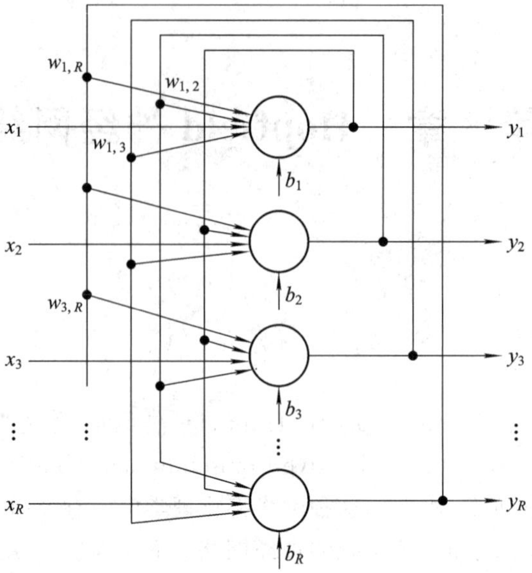

图 8-1 DHNN 结构

$\boldsymbol{x}=(x_1, x_2, \cdots, x_R)$和 $\boldsymbol{y}=(y_1, y_2, \cdots, y_R)$为神经元 1 到 R 的输入向量和输出向量，同时 $\boldsymbol{y}$ 也是 DHNN 中反馈网络的输入向量。$\boldsymbol{b}=(b_1, b_2, \cdots, b_R)$为每个神经元对应的偏置值，$w_{i,j}$为第 j 个神经元输出反馈到第 i 个神经元上的权值。DHNN 中的神经元是二值神经元，有 1 和 0 两种状态，分别表示激活和抑制。

8.2.2 工作方式

DHNN 在输入 $\boldsymbol{x}$ 的激发下，进入动态变化过程，直到每个神经元的状态都不再改变时，就达到稳定状态，该过程就相当于网络学习记忆的过程，网络的最终输出就是该稳定状态下各个神经元的值。

设网络的初始状态为 $\boldsymbol{y}(0)=(y_1(0), y_2(0), \cdots, y_R(0))$，对网络施加输入量之后，网络进入动态过程

$$y_i(t+1) = f\Big(\sum_{j=1}^{R} w_{i,j} y_j(t) + x_i - b_i\Big) = f(n_i) \tag{8-1}$$

式中，f 为传递函数，x_i表示第 i 个神经元上的外部输入，y_j 表示第 j 个神经元的状态输出，$w_{i,j}$为第 i 和 j 个神经元之间连接的权值，本章仅考虑对称 DHNN 网络，它满足 $w_{i,j}=w_{j,i}$，一般有 $w_{i,i}=0$，传递函数为对称饱和线性函数或符号函数，因此式(8-1)可写为

$$y_i(t+1) = \text{Satlins}(n_i) = \begin{cases} 1 & n_i > 1 \\ n_i & -1 \leqslant n_i \leqslant 1 \\ -1 & n_i < -1 \end{cases} \tag{8-2}$$

或者

$$y_i(t+1) = \text{Sgn}(n_i) = \begin{cases} 1 & n_i \geqslant 0 \\ -1 & n_i < 0 \end{cases} \tag{8-3}$$

DHNN 有两种工作方式，异步串行工作方式和同步并行工作方式。以传递函数是对称饱和线性函数为例，在异步串行工作方式中，每次只有一个神经元按照式(8-2)进行状态的调整计算，其他神经元的状态不变，即

$$y_i(t+1)=\begin{cases}\text{Satlins}[n_i(t)] & i=j\\ y_i(t) & i\neq j\end{cases} \tag{8-4}$$

神经元进行状态调整的顺序不唯一，可以认为规定某种顺序也可以随机选择。神经元状态调整过程包括三种情况：由 0 变为 1、由 1 变为 0 和保持不变。若神经元经过状态调整后其状态发生了变化，则该变化会通过反馈网络传递到下一个进行状态调整的神经元的输入中，对下一个神经元的状态调整起作用。

在同步并行工作方式中，所有神经元会同时按照式(8-4)进行状态的调整计算，即

$$y_i(t+1)=\text{Satlins}[n_i(t)]\quad i=1,\,2,\,\cdots,\,R \tag{8-5}$$

每个时刻神经元调整状态后的变化值会通过反馈网络传递到神经网络的输入端，影响下一时刻神经元状态调整。如此循环，直至神经元状态不再改变，网络达到稳定状态，即

$$\boldsymbol{y}(t+1)=\boldsymbol{y}(t) \tag{8-6}$$

8.2.3　网络的稳定性

Hopfield 神经网络属于反馈型神经网络，具有学习记忆的功能，稳定性是这种神经网络模型最重要的特性之一。根据 DHNN 的工作方式，由于反馈的存在，网络的输入 $\boldsymbol{x}$ 和输出 $\boldsymbol{y}$ 的变化过程符合非线性动力学系统的特点，因此可以用非线性微分方程来描述。根据 Lyapunov 稳定性定理，对于一个自主系统，有

$$\frac{\mathrm{d}\boldsymbol{a}}{\mathrm{d}t}=\varphi(\boldsymbol{a}) \tag{8-7}$$

如果能够找到一个正定函数 $V(\boldsymbol{a})$，使得 $\mathrm{d}V(\boldsymbol{a})/\mathrm{d}t$ 是负定的，则式(8-7)系统中的原点是渐近稳定的。渐近稳定的定义是，只要系统的初始状态在距离稳定点一定范围内，那么系统输出最终会收敛于该稳定点，此时的 $V(\boldsymbol{a})$被称为系统的 Lyapunov 函数，这个范围被称为吸引域，稳定点被称做吸引子。在渐近稳定点的吸引域内，离吸引子越远的，状态具有的能量越大。将 $V(\boldsymbol{a})$看做能量函数，当 $\mathrm{d}V(\boldsymbol{a})/\mathrm{d}t$ 为负定，相当于系统能量单调减小，最终将处于能量的最低点，这就是系统的稳定状态。必须指出，反馈网络系统有稳定的，也有不稳定的。若系统不稳定，则可能会出现以下情况。

(1) 极限环：网络的状态轨迹为封闭的环状；

(2) 发散：轨迹随时间变化一直延伸到无穷远；

(3) 混沌：在某个确定的范围内变化，轨迹不发散，但状态变化为无穷多。

根据能量函数就可以较为方便地判断神经网络的稳定性，因此，为 DHNN 引入能量函数的概念是 Hopfield 的重要贡献之一。

需要注意的是，能量函数不是唯一的，它只是保证系统稳定和渐近稳定的充分条件。如果选择能量函数为

$$E=-\frac{1}{2}\sum_{j=1}^{R}\sum_{i=1}^{R}w_{i,\,j}y_iy_j-\sum_{i=1}^{R}x_iy_i+\sum_{i=1}^{R}b_iy_i \tag{8-8}$$

则对式(8-8)整理有

$$E = \sum_{i=1}^{R}\left\{\left(-\frac{1}{2}\sum_{j=1}^{R}w_{i,j}y_iy_j\right)-x_iy_i+b_iy_i\right\} \tag{8-9}$$

单个神经元 i 的能量 E_i 为

$$E_i = -\frac{1}{2}\sum_{j=1}^{R}w_{i,j}y_iy_j - x_iy_i + b_iy_i \tag{8-10}$$

此时，网络的总能量与 E_i 的关系为

$$E = \sum_{i=1}^{R}E_i \tag{8-11}$$

在第 i 个神经元上，状态变化量 Δy_i 引起的能量变化量 ΔE_i 为

$$\Delta E_i = \frac{\partial E_i}{\partial y_i}\Delta y_i = \left[-\frac{1}{2}\sum_{j=1}^{R}\left(w_{i,j}\frac{y_i}{\partial y_i}y_j + w_{j,i}y_i\frac{y_j}{\partial y_i}\right)-x_i\frac{y_i}{\partial y_i}+b_i\frac{y_i}{\partial y_i}\right]\Delta y_i \tag{8-12}$$

当 $w_{i,j}=0$ 时，式(8-12)可化简为

$$\Delta E_i = \left(-\sum_{\substack{j=1\\ j\neq i}}^{R}w_{i,j}y_j - x_i + b_i\right)\Delta y_i = -\left(\sum_{\substack{j=1\\ j\neq i}}^{R}w_{i,j}y_j + x_i - b_i\right)\Delta y_i \tag{8-13}$$

对于异步串行工作方式下的 DHNN，当 $\sum\limits_{\substack{j=1\\ j\neq i}}^{R}w_{i,j}y_j+x_i\geqslant b_i$ 时，神经元 i 上的输入总值大于等于阈值，则 y_i 的值为 1。因此，当传递函数为符号函数时，会出现两种情况：一是 y_i 上的值保持 1，$\Delta y_i=0$；二是 y_i 上的值由 0 变为 1，则 $\Delta y_i>0$。综合两种情况，可以得出 $\Delta E_i\leqslant 0$。

当 $\sum\limits_{\substack{j=1\\ j\neq i}}^{R}w_{i,j}y_j+x_i<b_i$ 时，神经元 i 上的输入总值小于阈值，则 y_i 的值为 0，此时，也会出现两种情况：一是 y_i 上的值保持 0，$\Delta y_i=0$；二是 y_i 上的值由 1 变为 0，则 $\Delta y_i<0$。综合两种情况，可以得出 $\Delta E_i\leqslant 0$。

综上所述，异步串行工作方式下的 DHNN 是稳定的。

由于单个神经元的状态变化引起的能量变化小于等于 0，因此对于同步并行工作方式下的 DHNN，所有神经元引起的能量变化为

$$\Delta E = \sum_{i=1}^{R}\frac{\partial E}{\partial y_i}\Delta y_i = \sum_{i=1}^{R}\Delta E_i \leqslant 0 \tag{8-14}$$

因此，同步并行工作方式下的 DHNN 是稳定的。

1983 年，美国的 Coben 和 Grossberg 给出了 DHNN 稳定的充分条件：

(1) 如果权值矩阵 $\boldsymbol{W}$ 是一个对称矩阵，并且对角线元素为 0，则网络稳定；

(2) 如果权值矩阵 $\boldsymbol{W}$ 中，在 $i=j$ 时，$w_{ij}=0$，或者是 $i\neq j$ 时，$w_{ij}=w_{ji}$，则网络稳定。

另外，上述条件只是 DHNN 稳定的充分条件，有很多 DHNN 并不满足上述条件，但也是稳定的。

8.2.4 网络算法

DHNN 中给定权值矩阵 $\boldsymbol{W}$ 时，网络用于计算它能够找到网络在能量最低点的稳定状

态。DHNN给定稳定状态，即吸引子时，网络通过学习求得合适的权值矩阵 $\boldsymbol{W}$，学习完成后，网络能够以计算的方式进行联想。网络的联想就是当样本状态在一定范围内偏离吸引子后，网络能够自行调整恢复到吸引子状态中。也就是说，当样本中引入了噪声或缺陷，网络也能够自动调整到吸引子状态，实现对样本的正确识别。

吸引子由网络的权值矩阵 $\boldsymbol{W}$ 决定，网络的学习过程便是确定 $\boldsymbol{W}$ 的过程，本小节主要介绍采用外积和法进行权值计算的方法，外积和法是Hebb规则的应用，1994年神经心理学家Hebb提出了最早的神经网络的学习规则，它用于调整神经元之间的权值，以神经元 j 到 i 的权值 $w_{i,j}$ 为例，权值调整量正比于神经元 j 上的输出和神经元 i 上的输入的乘积，若神经元 i 和 j 同时被激活，则权值选择性增大；若只有其中一项被激活，则权值选择性减小，因此输入的模式样本对权值矩阵有较大影响。

给定 m 个模式样本 $\boldsymbol{S}=[\boldsymbol{s}_1,\ \boldsymbol{s}_2,\ \cdots,\ \boldsymbol{s}_m]$，每个样本中有 p 个分量 $\boldsymbol{s}_k=(s_{k1},\ s_{k2},\ \cdots,\ s_{kp})$，$p>m$，其中 $k=1,\ 2,\ \cdots,\ m$，$s\in\{-1,\ 1\}^p$，且样本两两正交，则权值矩阵为

$$\boldsymbol{W}=\sum_{k=1}^{m}\boldsymbol{s}_k\ (\boldsymbol{s}_k)^{\mathrm{T}} \tag{8-15}$$

由于 $w_{i,i}=0$，因此式(8-15)可写为

$$\boldsymbol{W}=\sum_{k=1}^{m}(\boldsymbol{s}_k\ (\boldsymbol{s}_k)^{\mathrm{T}}-\boldsymbol{E})=\begin{bmatrix} s_{11} & s_{21} & \cdots & s_{m1}\\ s_{12} & s_{22} & \cdots & s_{m2}\\ \vdots & \vdots & & \vdots\\ s_{1p} & s_{2p} & \cdots & s_{mp}\end{bmatrix}\begin{bmatrix} s_{11} & s_{12} & \cdots & s_{1p}\\ s_{21} & s_{22} & \cdots & s_{2p}\\ \vdots & \vdots & & \vdots\\ s_{m1} & s_{m2} & \cdots & s_{mp}\end{bmatrix}-m\begin{bmatrix} 1 & 0 & \cdots & 0\\ 0 & 1 & \cdots & 0\\ \vdots & \vdots & & \vdots\\ 0 & 0 & \cdots & 1\end{bmatrix}$$

$$=\begin{bmatrix} \sum\limits_{k=1}^{m}(s_{k1})^2 & \sum\limits_{k=1}^{m}s_{k1}s_{k2} & \cdots & \sum\limits_{k=1}^{m}s_{k1}s_{kp}\\ \sum\limits_{k=1}^{m}s_{k2}s_{k1} & \sum\limits_{k=1}^{m}(s_{k2})^2 & \cdots & \sum\limits_{k=1}^{m}s_{k2}s_{kp}\\ \vdots & \vdots & & \vdots\\ \sum\limits_{k=1}^{m}s_{kp}s_{k1} & \sum\limits_{k=1}^{m}s_{kp}s_{k2} & \cdots & \sum\limits_{k=1}^{m}(s_{kp})^2\end{bmatrix}-m\begin{bmatrix} 1 & 0 & \cdots & 0\\ 0 & 1 & \cdots & 0\\ \vdots & \vdots & & \vdots\\ 0 & 0 & \cdots & 1\end{bmatrix} \tag{8-16}$$

式中，$\boldsymbol{E}$ 为单位矩阵，由于 $\sum\limits_{k=1}^{m}(s_{k1})^2=\sum\limits_{k=1}^{m}(s_{k2})^2=\cdots=\sum\limits_{k=1}^{m}(s_{kp})^2=m$，因此

$$\boldsymbol{W}=\begin{bmatrix} 0 & \sum\limits_{k=1}^{m}s_{k1}s_{k2} & \cdots & \sum\limits_{k=1}^{m}s_{k1}s_{kp}\\ \sum\limits_{k=1}^{m}s_{k2}s_{k1} & 0 & \cdots & \sum\limits_{k=1}^{m}s_{k2}s_{kp}\\ \vdots & \vdots & & \vdots\\ \sum\limits_{k=1}^{m}s_{kp}s_{k1} & \sum\limits_{k=1}^{m}s_{kp}s_{k2} & \cdots & 0\end{bmatrix} \tag{8-17}$$

显然，该权值矩阵满足对称矩阵，并且对角线元素为0的条件。因此，网络能够收敛于吸引子。接下来分析吸引子的情况。由于 m 个模式样本两两正交，因此有

$$\boldsymbol{s}_k(\boldsymbol{s}_l)^{\mathrm{T}}=\begin{cases}0 & k\neq l\\ p & k=l\end{cases},\quad k,\ l=1,\ 2,\ 3,\ \cdots,\ m \tag{8-18}$$

所以

$$\boldsymbol{W}\boldsymbol{s}_k=\sum_{l=1}^{m}(\boldsymbol{s}_l(\boldsymbol{s}_l)^{\mathrm{T}}-\boldsymbol{E})\boldsymbol{s}_k=\sum_{l=1}^{m}(\boldsymbol{s}_l(\boldsymbol{s}_l)^{\mathrm{T}}\boldsymbol{s}_k-\boldsymbol{s}_k) \tag{8-19}$$

对式(8－19)化简得到

$$\boldsymbol{W}\boldsymbol{s}_k=(p-m)\boldsymbol{s}_k \tag{8-20}$$

由于 $p>m$，则 $\mathrm{sgn}[\boldsymbol{W}\boldsymbol{s}_k]=\boldsymbol{s}_k$，因此给定样本为吸引子。很多时候网络的吸引子也会出现在非给定样本处，它们也是网络的吸引子，但并不是网络设计要求的解，因此，这种吸引子又被称做伪吸引子。

网络的权值系数确定后，给网络输入向量，即使该输入向量存在缺失或者噪声，网络也能够通过联想输出与其最接近的给定样本的向量，也就是说，在输入向量存在不正确部分的情况下，网络也能输出正确的结果。

8.3 连续 Hopfield 神经网络

连续型 Hopfield 神经网络(Continues Hopfield Neural Network，CHNN)的基本结构与 DHNN 类似，均是单层反馈非线性网络，每个节点的输出都与输入端相连。CHNN 可通过模拟电子线路实现，早在 1987 年，贝尔实验室就成功在 Hopfield 网络的基础上开发出最早的神经网络芯片。CHNN 中各个节点的输入和输出量为模拟量，它们随时间连续变化，所有神经元的工作方式均为并行，因此与 DHNN 相比，CHNN 在信息处理上的联想性、实时性和协同性方面更接近生物神经网络。

8.3.1 网络结构

基于模拟电子线路构建的 CHNN 神经元如图 8－2 所示。设该神经元为神经网络中第 i 个神经元，其中 R_{i0} 与 C_i 构成的并联回路与运放的输入端相连，它用于模拟生物神经元的延时特性，电阻 R_{ij} 相当于反馈量与输入端连接的权值，I_i 为偏置电流，u_i 为运放的输入电压信号，v_i 为运放的输出电压信号。

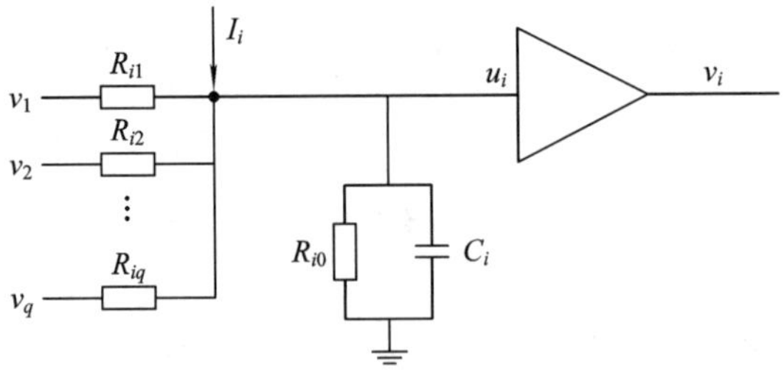

图 8－2 CHNN 神经元结构

假设图 8－2 中运放为理想运放，其输入电流为 0，根据基尔霍夫定律得到第 i 个神经元的微分方程为

$$C_i\frac{\mathrm{d}u_i}{\mathrm{d}t}=-\frac{u_i}{R_{i0}}+\sum_{j=1}^{q}\frac{1}{R_{ij}}(v_j-u_i)+I_i \tag{8-21}$$

图 8-2 中运放的作用相当于传递函数，神经元的输出 v_i 与运放的净输入 u_i 之间满足关系

$$v_i = f(u_i) \tag{8-22}$$

这里 $f(\cdot)$ 为 Sigmoid 传递函数，一般有对称型和非对称型两种，它们分别为

$$f(x) = \frac{1-\mathrm{e}^{-x}}{1+\mathrm{e}^{-x}} \tag{8-23}$$

$$f(x) = \frac{1}{1+\mathrm{e}^{-x}} \tag{8-24}$$

令 $\dfrac{1}{R_i} = \dfrac{1}{R_{i0}} + \sum\limits_{j=1}^{q} \dfrac{1}{R_{ij}}$，则式(8-21)可化简为

$$C_i \frac{\mathrm{d}u_i}{\mathrm{d}t} = \sum_{j=1}^{q} \frac{1}{R_{ij}} v_j - \frac{u_i}{R_i} + I_i \tag{8-25}$$

该微分方程描述了第 i 个神经元的输出和其内部状态 u_i 之间的关系。具有 q 个神经元的 CHNN 结构如图 8-3 所示，它可用 q 个式(8-25)表示的非线性方程组来进行描述，用

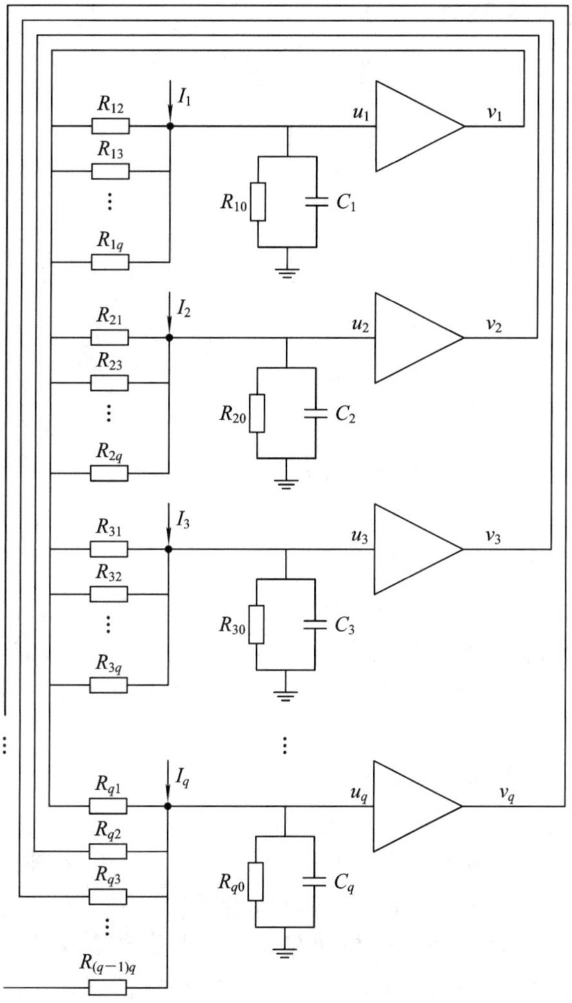

图 8-3　CHNN 结构

模拟电路实现的 CHNN 能够快速地对该方程组进行求解。因此，电路中电子元件的电气特性在物理层面可较好地模拟生物神经网络的部分特征。

8.3.2 网络的稳定性

与 DHNN 类似，CHNN 的稳定性同样需要讨论其能量函数。能量函数定义为

$$E = -\frac{1}{2}\sum_{i=1}^{q}\sum_{j=1}^{q} w_{ij} v_i v_j - \sum_{i=1}^{q} v_i I_i + \sum_{i=1}^{q} \frac{1}{R_i}\int_0^{v_i} f^{-1}(v)\mathrm{d}v \tag{8-26}$$

式中，$w_{ij}=\frac{1}{R_{ij}}$，对能量 E 求关于时间的导数，即

$$\frac{\mathrm{d}E}{\mathrm{d}t} = \sum_{i=1}^{q} \frac{\partial E}{\partial v_i}\frac{\mathrm{d}v_i}{\mathrm{d}t} \tag{8-27}$$

式中，

$$\frac{\partial E}{\partial v_i} = -\sum_{j=1}^{q} w_{ij} v_j - I_i + \frac{u_i}{R_i} \tag{8-28}$$

对比式(8-28)和式(8-25)，可得

$$\frac{\partial E}{\partial v_i} = -C_i\frac{\mathrm{d}u_i}{\mathrm{d}t} = -C_i\left(\frac{\mathrm{d}}{\mathrm{d}v_i}f^{-1}(v_i)\right)\frac{\mathrm{d}v_i}{\mathrm{d}t} \tag{8-29}$$

将式(8-29)代入式(8-27)有

$$\frac{\mathrm{d}E}{\mathrm{d}t} = -\sum_{i=1}^{q} C_i f^{-1}(v_i)\left(\frac{\mathrm{d}v_i}{\mathrm{d}t}\right)^2 \tag{8-30}$$

式中，C_i 为正数，$f(v_i)$ 单调递增，所以 $f^{-1}(v_i)$ 单调递增，因此 $\frac{\mathrm{d}E}{\mathrm{d}t}\leqslant 0$，当且仅当 $\frac{\mathrm{d}v_i}{\mathrm{d}t}=0$ 时，$\frac{\mathrm{d}E}{\mathrm{d}t}=0$。综上可得，网络是稳定的，网络能量随时间单调递减，最终达到能量最低的稳定状态不再变化。

8.4 应用案例

★ 案例一：离散 Hopfield 神经网络

离散 Hopfield 神经网络重要的特性是联想记忆，本案例是点阵图像还原问题，将标准图像输入神经网络，待网络学习完毕后，求得适当的权值矩阵，接着给标准图像施加噪声，将施加了噪声后的图像输入学习好的神经网络，测试神经网络复原图片的程度。标准图像如图 8-4 所示。

将这两张图片的点阵构成训练样本

```
T = [tree;smile]';
```

利用 MATLAB 神经网络工具箱函数 newhop 创建 Hopfield 神经网络

```
net = newhop(T);
```

为了测试 Hopfield 神经网络的联想功能，使图片受到噪声干扰，图片点阵中的值以 10%的概率随机发生改变，即噪声强度为 0.1，如图 8-5 所示。

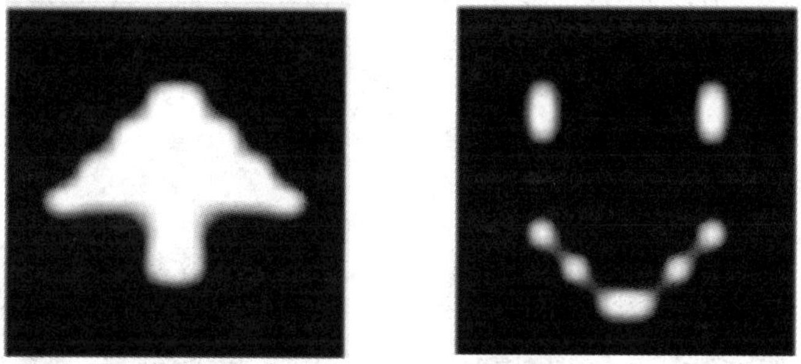

(a) 点阵图片“树”　　(b) 点阵图片“微笑”

图 8 - 4　标准图像

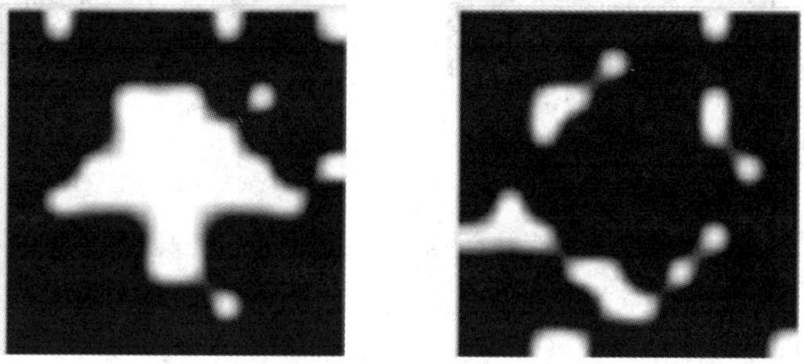

(a) 含噪声的图片“树”　　(b) 含噪声的图片“微笑”

图 8 - 5　施加噪声后的图像

施加噪声的程序如下：

```
noisy_tree=tree;
noisy_smile=smile;
for i=1:100
    a=rand;
    if a<0.1
noisy_tree(i)=-tree(i);
noisy_smile(i)=-smile(i);
    end
end
```

接着将施加了噪声的图片输入创建好的 net 神经网络中进行仿真，程序如下：

```
noisy_one = {(noisy_tree)'};
repair_one = sim(net, {10, 10}, {}, noisy_one);
A=repair_one{10}';
noisy_two = {(noisy_smile)'};
rec_two = sim(net, {10, 10}, {}, noisy_two);
B=rec_two{10}';
```

然后通过图像显示代码将图像输出，显示图像的程序如下：

```
subplot(3, 2, 1);imshow(imresize(tree, 20));title('点阵图片“树”')
subplot(3, 2, 3);imshow(imresize(noisy_tree, 20));title('随机噪声干扰后') ;
```

```
subplot(3, 2, 5);imshow(imresize(A, 20));title('恢复后');
subplot(3, 2, 2);imshow(imresize(smile, 20));title('点阵图片"微笑"');
subplot(3, 2, 4);imshow(imresize(noisy_smile, 20));title('随机噪声干扰后');
subplot(3, 2, 6);imshow(imresize(B, 20));title('恢复后');
```

最终修复后的图像如图 8-6 所示。

(a) 恢复后的“树”

(b) 恢复后的“微笑”

图 8-6 恢复后的图像

在案例一中，图像中噪声的 0 强度设置为 0.1，可以看到图像恢复效果比较好，但随着噪声强度的增加，图像的恢复效果将急剧恶化，伪稳定点增多，因此实际应用中 Hopfield 网络往往会通过与其他优化算法结合来得到更好的处理效果。

★ 案例二：连续 Hopfield 神经网络

求解组合优化问题：旅行商问题(TSP)。假设旅行商要访问 n 个城市，每个城市的位置坐标已知，旅行商需访问每一座城市并且最后回到原来出发时的城市，如何选择路线能够使得总路程最短？假设集合 $\boldsymbol{C}=\{C_1, C_2, C_3, \cdots, C_n\}$ 中的元素代表了 n 个城市，$d(C_i, C_j)=d_{ij}$ 为第 i 个城市和第 j 个城市之间的距离。

分析：对于 n 个城市的旅行商问题，需要用 $n\times n$ 个神经元构成的矩阵来表示旅行路线，且矩阵中每行每列只能有一个值为 1 的元素，其余均为 0，矩阵中所有元素的加和为 n，这样就可以唯一地确定一条旅行路线，这个矩阵称做换位矩阵。为了使旅行路线最短，需要构造能量函数并且使能量函数达到最低点，定义能量函数为

$$E=\frac{A}{2}\sum_{x=1}^{n}\Big(\sum_{i=1}^{n}v_{xi}-1\Big)^2+\frac{B}{2}\sum_{i=1}^{n}\Big(\sum_{x=1}^{n}v_{xi}-1\Big)^2+\frac{C}{2}\sum_{x=1}^{n}\sum_{y=1}^{n}\sum_{i=1}^{n}v_{xi}d_{xy}v_{y(i+1)} \tag{8-31}$$

式中，A、B、C 为常系数，$\boldsymbol{V}$ 为换位矩阵，v 为换位矩阵中的元素，x、y 表示矩阵的行和列。式右边第一项表示每行元素的和与 1 之差，满足约束条件时，应为 0；第二项表示每列元素的和与 1 之差，满足约束条件时，应为 0；最后一项为目标项，目标使所有经过的路径最短。当 E 达到最小值时，换位矩阵表示了最短的旅行路径。

根据连续 Hopfield 的能量函数式(8-26)，求解网络的动态方程为

$$\frac{\mathrm{d}U_{xi}}{\mathrm{d}t}=-\frac{\partial E}{\partial v_{xi}}=-A\Big(\sum_{i=1}^{n}v_{xi}-1\Big)-B\Big(\sum_{y=1}^{n}v_{yi}-1\Big)-C\sum_{y=1}^{n}d_{xy}v_{y(i+1)} \tag{8-32}$$

式中，U_{xi} 表示网络的状态。

根据上述结论，结合多次实验优化，最终的迭代步骤如下：

(1) 导入 n 个城市的位置坐标，计算各个城市之间的距离。

(2) 初始化网络。

(3) 计算式(8-32)，并用一阶欧拉法计算 $U_{xi}(t+1)=U_{xi}(t)+\frac{\mathrm{d}U_{xi}}{\mathrm{d}t}\Delta\tau$。

(4) 根据 $v_{xi}(t)=\frac{1}{2}\left[1+\text{tansig}\left(\frac{U_{xi}(t)}{U_0}\right)\right]$计算 v_{xi}。

(5) 计算式(8-31)，得到能量函数的值。

(6) 判断迭代是否结束：当迭代次数 $k>10\ 000$ 时，结束迭代过程；否则 $k=k+1$，返回步骤(3)。

解　具体实现代码如下：

```
cities=[0.1 0.6;0.8 0.3;0.5 0.6;0.4 0.9;0.7 0.1;0.5 0.5;0.7 0.3;0.8 0.8;
        0.2 0.9;0.4 0.1]; %城市位置坐标
d = dist(cities, cities');  %计算城市之间的距离
%网络初始化
N = size(cities, 1);
A = 200;
B = 200;
C = 100;
U0 = 0.1;
step = 0.0001;
delta = 2 * rand(N, N) - 1;
U = U0 * log(N-1) + delta;
V = (1 + tansig(U/U0))/2;
iterations = 10000;
E = zeros(1, iterations);
%进入迭代过程
for k = 1:iterations
    % 动态方程计算
    n=size(V, 1);
    sum_x=repmat(sum(V, 2)-1, 1, n);
    sum_i=repmat(sum(V, 1)-1, n, 1);
    V_temp=V(:, 2:n);
    V_temp=[V_temp V(:, 1)];
    D=d * V_temp;
    dU=-A * sum_x-B * sum_i-C * D;
    % 输入神经元状态更新
    U = U + dU * step;
    % 输出神经元状态更新
    V = (1 + tansig(U/U0))/2;
    % 能量函数计算
    n=size(V, 1);
```

```
    sum_x=sumsqr(sum(V, 2)-1);
    sum_i=sumsqr(sum(V, 1)-1);
    V_temp=V(:, 2:n);
    V_temp=[V_temp V(:, 1)];
    D=d * V_temp;
    D=sum(sum(V. * D));
    e=0.5 * (A * sum_x+A * sum_i+C * D);
    E(k) = e;
end
%根据结果输出最优换位矩阵
QQ=max(V)
[M, N] = size(V);
V1 = zeros(M, N);
[V_max, V_ind] = max(V);
for j = 1:N
    V1(V_ind(j), j) = 1;
end
V1
% 计算初始路径长度
sort_rand = randperm(N);
cities_rand = cities(sort_rand,:);
Length_init = dist(cities_rand(1,:), cities_rand(end,:)');
for i = 2:size(cities_rand,1)
    Length_init = Length_init+dist(cities_rand(i-1,:), cities_rand(i,:)');
end
% 绘制初始路径
figure(1)
plot([cities_rand(:,1);cities_rand(1,1)], [cities_rand(:,2);cities_rand(1,2)],'o-')
for i = 1:length(cities)
    text(cities(i,1), cities(i,2), ['    ' num2str(i)])
end
text(cities_rand(1,1), cities_rand(1,2), ['       起点' ])
text(cities_rand(end,1), cities_rand(end,2), ['       终点' ])
title(['优化前路径(长度:' num2str(Length_init) ')'])
axis([0 1 0 1])
grid on
xlabel('城市位置横坐标')
ylabel('城市位置纵坐标')
% 计算最优路径长度
[V1_max, V1_ind] = max(V1);
cities_end = cities(V1_ind,:);
```

```
Length_end = dist(cities_end(1,:), cities_end(end,:)');
for i = 2:size(cities_end,1)
    Length_end = Length_end+dist(cities_end(i-1,:), cities_end(i,:)');
end
% 绘制最优路径
disp('优化路径矩阵'); V1
figure(2)
plot([cities_end(:,1);cities_end(1,1)], …
    [cities_end(:,2);cities_end(1,2)], 'o-')
for i = 1:length(cities)
    text(cities(i,1), cities(i,2), ['   ' num2str(i)])
end
text(cities_end(1,1), cities_end(1,2), ['        起点' ])
text(cities_end(end,1), cities_end(end,2), ['        终点' ])
title(['优化后路径(长度:' num2str(Length_end) ')'])
axis([0 1 0 1])
grid on
xlabel('城市位置横坐标')
ylabel('城市位置纵坐标')
% 绘制能量函数变化曲线
figure(3)
plot(1:iterations,E);
ylim([0 2000])
title(['能量函数变化曲线(最优能量:' num2str(E(end)) ')']);
xlabel('迭代次数');
ylabel('能量函数');
```

程序运行的结果如图 8－7 所示。

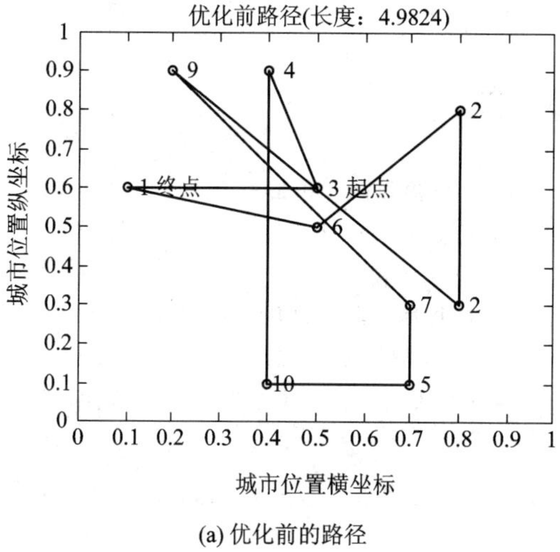

(a) 优化前的路径

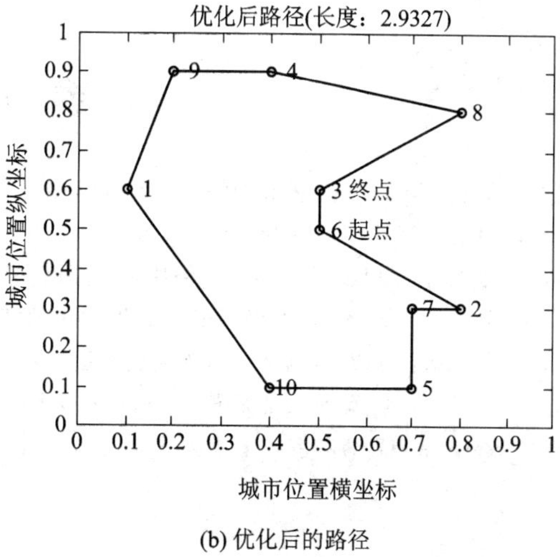

(b) 优化后的路径

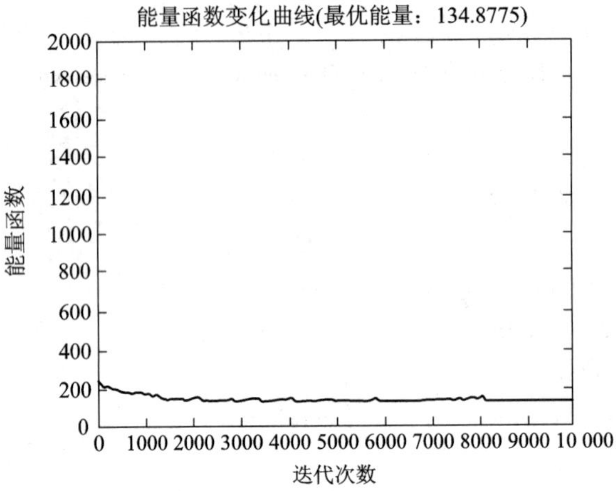

(c) 能量函数变化曲线

图 8-7 程序运行结果图

根据能量函数变化曲线，能量函数单调递减，当能量函数达到趋于稳定的时候，网络的状态也随之稳定，此时的神经元状态就是最优解。通过这个例子可以看出，CHNN 在求解 TSP 问题上表现良好，它可以相对快速准确地求解此类问题。

习　题

1. Hopfield 神经网络有哪些主要的应用领域？

2. 离散 Hopfield 神经网络与连续神经网络有什么区别？

3. 描述能量函数的特点。

4. DHNN 中稳定的权值矩阵具有什么特点？

5. 利用 MATLAB 神经网络工具箱函数编写关于离散 Hopfield 神经网络用于图像识别的程序。

参 考 文 献

[1] 周品. MATLAB 神经网络设计与应用[M]. 北京：清华大学出版社，2013.
[2] Hagan M T, Beale M. Neural Network Design[M]. Beijing: China Machine Press, 2002.
[3] 朱大奇，史慧. 人工神经网络原理及应用[M]. 北京：科学出版社，2006.
[4] 陈萍. 对 Hopfield 神经网络求解 TSP 的研究 [J]. 北京邮电大学学报，1999，22(2)：58-61.
[5] 高海昌，冯博琴，朱利. 智能优化算法求解 TSP 问题 [J]. 控制与决策，2006，21(3)：241-247.
[6] 曹云忠. 物流中心选址算法改进及其 Hopfield 神经网络设计 [J]. 计算机应用与软件，2009，26(3)：117-120.

第9章 深度卷积神经网络

9.1 概 述

近几年，深度学习在解决诸如视觉识别(Visual Recognition)、语音识别(Speech Recognition)和自然语言处理(Natural Language Processing)等很多问题方面都表现出非常好的性能。深度学习起源于人工神经网络，它是通过组合低层特征形成更加抽象的高层属性类别或特征，以发现数据的分布式特征表示方法，如含多隐层的多层感知器就是一种深度学习结构。在众多的深度学习算法当中，深度卷积神经网络(Deep Convolutional Neural Network，DCNN)应该是研究最广泛、应用最多、最具代表性的算法之一。

DCNN是一种包含卷积或相关计算，且具有深度结构的前馈型神经网络。起源最早可以追溯到20世纪80年代，其中时间延迟网络和LeNet-5是最早被证实有效的DCNN算法。为了能够像人一样做好工作，DCNN需要使用大量的数据来进行训练。但是，受限于当时较低的CPU处理速度，所以当时DCNN的发展相对比较缓慢。近几年来，随着GPU技术的高速发展及实现成本的降低，DCNN研究和使用的门槛也大大降低，所以算法也开始变得广为人知，并大量投入应用。这主要因为相对于CPU，GPU具有更高的处理速度，并且在处理重复性的任务方面有显著的优势。

2012年，Alex Krizhevsky使用DCNN赢得了ImageNet挑战赛，使得人工神经网络在计算机视觉智能领域的应用取得了重大的飞跃。ImageNet是由普林斯顿大学李凯教授于2007年创建的一个图像数据库，含有数百万图像数据，它为计算机提供了充足的训练数据，使之能如幼儿学习的方式进行渐进式学习。

另外，由于DCNN是一种前馈神经网络，它的神经元可以表征覆盖范围内数据的响应，因此在处理大型图像集时有着非常出色的表现。它通常由多个卷积层和顶端的全连层组成，同时也包括关联权重和池化层。这一结构使得卷积神经网络能够利用输入数据的二维结构。这一模型也可以使用反向传播算法进行训练。与其他深度或前馈神经网络相比较，DCNN需要的参数更少，所以是一种非常具有吸引力的深度学习结构。

目前，DCNN已经成为图像识别领域的核心算法之一，但在有大量学习数据时表现不稳定。如进行大规模图像分类时，DCNN可用于构建阶层分类器；进行精细分类识别时，可用于提取图像的判别特征以供其他分类器进行学习。

9.2 深度卷积神经网络的结构和原理

9.2.1 深度卷积神经网络的结构

一个具有完整功能的DCNN通常由输入层、隐含层、输出层或分类层组成。输入层一般指用于输入图像的神经网络层。隐含层包括卷积层(Convolutional Layer)、池化层(Pooling Layer)、全连接层(Fully Connected Layer)。DCNN 的简单隐含层网络结构如图 9-1 所示。

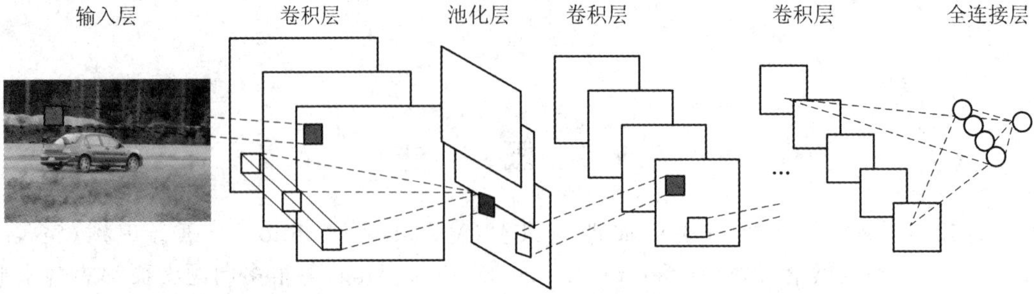

图 9-1 DCNN 的隐含层网络结构图

卷积层是 DCNN 特有的，其内部包含多个卷积核，每个卷积核都类似于一个前馈神经网络的神经元。它还包含一个激活函数层(Activation Function Layer)，用于增加网络的非线性处理能力，减少了过拟合或者梯度消失/爆炸的问题。

卷积层完成特征提取后，输出的结果将被传递到池化层。池化层则会进一步将特征图中单个点结果替换为其相邻区域的特征图统计量。池化层包含预设定的池化函数，池化区域的选取由池化大小、步长和填充控制。全连接层其实就是前面讲的 BP 神经网络结构。输出层或分类层可以看做是一个特定的激活函数层，用来将前一层得到的信息进行分类，一般使用 Sigmoid 或 Softmax 激活函数。

1. 卷积操作

在数学中，卷积的表达式为

$$S(t) = \int f(t-\tau)w(\tau)\mathrm{d}\tau \tag{9-1}$$

式(9-1)的离散形式为

$$S(t) = \sum f(t-\tau)w(\tau) \tag{9-2}$$

如果参数为矩阵，则可以表示为

$$S(t) = (\boldsymbol{F} * \boldsymbol{W})(t) \tag{9-3}$$

同时，二维卷积的运算表达式为

$$S(i, j) = (\boldsymbol{F} * \boldsymbol{W})(m, n) = \sum_i \sum_j f(m-i, m-n)w(i, j) \tag{9-4}$$

在 CNN 中，卷积操作定义为

$$S(i, j) = (\boldsymbol{F} * \boldsymbol{W})(m, n) = \sum_i \sum_j f(m+i, m+n)w(i, j) \tag{9-5}$$

式(9-5)从数学上讲不是严格意义上的卷积，而是一种求交叉相关性(Cross-correlations)的计算。

在图像处理中，卷积操作的对象是一组多维矩阵，此时的卷积其实就是对矩阵的不同局部与卷积核矩阵各个位置的元素相乘，然后求和。

例如，有一个大小为 7×7 的输入矩阵，卷积核的大小为 3×3，则卷积操作过程为

$$\begin{bmatrix}1&1&0&1&0&1&0\\1&1&0&0&0&1&1\\1&0&1&1&1&0&1\\1&0&0&0&0&1&1\\1&1&1&1&1&1&1\\0&0&0&1&1&0&1\\0&1&1&0&1&0&1\end{bmatrix} * \begin{bmatrix}1&0&1\\0&1&0\\0&1&0\end{bmatrix} \longrightarrow \begin{bmatrix}2&3&1&3&1\\1&2&1&2&2\\3&2&3&2&4\\2&1&2&3&2\\3&3&3&4&2\end{bmatrix}$$

2. 池化操作

在 DCNN 内部，常用的池化操作一般有平均池化和最大池化两种方式，即取对应区域的最大值或者平均值作为池化后的元素值。

例如，对于一个 4×4 的输入，使用 2×2 的核进行最大池化操作的过程为

$$\begin{bmatrix}4&5&1&2\\1&2&3&0\\1&2&5&4\\5&1&4&3\end{bmatrix} \xrightarrow{\text{max pooling}} \begin{bmatrix}5&3\\5&5\end{bmatrix}$$

3. 分类操作

在目标检测与分类等领域，神经网络最后一层的任务就是进行分类。深度卷积神经网络中，是通过分类层来实现这一任务的。

常用的分类层激活函数有 Sigmoid 和 Softmax 等。对于 Softmax 函数来说，当分种类为 2 时，Softmax 函数就会简化为 Sigmoid 函数。因此，Sigmoid 函数被广泛应用于二分类任务中，如边缘检测等，而 Softmax 函数则被应用于多分类任务中，如图像分割。

9.2.2 深度卷积神经网络的原理

相对于传统的神经网络，DCNN 之所以能够取得良好的效果，主要是依赖于三个独特的技术：局部感知、参数共享和多层卷积。

1. 局部感知

生物视觉神经元接受的是只响应某些特定区域刺激的局部信息。人对外界的认知是从局部到全局的，图像的空间联系也是与局部较近的像素联系较为紧密，而与距离较远的像素相关性较弱。因此，每个神经元其实没有必要对全局图像都了解，只需要对局部进行感知，然后在更高层次上将局部的信息综合起来就可以。

2. 参数共享

通常，图像某一部分的统计特性与邻近部分差异不大。这意味着在这一部分学习得到的特征也能用在另一部分上，所以对于这个图像上的所有位置，都能使用同样的学习特征，即“参数共享”。

譬如，以 16×16 作为样本，并从小块样本中学习到了一些特征，这时就可以把从样本中学习到的特征作为探测器，“共享”到图像的任意地方中去。尤其，可以使用所学习到的特征与原来样本中的大尺寸图像作卷积，从而在这个大尺寸图像上的任意位置获得不同特征的激活值。

3. 多层卷积

通常一个卷积核对应于一种特征，因此，为了提取到图片中更丰富的特征，就需要多个卷积核。如需要提取得到 64 种特征，理论上就需要使用 64 个卷积核。

如图 9－2 所示，输入图片为 3 通道，经过 2 个卷积核的卷积，得到了两个特征图。每个特征图中的每个像素点，都是同一个卷积核分别对 3 通道图片进行卷积，在求和后，经过激活函数得到的。即

$$w_2 = \mathrm{Softmax}\left(\sum\nolimits_i^{B,\,G,\,R} \mathrm{conv}(i,\, k)\right) \tag{9-6}$$

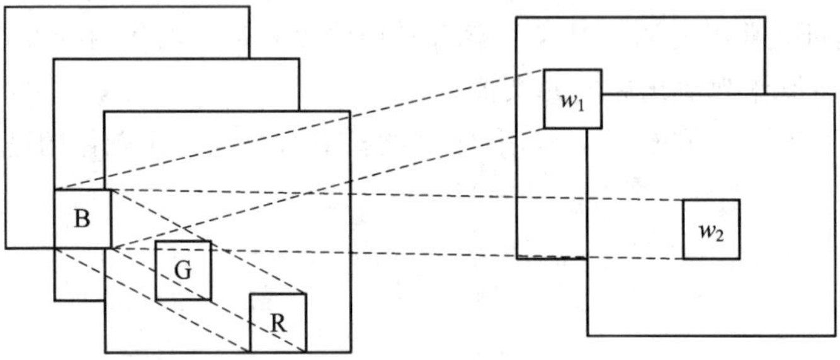

图 9－2　多层卷积过程

9.3　几种基本的深度卷积神经网络

9.3.1　AlexNet

AlexNet 是多伦多大学 Hinton 组的 Alex Krizhevsky 在 2012 年的 ImageNet 比赛上使用并提出的一种 DCNN 结构，其网络结构如图 9－3 所示。

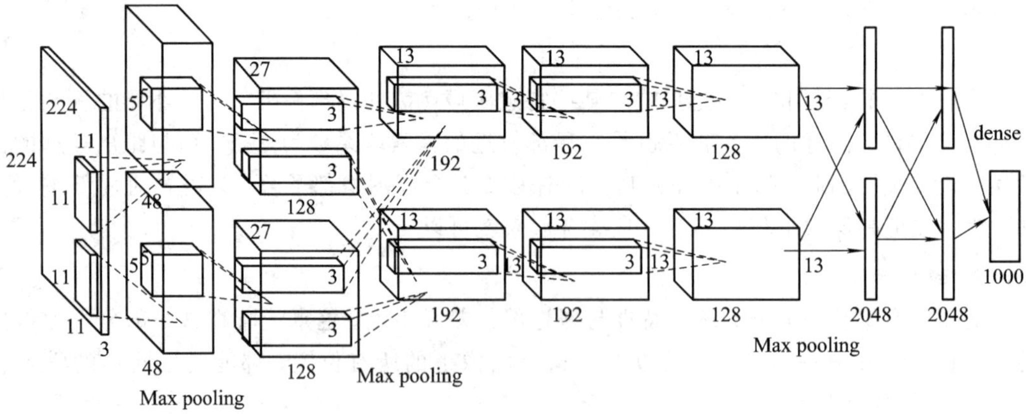

图 9－3　AlexNet 结构图

在 AlexNet 中，共有 650 000 个神经元，6000 多万个参数，分布在五个卷积层和三个有 1000 类的全连接层及 Softmax 层中。另外，为了加快训练速度，有效利用 GPU，使用了

非饱和神经元(Non-saturating Neurons)。为了减少过拟合过程，采用了 Dropout 技术。

训练过程中使用了随机梯度下降算法(Stochastic Gradient Descent，SGD)，Min-batch 大小为 128，可将 120 万张图像的训练集循环 90 次，并在两个 NVIDIA GTX 580 3GB GPU 上运行六天时间。

9.3.2 VGGNet

2014 年，牛津大学计算机视觉组(Visual Geometry Group)和 Google DeepMind 公司的研究员一起研发出了一种新的深度卷积神经网络——VGGNet，并使用其取得了 ILSVRC 2014 比赛分类项目的第二名，并且同时在大赛中取得了定位项目的第一名。

VGGNet 探索了卷积神经网络的深度与其性能之间的关系，构筑了 16～19 层深的卷积神经网络，进一步证明了增加网络的深度能够在一定程度上影响网络最终的性能，使错误率大幅下降，迁移到其他图片数据上的泛化性也非常好，同时拓展性也有所加强。

VGGNet 是由卷积层、全连接层两大部分构成的，可以看成是加深版本的 AlexNet，具体结构如图 9-4 所示。

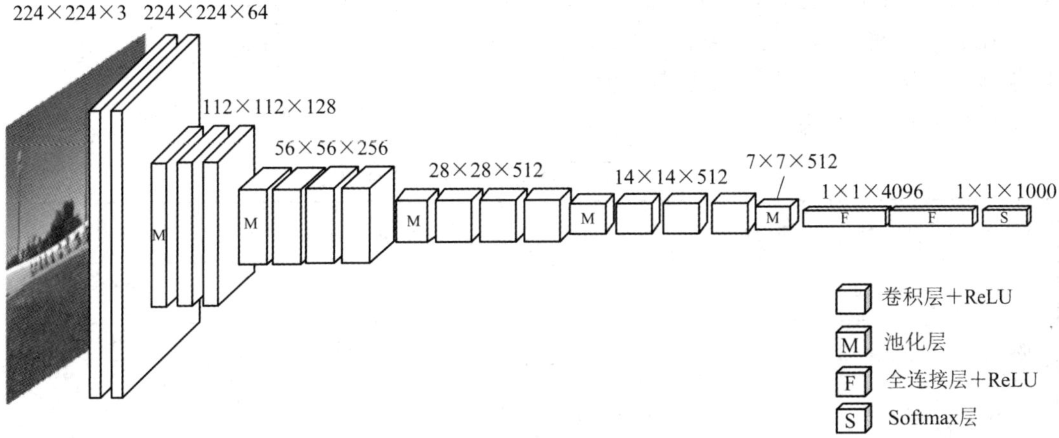

图 9-4 VGGNet 结构

以 VGG 16 为例，输入一幅图片，具体处理步骤如下：

(1) 输入 224×224×3 的图片，经 64 个 3×3 的卷积核做两次卷积和 ReLU，卷积后的尺寸变为 224×224×64。

(2) 作最大化池化(Max Pooling)处理，池化单元尺寸为 2×2，池化后的尺寸变为 112×112×64。

(3) 经 128 个 3×3 的卷积核作两次卷积+ReLU，尺寸变为 112×112×128。

(4) 作 2×2 的 max pooling 池化，尺寸变为 56×56×128。

(5) 经 256 个 3×3 的卷积核作三次卷积+ReLU，尺寸变为 56×56×256。

(6) 作 2×2 的 max pooling 池化，尺寸变为 28×28×256。

(7) 经 512 个 3×3 的卷积核作三次卷积+ReLU，尺寸变为 28×28×512。

(8) 作 2×2 的 max pooling 池化，尺寸变为 14×14×512。

(9) 经 512 个 3×3 的卷积核作三次卷积+ReLU，尺寸变为 14×14×512。

（10）作 2×2 的 max pooling 池化，尺寸变为 7×7×512。

（11）与两层 1×1×4096，一层 1×1×1000 进行全连接+ReLU（共三层）。

（12）通过 Softmax 输出 1000 个预测结果。

9.3.3 ResNet

ResNet 是在 2015 年提出的，并在 ImageNet 分类任务比赛上获得第一名，因为它“简单与实用”并存，很多应用都是建立在 ResNet50 或 ResNet101 基础上完成的。随后，检测、分割、识别等领域都纷纷使用了 ResNet，甚至 AlphaGo Zero 也使用了 ResNet。

ResNet 主要借鉴了 VGG19 网络，并通过 Shortcut 机制加入了如图 9－5 所示的残差单元。其改进主要体现在 ResNet 上直接使用步长为 2 的卷积做下采样，并且用平均池化层替换了全连接层。另外，当特征图大小降低一半时，特征图的数量增加一倍，这一操作保证了网络的复杂度，也是 ResNet 设计中应遵循的一个重要原则。

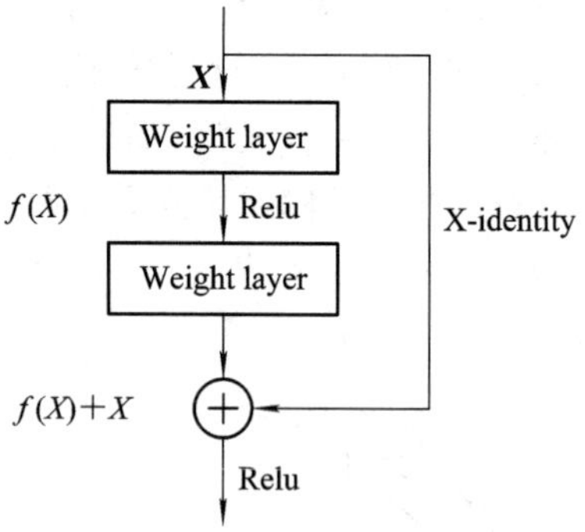

图 9－5 ResNet 中的残差单元

在引入了残差学习的方法后，ResNet 可以将网络做得更深，如 50 层、101 层等，表9－1 是不同深度的 ResNet 结构。

表 9－1 不同深度的 ResNet 结构

Layer Name	Output Size	18－layer	34－layer	50－layer	101－layer	152－layer
Conv1	112×112	7×7，64，stride 2				
Conv2	56×56	3×3 Max-pooling，stride 2				
		$\begin{bmatrix}3\times3 & 64\\3\times3 & 64\end{bmatrix}\times3$	$\begin{bmatrix}3\times3 & 64\\3\times3 & 64\end{bmatrix}\times2$	$\begin{bmatrix}1\times1 & 64\\3\times3 & 64\\1\times1 & 256\end{bmatrix}\times3$	$\begin{bmatrix}1\times1 & 64\\3\times3 & 64\\1\times1 & 256\end{bmatrix}\times3$	$\begin{bmatrix}1\times1 & 64\\3\times3 & 64\\1\times1 & 256\end{bmatrix}\times3$
Conv3	28×28	$\begin{bmatrix}3\times3 & 128\\3\times3 & 128\end{bmatrix}\times2$	$\begin{bmatrix}3\times3 & 128\\3\times3 & 128\end{bmatrix}\times4$	$\begin{bmatrix}1\times1 & 128\\3\times3 & 128\\1\times1 & 512\end{bmatrix}\times4$	$\begin{bmatrix}1\times1 & 128\\3\times3 & 128\\1\times1 & 512\end{bmatrix}\times4$	$\begin{bmatrix}1\times1 & 128\\3\times3 & 128\\1\times1 & 512\end{bmatrix}\times8$
Conv4	14×14	$\begin{bmatrix}3\times3 & 256\\3\times3 & 256\end{bmatrix}\times2$	$\begin{bmatrix}3\times3 & 256\\3\times3 & 256\end{bmatrix}\times6$	$\begin{bmatrix}1\times1 & 256\\3\times3 & 256\\1\times1 & 1024\end{bmatrix}\times6$	$\begin{bmatrix}1\times1 & 256\\3\times3 & 256\\1\times1 & 1024\end{bmatrix}\times23$	$\begin{bmatrix}1\times1 & 256\\3\times3 & 256\\1\times1 & 1024\end{bmatrix}\times36$
Conv5	7×7	$\begin{bmatrix}3\times3 & 512\\3\times3 & 512\end{bmatrix}\times2$	$\begin{bmatrix}3\times3 & 512\\3\times3 & 512\end{bmatrix}\times3$	$\begin{bmatrix}1\times1 & 512\\3\times3 & 512\\1\times1 & 2048\end{bmatrix}\times3$	$\begin{bmatrix}1\times1 & 512\\3\times3 & 512\\1\times1 & 2048\end{bmatrix}\times3$	$\begin{bmatrix}1\times1 & 512\\3\times3 & 512\\1\times1 & 2048\end{bmatrix}\times3$
	1×1	Averag-pooling，1000-d FC，Softmax				

9.4 应用案例

9.4.1 几种深度学习应用框架

目前常用的深度学习开发框架较多，主要包括 TensorFlow、Caffe、MXNet、Keras、PyTorch、Caffe2、CNTK、Deeplearning4J、Theano 等。这里主要介绍在 GitHub 上收藏排名前三的框架 TensorFlow、Caffe 和 PyTorch。

1. TensorFlow

TensorFlow 是一个开源软件库，用于各种感知和语言理解任务的机器学习。目前被 50 个团队用于研究和生产许多 Google 商业产品，如语音识别、Gmail、Google 相册和搜索。TensorFlow 最初由 Google Brain 团队开发，用于 Google 的研究和生产，于 2015 年 11 月 9 日在 Apache 2.0 开源许可证下发布。

TensorFlow 主要特点包括：

(1) 使用图(Graph)来表示计算任务。

(2) 在被称之为会话(Session)的上下文(Context)中执行图。

(3) 使用 Tensor 表示数据。

(4) 通过变量(Variable)维护状态。

(5) 使用 Feed 和 Fetch 可以任意地操作(Arbitrary Operation) 赋值或者从其中获取数据。相较于其他框架，TensorFlow 可以良好地应用在从超级计算机到嵌入式系统的各种类型的机器上。另外，这种分布式架构使大量数据集的模型训练不需要太多的时间，并且可以同时在多个 CPU、GPU 或者两者混合运行。但 TensorFlow 也存在着缺点，由于 TensorFlow 的一些操作都是基于静态图上的，因此，给程序的编译带来了较大的困难。

2. Caffe

Caffe 是第一个主流产品级深度学习库，于 2014 年由 UC Berkeley 启动。

由于 Caffe 是纯粹的 C++/CUDA 架构，支持命令行、Python 和 MATLAB 接口，因此基于 Caffe 框架的神经网络结构显得更为清晰。另外，网络结构与参数都独立于代码，用户只要以普通文本就可以定义好需要的神经网络，并按自己的需求进行调整。

基于网络清晰性这一特点，Caffe 成为目前几种主流的神经网络框架中，较容易上手的框架之一。

另外，Caffe 也存在一些不容忽视的缺点：Caffe 中每个节点被当做一个层，因此在定义一种新的层类型时，需要定义完整的前向、后向和梯度更新过程。除此之外，Caffe 仅定位在计算机视觉上，在关于时序模型的构建上并不友好，例如对循环神经网络(Recurrent Neural Network，RNN)的支持并不完善。

3. PyTorch

PyTorch 是 Facebook 的 AI 研究团队发布的一个 Python 开源库，专门针对 GPU 加速的深度神经网络(DNN)编程。在这之前，存在一个与之很相似的深度学习框架 Torch。Torch 是一个经典的对多维矩阵数据进行操作的 Tensor 库，在机器学习和其他数学密集型应用中有广泛应用。但由于 Torch 语言采用 Lua，因此导致其一直处于小众地位，并逐渐被支持 Python 的 Tensorflow 抢走用户。另外，作为经典机器学习库 Torch 的端口，PyTorch 为 Python 语言使用者提供了友好的写代码选择。简而言之，PyTorch 可以看做是某种程度上的 Python 版的 Torch 框架。

PyTorch 最大的优点是改进了现有的神经网络构建方法，使得构建过程更加快速。这主要因为 PyTorch 采用了动态计算图(Dynamic Computational Graph)结构，而不是大多数开源框架(TensorFlow、Caffe、CNTK、Theano)采用的静态计算图，允许网络处理可变长度的输入和输出。

9.4.2 基于 AlexNet 的图像识别

从网络性质上来说，AlexNet 神经网络主要包含卷积层、池化层(最大池化)和全连接层三种操作。本案例选择 TensorFlow 作为实现工具。

由于这三种操作在网络中多次出现，为了简洁起见，分别定义为 3 个函数来实现。

(1) 定义卷积层：

```
def convLayer(x, kHeight, kWidth, strideX, strideY,
              featureNum, name, padding="SAME", groups=1):
    channel = int(x.get_shape()[-1])
    conv = lambda a, b: tf.nn.conv2d(a, b, strides=[1, strideY, strideX, 1],
                                     padding=padding)
    with tf.variable_scope(name) as scope:
        w = tf.get_variable("w", shape=[kHeight, kWidth, \
                                        channel/groups, featureNum])
        b = tf.get_variable("b", shape=[featureNum])
        xNew = tf.split(value=x, num_or_size_splits=groups,
                                        axis = 3)
        wNew = tf.split(value=w, num_or_size_splits=groups, axis=3)
        featureMap = [conv(t1, t2) for t1, t2 in zip(xNew, wNew)]
        mergeFeatureMap = tf.concat(axis = 3, values = featureMap)
        out = tf.nn.bias_add(mergeFeatureMap, b)
        out = tf.nn.relu(tf.reshape(out, \
                                        mergeFeatureMap.get_shape().as_list()),
                                        name = scope.name)
        return out
```

(2) 定义池化方法：

```
def maxPoolLayer(x, kHeight, kWidth, strideX, strideY, name, padding = "SAME"):
    """max-pooling"""
    return tf.nn.max_pool(x, ksize = [1, kHeight, kWidth, 1],
                          strides = [1, strideX, strideY, 1],
                          padding = padding, name = name)
```

(3) 定义全连接层：

```
def fcLayer(x, inputD, outputD, reluFlag, name):
    """fully-connect"""
    with tf.variable_scope(name) as scope:
        w = tf.get_variable("w", shape = [inputD, outputD], dtype = "float")
        b = tf.get_variable("b", [outputD], dtype = "float")
        out = tf.nn.xw_plus_b(x, w, b, name = scope.name)
        if reluFlag:
            return tf.nn.relu(out)
        else:
            return out
```

为了减少过拟合，AlexNet 中引入了 dropout 技术，并且对前两个卷积层进行了局部相应归一化处理，该方法定义为：

```
def LRN(x, R, alpha, beta, name = None, bias = 1.0):
    """LRN"""
    return tf.nn.lrn(x, depth_radius = R, alpha = alpha,
                                          beta = beta, bias = bias, name = name)
```

dropout 层可简单定义为：

```
def dropout(x, keepPro, name = None):
    """dropout"""
    return tf.nn.dropout(x, keepPro, name)
```

为了方便管理，将整个 AlexNet 的实现定义为一个类。在这个类中，除了定义完整的 AlexNet 外，还需要定义加载预训练好的模型的方法，以方便调用。该类的具体实现如下：

```
class AlexNet(object):
    def __init__(self, x, keepPro, classNum, skip,
                                          modelPath = "bvlc_alexnet.npy"):
        self.X = x
        self.KEEPPRO = keepPro
        self.CLASSNUM = classNum
        self.SKIP = skip
        self.MODELPATH = modelPath
        #build CNN
        self.buildCNN()
    def buildCNN(self):
        """build model"""
        conv1 = convLayer(self.X, 11, 11, 4, 4, 96, "conv1", "VALID")
        lrn1 = LRN(conv1, 2, 2e-05, 0.75, "norm1")
        pool1 = maxPoolLayer(lrn1, 3, 3, 2, 2, "pool1", "VALID")
        conv2 = convLayer(pool1, 5, 5, 1, 1, 256, "conv2", groups = 2)
        lrn2 = LRN(conv2, 2, 2e-05, 0.75, "lrn2")
        pool2 = maxPoolLayer(lrn2, 3, 3, 2, 2, "pool2", "VALID")
```

```
        conv3 = convLayer(pool2, 3, 3, 1, 1, 384, "conv3")
        conv4 = convLayer(conv3, 3, 3, 1, 1, 384, "conv4", groups = 2)
        conv5 = convLayer(conv4, 3, 3, 1, 1, 256, "conv5", groups = 2)
        pool5 = maxPoolLayer(conv5, 3, 3, 2, 2, "pool5", "VALID")
        fcIn = tf.reshape(pool5, [-1, 256 * 6 * 6])
        fc1 = fcLayer(fcIn, 256 * 6 * 6, 4096, True, "fc6")
        dropout1 = dropout(fc1, self.KEEPPRO)
        fc2 = fcLayer(dropout1, 4096, 4096, True, "fc7")
        dropout2 = dropout(fc2, self.KEEPPRO)
        self.fc3 = fcLayer(dropout2, 4096, self.CLASSNUM, True, "fc8")
    def loadModel(self, sess):
        """load model"""
        wDict = np.load(self.MODELPATH, encoding = "bytes").item()
        # for layers in model
        for name in wDict:
            if name not in self.SKIP:
                with tf.variable_scope(name, reuse = True):
                    for p in wDict[name]:
                        if len(p.shape) == 1:
                            # bias
                            sess.run(tf.get_variable('b',
                                        trainable = False).assign(p))
                        else:
                            # weights
                            sess.run(tf.get_variable('w',
                                        trainable = False).assign(p))
```

至此，模型主体已经定义完成。在使用时，只需要做相应的调用即可。在输入一副图片后，其检测结果如图 9－6 所示。

(a) 输入图片　　(b) 检测结果

图 9－6　AlexNet 检测结果

习 题

1. 简述深度卷积神经网络的应用情况及特点。
2. 结合 DCNN 的结构，说明其工作原理。
3. 避免 DCNN 中过拟合的方法有哪些，分别有什么特点？
4. 训练 DCNN 时，可以通过哪些对输入图片的操作来提高模型的泛化能力？
5. 在 DCNN 中引入非线性的原因是什么？
6. 结合所学内容及目前应用现状，说明 DCNN 的发展和应用前景有哪些？

参考文献

[1] Kingma D , Ba J . Adam: A Method for Stochastic Optimization[J]. Computer Science, 2014.

[2] Wen Changbao, Liu Pengli, Ma Wenbo, et al. Edge Detection with Feature Re-extraction Deep Convolutional Neural Network [J]. Journal of Visual Communication and Image Representation. 2018, 57(12): 84－90.

[3] He K, Zhang X, Ren S, et al. Deep Residual Learning for Image Recognition[C]// IEEE Conference on Computer Vision and Pattern Recognition. IEEE Computer Society, 2016: 770－778.

[4] Matthew D Zeiler, Rob Fergus. Visualizing and Understanding Convolutional Networks[J]. Lecture Notes in Computer Science. 2014(8689): 818－833.

[5] Deng J, Dong W, Socher R, et al. LmageNet: A Large-scale Hierarchical Image Database[C]// 2009 IEEE Conference on Computer Vision and Pattern Recognition, Miami, FL, 2009, pp. 248－255.

[6] Krizhevsky A , Sutskever I , Hinton G E . ImageNet Classification with Deep Convolutional Neural Networks[C]// International Conference on Neural Information Processing Systems. Curran Associates Inc. 2012.

第 10 章　生成式对抗网络

10.1　概　　述

在人工神经网络中建模的好坏会直接影响生成式模型的性能，但是对实际案例进行建模时需要大量先验知识。另外，由于实际数据非常复杂，模型建立所需计算量也非常大，因此对计算资源和硬件的要求也很高。

针对这些问题，2014 年 10 月蒙特利尔大学的 Goodfellow 等人提出了一种基于生成式的对抗网络——生成式对抗网络(Generative Adversarial Networks，GAN)。在提出的对抗性网络框架中，网络的工作机理类似于一队试图制造假币和使用它而不想被发现的造假者之间的对抗和博弈。生成模型类似于试图制造假币的一队，而判别模型类似于警察，试图检测这些假币，用于判断和确定样本是来自生成模型还是真实数据。在这个游戏中的对抗竞争促使两个团队不断改进他们的方法，直到假冒伪劣品与真品无法区分。该算法是对抗训练机制进行训练，并使用随机梯度下降法实现极值搜索。由于不需分辨下限也不需近似推断，所以避免了传统上反复应用马尔可夫链学习机制带来的配分函数计算问题，提高了网络效率。

生成式对抗网络的核心思想是博弈论中的二元论和博弈，而这种博弈思想最早起源于奥地利小说家斯蒂芬·茨威格在 1941 年写的小说《象棋的故事》中。被囚禁在纳粹集中营中小说的主人公意外得到一本国际象棋棋谱，他用牢房里的面包做成了国际象棋，然后自己与自己下棋，经过一盘盘的左右手互相博弈之后，他的下棋水平有了很大的提高，最后他轻松地击败了当时的世界象棋冠军。

一个生成式对抗网络模型至少包含一个判别器和一个生成器。其中，判别器是指对已经观测到的数据 x 与未观测到的数据 y 之间的关系进行建模，就是对条件概率 $p(y|x;\theta)$ 建模。而深度学习的主要研究成果基本都属于判别器模型，特别是反向传播算法和 Dropout 算法的出现，使判别器的研究得到飞速发展。

生成器的全称为概率生成器，是一种用于随机生成可观测数据的模型。相比于判别器，会涉及最大似然估计、近似法等复杂计算，所以生成器的发展较慢，直到生成式对抗网络的出现，才使生成器得到了广泛应用和发展。

目前，GAN 最主要的应用是图像生成和数据增强，就是通过对真实数据建模然后生成与真实图像、数据分布一样的样本。同时，GAN 还可以用于图像和视频的生成，如图像修复、图像的超分辨率、人脸图像编辑、图像上色等。图像的修复已经研究很多年了，一直都达不到理想的效果，直到 GAN 的出现，才可以用缺失部分周边元素的图像作为训练对象，生成完整的图像，并经过判别器对真实图片和生成图片进行判别，达到最理想的效果。

也可将原本分辨率较低的模糊图片经过一系列 GAN 的变换生成一张高分辨率的清晰图像。另外，GAN 与目前研究较热的强化学习、模仿学习等技术巧妙结合，从而可以有力地推动人工智能的发展。

从人工智能角度看，GAN 使用神经网络来指导神经网络，思想非常奇特。仿佛两个武术初学者，从零基础开始，互相对决、相互讨论、共同进步，最后一同达到武学顶峰的励志故事。这不仅是机器学习想达到的理想结果，也是人类想要达到的最终结果。

另外，研究者为了提高 GAN 的性能，目前已经提出了 DCGAN、SGAN、InfoGAN、CGAN、AC-GAN 等多种 GAN 改进版本，并且在计算机视觉、语音、图像处理等领域得到了广泛的关注和应用。美国《麻省理工科技评论》评选的 2018 年"全球十大突破性技术"中，生成式对抗网络与人工智能、人造胚胎、传感城市、量子材料、3D 金属打印等热门技术榜上有名。

10.2　生成式对抗网络的结构

一个 GAN 主要包括一个生成器 G 和一个判别器 D，其结构如图 10-1 所示。其中，生成器 G 是一个生成图片的网络，它接收一个随机的噪声 z，并通过这个噪声生成图片 $G(z)$；判别器 D 是一个判别网络，用来判别一张图片是不是"真实的"。它的输入参数是真实数据 x，输出 $D(x)$代表 x 为真实图片的概率，如果为 1，就代表 100%是真实的图片，而输出为 0，就代表不可能是真实的图片，即为假的图片。

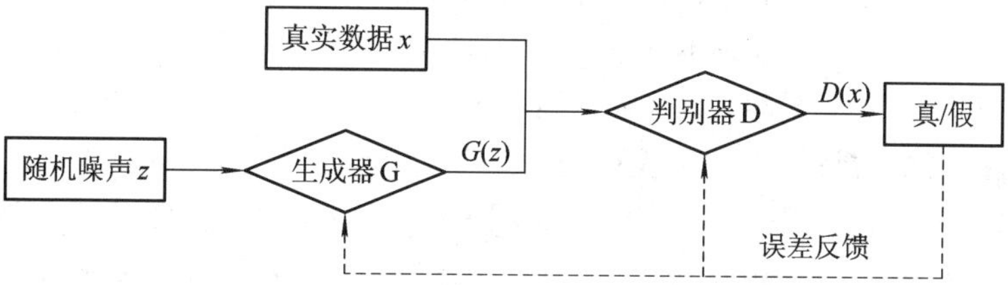

图 10-1　生成式对抗网络的结构图

当 GAN 输入一个噪声变量 z，网络首先将噪声 z 在生成器 G 的多层感知器或者其他神经网络当中映射，得到一个新的数据 $G(z)$，然后把真实数据 x 和生成的数据 $G(z)$送入判别器 D 中。判别器 D 会根据实际输入的数据 x 与生成的数据 $G(z)$进行判别，从而输出判别真假的概率值。假如判别器的输出和设定的答案方向不相同，即实际的输入概率值趋近于 0，生成数据的概率趋近于 100%，则可以反映出生成器的生成数据准确度很高。

在 GAN 训练过程中，生成器 G 的目标就是用生成的真实的图片去欺骗判别器 D，而判别器 D 的目标就是尽量把生成器 G 生成的图片和真实的图片分别开来。这样，生成器 G 和判别器 D 就形成了一个动态的"对抗或博弈"过程，对抗原理如图 10-2 所示。

具体来说，生成式对抗网络学习的过程就是生成器 G 和判别器 D 的极大极小博弈的过程。判别器 D 是为了更准确地区分 $G(z)$和 x，并且识别出生成数据和真实数据，把判别后的输出概率二分化，就是让判别器输出的真实数据 $D(x)$的概率尽可能最大，而判别器输出的生成数据 $D(G(z))$的概率尽可能最小。生成器 G 的作用就是使自己生成的数据尽可能与真实数据一致，让判别器 D 无法区分。因此判别模型和生成模型的性能在它们互相

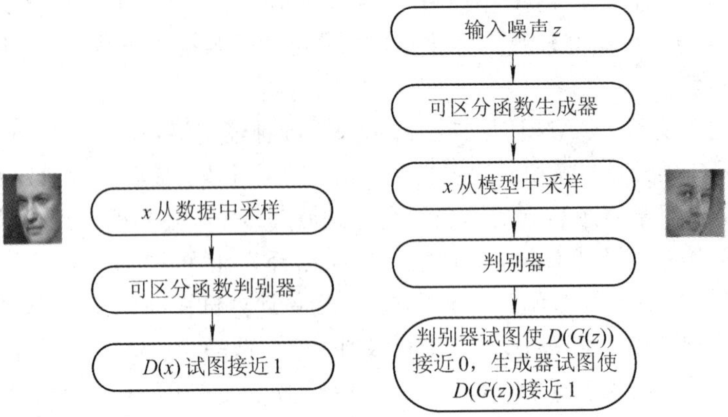

图 10-2　对抗原理示意图

竞争、互相对抗的过程中不断提高，最理想的结果就是 $D(G(z))$ 与真实数据的表现 $D(x)$ 相同，此时 G 和 D 都已达到最优。

10.3　生成式对抗网络算法

为了了解生成器 G 对数据 x 上的分布 p_g，第一，这里定义一个先验输入噪声变量 $p_z(z)$，数据空间的映射为 $G(z;\theta_g)$。其中，生成器 G 是由具有参数 θ_g 的多层感知器表示的微分函数。第二个是输出单个标量的多层感知器 $D(x;\theta_d)$。$D(x)$ 表示 x 来自数据而不是 p_g 的概率。为了最大化将正确标签分配给来自生成器 G 的训练示例和样本的概率，从而对判别器 D 进行了训练。同时，为了最小化 $\log(1-D(G(z)))$，对生成器 G 进行了训练。

生成式对抗网络的目标函数可表述为

$$\min_G \max_D V(D, G) = E_{x\sim p_{\text{data}}(x)}[\log D(x)] + E_{z\sim p_z(z)}[\log(1-D(G(z)))] \tag{10-1}$$

式中，真实数据 x 服从真实数据分布 $p_{\text{data}}(x)$，噪声 z 服从先验噪声分布 $p_z(z)$，E 为期望值，判别器的数据来自 $p_{\text{data}}(x)$ 和生成数据分布 $p_g(x)$。

通常，要求判别器 D 最大化，希望其能够准确地来判别数据是属于真实的还是生成的。同时，还需要生成模型 G 最大化 $D(G(z))$，在优化生成器 G 和判别器 D 是都是采用交替优化方法，优化判别器 D 时需要将生成器 G 固定，使判别器的判别准确率最大化，优化生成器 G 时需要将判别器 D 固定。当真实数据分布 p_{data} 与生成数据分布 p_g 相等时，达到最优解。

生成对抗网络训练方法采用的是小批量随机梯度下降，迭代次数为 k。

第 k 次迭代时，从噪声先验分布为 $p_g(z)$ 中抽取 m 个小批量噪声样本 $\{z^{(1)}, z^{(2)}, \cdots, z^{(m)}\}$，从数据生成分布 $p_{\text{data}}(x)$ 中抽取 m 个小批量样本 $\{x^{(1)}, x^{(2)}, \cdots, x^{(m)}\}$。

更新判别器的随机梯度为

$$\nabla_{\theta_d} \frac{1}{m}\sum_{i=1}^{m}[\log D(x^{(i)}) + \log(1-D(G(z^{(i)})))] \tag{10-2}$$

从噪声先验分布为 $p_g(z)$ 中抽取 m 个小批量噪声样本 $\{z^{(1)}, z^{(2)}, \cdots, z^{(m)}\}$。

此时，通过随机梯度下降来更新判别器

$$\nabla_{\theta_g} \frac{1}{m} \sum_{i=1}^{m} \log(1 - D(G(z^{(i)}))) \tag{10-3}$$

D 和 G 的优化过程实质就是寻找极大极小值的过程，其目标函数就是式(10-1)。

当真实数据分布 p_{data} 与生成数据分布 p_g 相等时，达到全局最优。

优化判别器时，首先将生成器 G 保持固定不变。此时，判别器 D 为

$$D_G^*(x) = \frac{p_{\text{data}}(x)}{p_{\text{data}}(x) + p_g(x)} \tag{10-4}$$

在生成器 G 为任意时，判别器 D 的训练条件为

$$V(G, D) = \int_x [p_{\text{data}}(x)\log(D(x))\mathrm{d}x + p_g(x)\log(1 - D(x))]\mathrm{d}x \tag{10-5}$$

判别器的训练目标函数最大化可以用条件概率 $P(Y=y|x)$来估计。其中，表示 Y 的 x 是来自 $p_{\text{data}}(y=1)$或者 $p_g(y=0)$。此时，目标函数可写为

$$\begin{aligned} C(G) &= \max_D V(G, D) \\ &= E_{x\sim p_{\text{data}}}\left[\log \frac{p_{\text{data}}(x)}{p_{\text{data}}(x) + p_g(x)}\right] + E_{x\sim p_g}\left[\log \frac{p_g(x)}{p_{\text{data}}(x) + p_g(x)}\right] \end{aligned} \tag{10-6}$$

那么什么时候 $C(G)$能达到全局最小呢？此时式(10-6)的值又为多少呢？

当 p_{data} 与 p_g 相等时，$D_G^*(x) = \frac{1}{2}$。有

$$E_{x\sim p_{\text{data}}}[-\log 2] + E_{x\sim p_g}[-\log 2] = -\log 4 \tag{10-7}$$

式(10-7)减去 $V(D_G^*, G)$可得

$$C(G) = -\log 4 + KL\left(p_{\text{data}} \,\middle\|\, \frac{p_{\text{data}} + p_g}{2}\right) + KL\left(p_g \,\middle\|\, \frac{p_{\text{data}} + p_g}{2}\right) \tag{10-8}$$

式中，KL 为 Kullback-Leibler 散度。模型判别和数据生成过程之间的 Jensen-Shannon 偏差为

$$C(G) = -\log(4) + 2 \times JSD(p_{\text{data}} \| p_g) \tag{10-9}$$

因为两个分布之间的 Jensen-Shannon 偏差总是非负性的，仅当两个分布相等时值才为零。所以，当且仅当真实数据分布 p_{data} 与生成数据分布 p_g 相等时，能达到训练条件 $C(G)$ 的全局最小，且此时式(10-6)的值为 $-\log 4$。

判别器 D 的优化为

$$\max_D V(D, G) = E_{x\sim p_{\text{data}}(x)}[\log D(x)] + E_{z\sim p_z(z)}[\log(1 - D(G(z)))] \tag{10-10}$$

优化判别器 D 时，应将生成器 G 固定。假设已经得到生成样本 $G(z)$，这时只需要优化真实样本 $D(x)$，就是希望真实样本经过判别器优化后得到的结果越大越好，真实样本预测的概率越接近 1，证明优化结果越好。对于假样本，则是希望优化后输出的概率越小越好，即 $D(G(z))$越小，越接近于 0 越好，但是这样与题设中最大化相矛盾，所以将第二项中 $D(G(z))$改为 $1-D(G(z))$。

优化生成器 G 为

$$\min_G V(D, G) = E_{z\sim p_z(z)}[\log(1 - D(G(z)))] \tag{10-11}$$

优化生成器 G 时，判别器 D 固定，与判别模型无关，所以式中只有生成样本，而且希望生成的样本与真实的样本一致，即希望 $D(G(z))$越大越好，接近于 1，但是为了形式的统一性，将其变形为 $1-D(G(z))$，且希望它越小越好。将两个优化后的模型合并就变成生

成式对抗网络的目标函数。

那么博弈的最后期望结果是什么呢？

在最理想的状态下，生成器 G 可以生成足以“以假乱真”的图片 $G(z)$。但对于判别器 D 来说，它难以判定生成器 G 生成的图片究竟是不是真实的，因此 $D(G(z)) = 0.5$。

此时，就得到了一个生成式的生成器 G，并达到生成“乱真”图片的目的。

10.4 改进的生成式对抗网络

1. DCGAN

深度卷积生成对抗网络(Deep Convolutional GAN，DCGAN)，是在生成模型和判别模型中添加了卷积神经网络，使得生成性能有了很大的提高。因为其改进的方向比较好，所以许多生成式网络的改进都是参照 DCGAN 进行了性能的优化和改进。图 10－3 是 DCGAN 中的生成器 G 结构图。

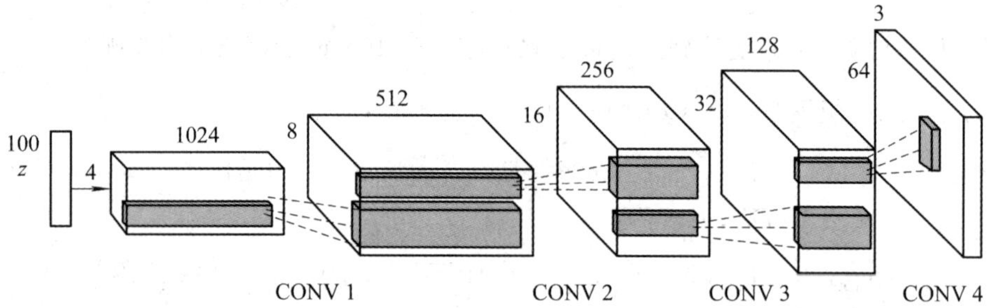

图 10－3　DCGAN 中的生成器 G 结构图

DCGAN 的形式主要有下列几种情形。

(1) 把深度卷积中的池化层用判别器和生成器替换。

(2) 移除网络中的全连接层，提高了网络的稳定性。

(3) 在生成器 G 和判别器 D 中都用批量归一化方法，有助于梯度传递到每一层网络中，也预防生成器把所有样本收敛到同一个点上。

(4) 在生成器 G 中，除了输出层采用了 tanh 传递函数，其余层采用了 ReLU 传递函数。

(5) 在判别器 D 中所有的网络层都采用 Leaky ReLU 传递函数，使得深度卷积生成对抗网络相比于一般生成对抗网络有更好的生成能力，网络训练有更好的收敛速度和稳定性，但也存在着生成图像分辨率很低等问题。

2. SGAN

半监督生成对抗网络(Semi-supervised GAN，SGAN)，原理结构如图 10－4 所示。它可以将真实数据 x 和它的类别信息同时输入到判别器中，所以判别模型最终不仅可以判别图像的来源，也可判别图像的类别。在这种情况下，整个对抗网络判别器 D 有了更好的判别能力，同时在加入了类别 c 之后，增强了生成器 G 图片的生成质量，相比于普通的生成式对抗网络，半监督生成式对抗网络的性能更好。

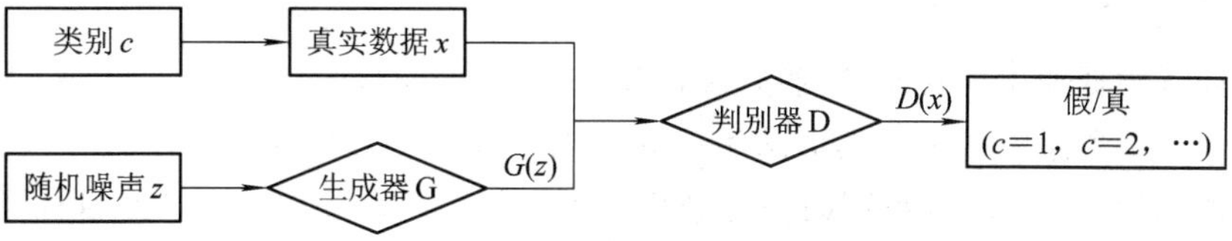

图 10-4 SGAN 的原理结构

3. InfoGAN

互信息生成对抗网络(Information Maximizing GAN，InfoGAN)，其基本原理结构如图 10-5 所示。它是在 GAN 的基础上引入了一个潜在代码 c，c 可以包含多个变量。在对抗网络生成器中为了避免网络没有监督，所以使用了 c，并在目标函数中加了一项 $I(c;G(z, c))$来表示互信息的程度。在 InfoGAN 中，可以通过调整 c 来改变生成图片的属性，例如调整数字的粗细和倾斜度。

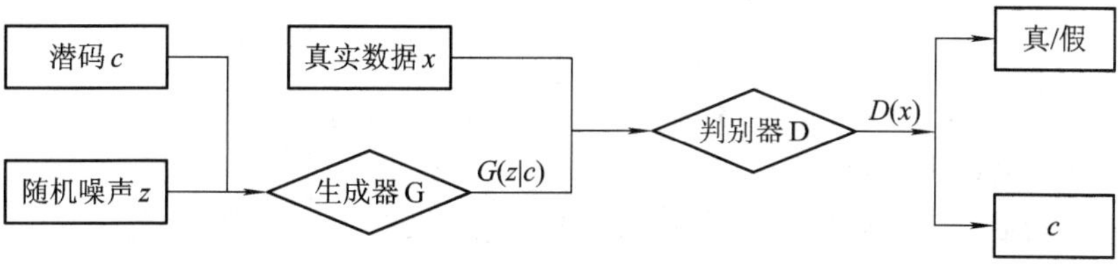

图 10-5 InfoGAN 的原理结构

InfoGAN 的目标函数为

$$\min_G \max_D V(D, G) = E_{x\sim p_{\text{data}}(x)}[\log D(x)] + E_{z\sim p_z(z)}[\log(1-D(G(c, z)))] - \lambda I(c;G(z, c)) \tag{10-12}$$

4. CGAN

条件生成式对抗网络(Conditional Gan，CGAN)是针对 GAN 本身不可控的缺点，加入了监督信息，指导 GAN 网络，并把最基本的 GAN 的性能进行了改进，基本结构如图 10-6 所示。生成器 G 和判别器 D 都添加了条件变量 c，其中 c 可以是类别信息，也可以是模态数据。将增添的信息 c 分别传送给生成器 G 和判别器 D，从而组成条件生成式对抗网络 CGAN。如果条件变量 c 是类别信息，那么就是把无监督的 GAN 模型改进成有监督的模型，即为条件生成式对抗网络，且 CGAN 的生成模型 G 中，新的输入是由 $p_z(z)$和 c 组成，但是 CGAN 的最终的目标函数与基础 GAN 相同都是极小极大值博弈。

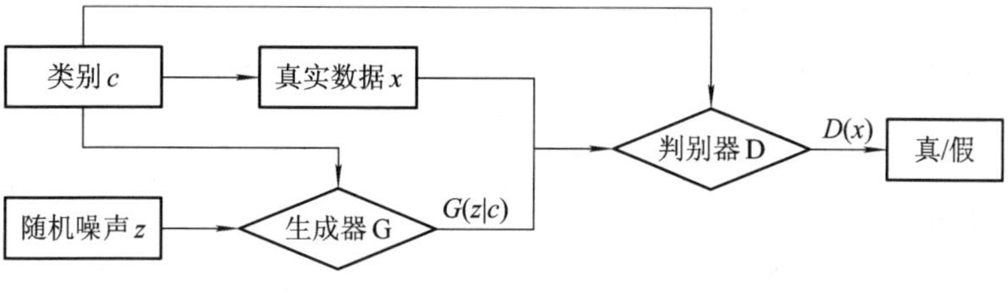

图 10-6 CGAN 的原理结构

CGAN 的目标函数为

$$\min_G \max_D V(D, G) = E_{x\sim p_{\text{data}}(x)}[\log D(x \mid c)] + E_{z\sim p_z(z)}[\log(1-D(G(z \mid c)))] \tag{10-13}$$

5. AC-GAN

有辅助分类器的生成式对抗网络(Auxiliary Classifier GAN, AC-GAN)，其基本原理结构如图 10-7 所示。相比于其他的生成式网络，其最大的特点在于，AC-GAN 判别器不仅能判别真假，还可以将判别的信息进行分类。在实际训练中，最终的目标函数不仅有真实的数据来源的概率，还有正确的分类标签概率。AC-GAN 可以将标注信息输入到生成器中，然后生成相应的图像标签，摒弃在判别器 D 中调节损失函数，让分类图片的正确率更高，这样会使得 AC-GAN 的判别和生成性能更好。

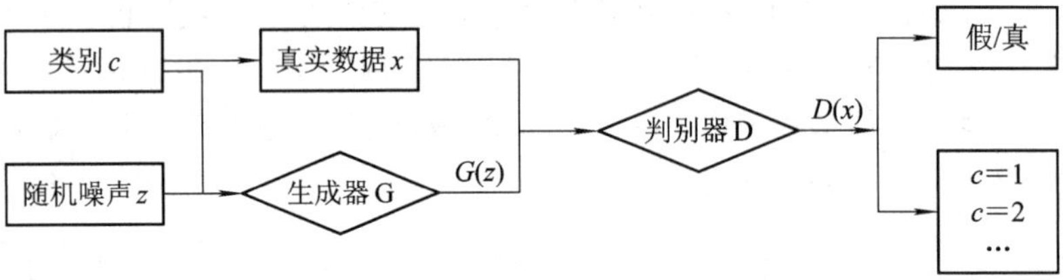

图 10-7　AC-GAN 的原理结构

AC-GAN 的损失函数为

$$L_S = E[\log P(S = real \mid x_{\text{real}})] + E[\log P(S = fake \mid x_{\text{fake}})] \tag{10-14}$$

$$L_C = E[\log P(C = c \mid x_{\text{real}})] + E[\log P(C = c \mid x_{\text{fake}})] \tag{10-15}$$

式中，判别器 D 的损失函数是最大化的 $L_S + L_C$，生成器 G 的损失函数是最大化的 $L_S - L_C$，S 是判别图片来源，C 是判别图片的类别标签。

除了上述的几种算法，目前还有 LSGAN、WGAN、EBGAN、BEGAN、VAE 等 GAN 的改进和优化算法。

10.5 应用案例

使用生成对抗网络(GAN)的生成器拟合如 $ax^2 + (a-1)$ 的函数图像。

常数 a 使用 np.random.uniform 函数随机生成 1～2 之间的一个数，主要程序如下：

```
import tensorflow as tf
import matplotlib.pyplot as plt
import numpy as np

tf.set_random_seed(1)
np.random.seed(1)

BATCH_SIZE = 64
LR_G = 0.0001
LR_D = 0.0001
N_IDEAS = 5
ART_COMPONENTS = 15
PAINT_POINTS = np.vstack([np.linspace(-2,2,ART_COMPONENTS)
                for _ in range(BATCH_SIZE)])          # shape = (64,15)
```

```
print(PAINT_POINTS)
plt.plot(PAINT_POINTS[0],2 * np.power(PAINT_POINTS[0],2)+1,'r--',
            lw =3,label='upper bound')
plt.plot(PAINT_POINTS[0],1 * np.power(PAINT_POINTS[0],2)+0,c='#74BCFF',
            lw=3,label='lower bound')
plt.legend(loc = 'upper right')
plt.show()
def artist_works():                                    #即真实的数据
    a = np.random.uniform(1,2,size=BATCH_SIZE)[:,np.newaxis]    #shape = (64,1)
    paintings = a * np.power(PAINT_POINTS,2)+(a-1)          #shape = (64,15)
    return paintings
with tf.variable_scope('Generator'):                          #使用生成器伪造假的数据
    G_in = tf.placeholder(tf.float32,[None,N_IDEAS])            #shape = (64,5)
    G_l1 = tf.layers.dense(G_in,128,tf.nn.relu)
    G_out = tf.layers.dense(G_l1,ART_COMPONENTS)
with tf.variable_scope('Discriminator'):
    real_art = tf.placeholder(tf.float32,[None,ART_COMPONENTS],name='real_in')
                                                       #使用鉴别器来鉴别真实数据
    D_l0 = tf.layers.dense(real_art,128,tf.nn.relu,name='l')        #并将它判别为 1
    prob_artist0 = tf.layers.dense(D_l0,1,tf.nn.sigmoid,name='out')
D_l1 = tf.layers.dense(G_out,128,tf.nn.relu,name='l',reuse=True)
                                                       #使用费鉴别器来判别伪造数据
    prob_artist1 = tf.layers.dense(D_l1,1,tf.nn.sigmoid,name='out',reuse=True)
                                                                #并将其判别为 0
D_loss = -tf.reduce_mean(tf.log(prob_artist0)+tf.log(1-prob_artist1)) #定义误差函数
G_loss = tf.reduce_mean(tf.log(1-prob_artist1))
train_D = tf.train.AdamOptimizer(LR_D).minimize(                     #定义优化函数
        D_loss,var_list=tf.get_collection(tf.GraphKeys.TRAINABLE_VARIABLES,
                scope='Discriminator'))
train_G = tf.train.AdamOptimizer(LR_G).minimize(
        G_loss,var_list=tf.get_collection(tf.GraphKeys.TRAINABLE_VARIABLES,
                scope='Generator'))
sess= tf.Session()                                            #初始化流图
sess.run(tf.global_variables_initializer())
plt.ion()
for step in range(5000):
    artist_paintings = artist_works()
    G_ideas = np.random.randn(BATCH_SIZE,N_IDEAS)
    G_paintings,pa0,Dl = sess.run([G_out,prob_artist0,D_loss,train_D,train_G],
                                 {G_in:G_ideas,real_art:artist_paintings})[:3]
If step%50==0:
        plt.cla()
        plt.plot(PAINT_POINTS[0],G_paintings[0],'g-',lw=3,
```

```
                    label='Generated painting')
            plt.plot(PAINT_POINTS[0],2 * np.power(PAINT_POINTS[0],2)+1,'r--',
                    lw=3,label='upper bound')
    plt.plot(PAINT_POINTS[0],1 * np.power(PAINT_POINTS[0],2)+0,
                    c='#74BCFF',lw=3,label='lower bound')
    plt.ylim((0,9));plt.legend(loc='upper right',fontsize=12);plt.draw();plt.pause(0.5)
    plt.ioff()
    plt.show()
```

最理想的生成的图像应位于 upper bound 和 lower bound 两条线之间，图 10-8 给出了生成图像的上下边界。

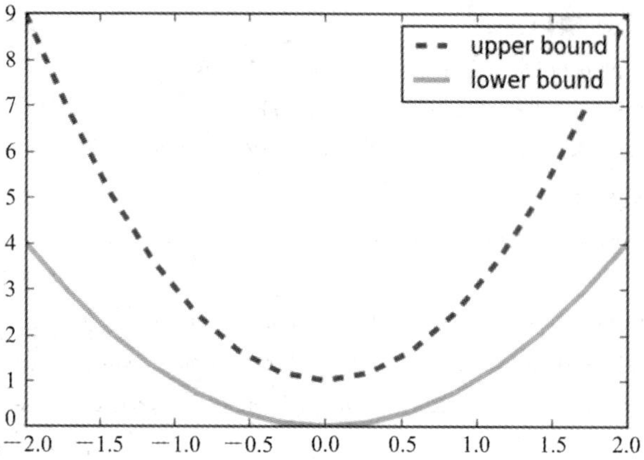

图 10-8　生成图像的上下边界

图 10-9 是最终的生成图，Generated painting 线为最终的生成图，可以发现生成图满足要求。

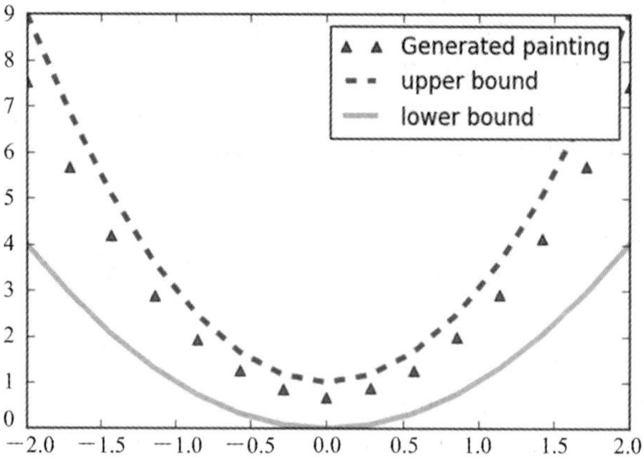

图 10-9　最终的生成图像

习 题

1. 简述生成式对抗网络的应用及特点。
2. 结合生成式对抗网络的结构，说明其工作原理。
3. 说明生成式对抗网络中生成器和判别器的作用。
4. 列举出几种改进的生成式对抗网络算法及其特点。
5. 结合所学内容及目前应用现状，说明生成式对抗网络的发展和应用前景有哪些？

参考文献

[1] LeCun Y, Bengio Y, Hinton G. Deep learning [J]. Nature, 2015, 521(7553): 436 - 444.

[2] Goodfellow Ian, Pouget - Abadie J, Mirza M, et al. Generative adversarial nets [J]. Advances in Neural Information Processing Systems. 2014, 2672 - 2680.

[3] Goodfellow I. NIPS 2016 Tutorial: Generative Adversarial Networks [J]. ArXiv Preprint ArXiv: 1701.00160, 2016.

[4] Radford A, Metz L, Chintala S. Unsupervised Representation Learning with Deep Convolutional Generative Adversarial Networks [J]. ArXiv Preprint ArXiv: 1511. 06434, 2015.

[5] Mirza M, Osindero S. Conditional Generative Adversarial Nets [J]. ArXiv Preprint ArXiv: 1411. 1784, 2014.

[6] Chen X, Duan Y, Houthooft R, et al. InfoGAN: Interpretable Representation Learning by Information Maximizing Generative Adversarial Nets [C]. Advances in Neural Information Processing Systems. 2016: 2172 - 2180.

[7] Odena A. Semi-Supervised Learning with Generative Adversarial Networks [J]. ArXiv Preprint ArXiv: 1606.01583, 2016.

[8] Larsen A B L, Sønderby S K, Winther O. Autoencoding beyond Pixels Using a Learned Similarity Metric [J]. ArXiv Preprint ArXiv: 1512.09300, 2015.

[9] Goodfellow I, Bengio Y, Courville A. Deep Learning[M]. Cambridge, MIT Press, 2016.

[10] Salimans T, Goodfellow I, Zaremba W, et al. Improved Techniques for Training GANs. ArXiv Preprint ArXiv: 1606.03498, 2016.

第 11 章 Elman 神经网络

11.1 概　　述

Jeffrey Locke Elman(1948—2018)是美国加州大学圣地亚哥分校(UCSD)的心理语言学家和认知科学教授。他专攻神经网络领域，为了解决语音处理问题，在 1990 年以 Jordan 网络为基础提出了简单的递归神经网络(SRNN)，也称为“Elman 网络”。该成果发表在他的研究论文《Finding Structure in Time》中，该网络能够处理有序的刺激，对语音处理问题具有很大的贡献，并得到了广泛的使用。

Elman 的工作对于理解语言是怎样获得，以及一旦获取语言，如何理解句子语义是非常重要的。自然语言中的句子由短语和层次结构组织的单词序列组成，Elman 神经网络为神经网络类相比于人类大脑是如何进行结构的学习和处理的，提供了一个重要的假设。

11.2 Elman 神经网络结构和原理

1. Elman 神经网络结构

Elman 神经网络包括输入层、隐含层、输出层和反馈连接，各层之间的连接权值可以进行学习修正。反馈连接由一组“结构”单元构成，用来记忆前一时刻的输出值，其连接权值是固定的。在这种网络中，除了普通的隐含层外，还有一个特别的隐含层，称为反馈层，该层从隐含层接收反馈信号，每一个隐含层节点都有一个与之对应的反馈层节点连接。反馈层的作用是用来记忆隐含层单元前一时刻的输出值并返回给输入，因此，Elman 神经网络具有动态记忆功能。通常该网络中反馈层的传递函数为非线性函数，一般为对数 S 型函数，输出层的传递函数为线性函数。典型的 Elman 神经网络结构如图 11-1 所示。

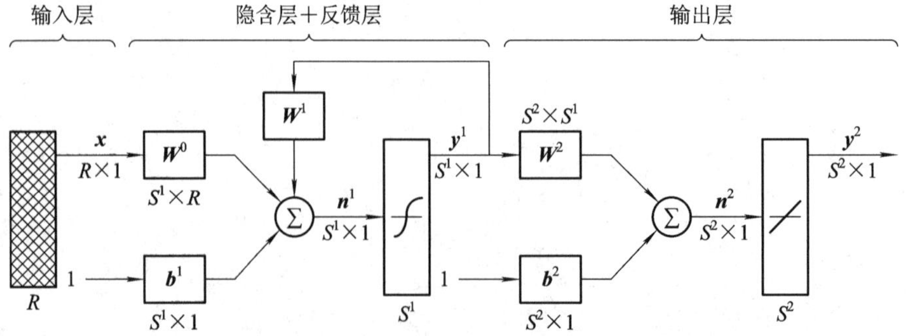

图 11-1　Elman 神经网络结构图

在图 11－1 中，网络中隐含层的神经元采用的是正切 S 型传递函数，而输出层采用线性传递函数。在反馈层中包含足够多的神经元的情况下，这种传递函数的组合可以使 Elman 神经网络在有限的时间内以任意精度逼近任意函数。

2. Elman 神经网络原理

Elman 神经网络是一种动态递归网络，其分为全反馈和部分反馈两种网络形式。全反馈具有任意的前馈和反馈连接，且所有连接权值都可以进行修正。而在部分递归网络中，前馈连接权值可以修正，反馈连接由一组反馈单元构成，连接权值不可以修正。反馈层记忆隐含层的过去状态，且在下一时刻连同网络输入一起作为隐含层单元的输入，从而使部分递归网络具有动态记忆能力。由于 Elman 网络具有反馈层，故该网络具有动态特性和递归作用。图 11－2 为 Elman 神经网络的模型图。

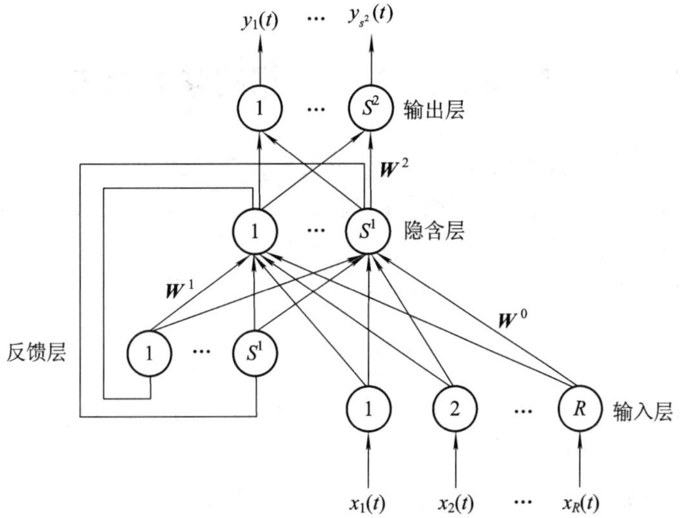

图 11－2　Elman 神经网络模型图

图 11－2 中，$\boldsymbol{W}^0$、$\boldsymbol{W}^1$、$\boldsymbol{W}^2$ 分别表示隐含层、反馈层和输出层的权值矩阵，该网络中有 R 个输入，隐含层和反馈层有 S^1 个神经元，输出层有 S^2 个神经元，则可得到 Elman 网络的各层输入/输出关系。

输入层的输入/输出关系式为

$$x_i^0(t)=x_i(t)\quad (i=1,2,\cdots,R) \tag{11-1}$$

隐含层的输入/输出关系式为

$$\begin{cases} n_i^1(t)=\sum_{j=1}^{R} w_{ij}^0 x_j^0(t)+\sum_{j=1}^{S^1} y_j^c(t) \\ y_i^1(t)=f^1(n_i^1(t)) \end{cases}\quad (i=1,2,\cdots,S^1) \tag{11-2}$$

反馈层的输入/输出关系式为

$$\begin{cases} n_i^c(t)=y_i^1(t-1) \\ y_i^c(t)=w_{ij}^1 n_i^c(t) \end{cases}\quad (i=1,2,\cdots,S^1) \tag{11-3}$$

输出层的输入/输出关系式为

$$\begin{cases} n_i^2(t) = \sum_{j=1}^{S^1} w_{ij}^2 y_j^1(t) \\ y_i(t) = f^2(n_i^2(t)) \end{cases} \quad (i = 1, 2, \cdots, S^2) \tag{11-4}$$

式中，$x_i^0(t)$为 Elman 神经网络第 i 个节点的输入；$n_i^1(t)$、$y_i^1(t)$分别表示隐含层第 i 个节点的净输入和输出；$n_i^c(t)$、$y_i^c(t)$分别表示反馈层第 i 个节点的净输入和输出；$n_i^2(t)$、$y_i(t)$分别表示输出层第 i 个节点的净输入和输出；$f^1(\cdot)$、$f^2(\cdot)$分别表示隐含层和输出层的传递函数；w_{ij}^0、w_{ij}^1、w_{ij}^2分别表示隐含层、反馈层和输出层的权值。

Elman 神经网络的特点是隐含层的输出通过反馈层的延迟和储存，反馈连接到隐含层的输入，具有信息储存的作用。这种自联方式使其对历史状态数据具有敏感性，内部的反馈网络增加了网络本身处理动态信息的能力，所以它既可以学习时域模式，也可以学习空域模式。

11.3 Elman 神经网络的学习算法

Elman 神经网络的学习算法一般采用动态反向传播算法学习，是因为该网络的输出不仅与 t 时刻的输入有关，还与 t 时刻以前的输入信号有关。不同于 BP 网络的算法推导，递归网络一般采用有序链式法则的算法。

定义 t 时刻网络权值调整的误差函数为

$$E(t) = \frac{1}{2}\sum_{i=1}^{S^2}[t_i(t) - y_i(t)]^2 \tag{11-5}$$

式中，$t_i(t)$为 t 时刻第 i 个输出节点的期望输出，$y_i(t)$为 t 时刻第 i 个输出节点的实际输出。

令 $e_i(t)$ 为 t 时刻第 i 个输出节点的期望输出与实际输出的误差，即

$$e_i(t) = t_i(t) - y_i(t) \tag{11-6}$$

则网络的权值变化为

$$w(t+1) = w(t) + \eta\left[-\frac{\partial E(t)}{\partial w}\right] + \alpha\Delta w(t) \tag{11-7}$$

式中，α 为动量因子，η 为学习率，w 代表输入层、隐含层或输出层的权值。

采用有序链式法则，则对于隐含层到输出层的权值有

$$\begin{aligned} -\frac{\partial E(t)}{\partial w_{ij}^2} &= -\frac{\partial E(t)}{\partial y_i(t)} \cdot \frac{\partial y_i(t)}{\partial w_{ij}^2} = -\frac{\partial E(t)}{\partial y_i(t)} \cdot \frac{\partial y_i(t)}{\partial n_i^2(t)} \cdot \frac{\partial n_i^2(t)}{\partial w_{ij}^2} \\ &= e_i(t) \cdot (f^2)'(n_i^2(t)) \cdot y_j^1(t) \end{aligned} \tag{11-8}$$

同理，对于输入层到隐含层的权值有

$$\begin{aligned} -\frac{\partial E(t)}{\partial w_{ij}^0} &= -\sum_{l=1}^{S^2} \frac{\partial E(t)}{\partial y_l(t)} \cdot \frac{\partial y_l(t)}{\partial w_{ij}^0} \\ &= -\sum_{l=1}^{S^2} \frac{\partial E(t)}{\partial y_l(t)} \cdot \frac{\partial y_l(t)}{\partial n_l^2(t)} \cdot \frac{\partial n_l^2(t)}{y_i^1(t)} \cdot \frac{y_i^1(t)}{\partial w_{ij}^0} \\ &= \sum_{l=1}^{S^2} e_l(t) \cdot (f^2)'[n_l^2(t)] \cdot w_{li}^2(t) \cdot \frac{y_i^1(t)}{\partial w_{ij}^0} \end{aligned} \tag{11-9}$$

若令 $\beta_{ij}^{j}(t)=\dfrac{\partial y_i^1(t)}{\partial w_{ij}^0}$，则有

$$\begin{aligned}\beta_{ij}^{j}(t) &= \frac{\partial y_i^1(t)}{\partial w_{ij}^0} = \frac{\partial y_i^1(t)}{\partial n_i^1(t)} \cdot \frac{\partial n_i^1(t)}{\partial w_{ij}^0} \\ &= (f^1)'[n_i^1(t)] \cdot \left[x_i^0(t) + \sum_{j=1}^{S^1} w_{ij}^1 \cdot \frac{\partial y_j^c(t)}{\partial w_{ij}^0}\right] \\ &= (f^1)'[n_i^1(t)] \cdot \left[x_i^0(t) + \sum_{j=1}^{S^1} w_{ij}^1 \cdot \frac{\partial y_j^1(t-1)}{\partial w_{ij}^0}\right] \\ &= (f^1)'[n_i^1(t)] \cdot \left[x_i^0(t) + \sum_{j=1}^{S^1} w_{ij}^1 \cdot \beta_{ij}^{j}(t-1)\right] \end{aligned} \tag{11-10}$$

此时，

$$\begin{cases} -\dfrac{\partial E(t)}{\partial w_{ij}^0} = \displaystyle\sum_{l=1}^{S^2} e_l(t) \cdot (f^2)'[n_l^2(t)] \cdot w_{li}^2(t) \cdot \beta_{ij}^{i}(t) \\ \beta_{ij}^{i}(t) = (f^1)'[n_i^1(t)] \cdot \left[x_i^0(t) + \displaystyle\sum_{j=1}^{S^1} w_{ij}^1 \cdot \beta_{ij}^{j}(t-1)\right] \end{cases} \tag{11-11}$$

式中，$\beta_{ij}^{j}(0)=0$。

同理，对反馈层的权值有

$$\begin{cases} -\dfrac{\partial E(t)}{\partial w_{ij}^1} = \displaystyle\sum_{l=1}^{S^2} e_l(t) \cdot (f^2)'[n_l^2(t)] \cdot w_{li}^2(t) \cdot \delta_{ij}^{i}(t) \\ \delta_{ij}^{i}(t) = (f^1)'[n_i^1(t)] \cdot \left[y_j^1(t-1) + \displaystyle\sum_{j=1}^{S^1} w_{ij}^1 \cdot \delta_{ij}^{j}(t-1)\right] \end{cases} \tag{11-12}$$

式中，$\delta_{ij}^{j}(0)=0$。

在 MATLAB 中建立 Elman 神经网络后，根据 Nguyen-Widrow 算法初始每一层的权值和偏置值，初始化函数为 initnw。

采用函数 train 函数进行网络训练的时候，具体步骤为：

(1) Elman 神经网络的输入端接收所有的输入向量，然后计算输出结果，并与目标向量进行比较，从而产生一系列的误差向量。

(2) 在每一次的迭代过程中，根据反向传播的误差来确定每一个权值和偏置值的误差梯度近似值。

(3) 反向传播训练函数利用该梯度对权值和偏置值进行更新，直到网络输出达到期望输出。

11.4 Elman 神经网络稳定性分析

网络信号的延时递归是递归神经网络的主要特点。正是由于这种特性，Elman 神经网络在动态建模方面有独特的优势。Elman 神经网络系统的动态特性主要表现在网络在 t 时刻的输出状态不仅与 t 时刻的输入状态有关，而且还与 t 时刻以前的递归信号有关。由于网络自身的特殊性，递归神经网络在算法上具有复杂性和多样性的特点。另一方面，由于

网络中存在着递归信号，网络的状态随时间的变化而不断地变化，从而使网络输出状态的运动轨迹必然存在稳定性的问题，因此，不同于前向网络的应用，对于递归网络的设计与应用，必须对其进行网络稳定性的分析，只有这样才能保证 Elman 神经网络的正常使用。

下面采用李雅普诺夫(Lyapunov)稳定性理论来分析 Elman 神经网络的稳定性。采用全局误差函数的定义式(11－6)作为李氏函数，将式(11－6)代入式(11－5)可得到

$$E(t)=\frac{1}{2}\sum_{i=1}^{S^2}e_i^2(t) \tag{11-13}$$

要保证 Elman 神经网络系统的稳定性，则必须满足

$$\Delta E(t+1)=E(t+1)-E(t)<0 \tag{11-14}$$

即

$$\frac{1}{2}\sum_{i=1}^{S^2}(e_i^2(t+1)-e_i^2(t))<0 \tag{11-15}$$

当网络的权值发生较小的变化时，对 $e_i(t+1)$进行泰勒(Tayor)展开为

$$e_i(t+1)=e_i(t)+\frac{\partial e_i(t)}{\partial w}\Delta w+\cdots\approx e_i(t)+\frac{\partial e_i(t)}{\partial w}\Delta w \tag{11-16}$$

将式(11－16)代入式(11－15)得到

$$\begin{aligned}\Delta E(t+1)&=\frac{1}{2}\sum_{i=1}^{S^2}\left(e_i^2(t)+2\frac{\partial e_i(t)}{\partial w}\Delta w e_i(t)+\left(\frac{\partial e_i(t)}{\partial w}\Delta w\right)^2-e_i^2(t)\right)\\&=\frac{1}{2}\sum_{i=1}^{S^2}\frac{\partial e_i(t)}{\partial w}\Delta w\left(2e_i(t)+\frac{\partial e_i(t)}{\partial w}\Delta w\right)\end{aligned} \tag{11-17}$$

在权值变化较小的情况下，式(11－17)可近似为

$$\Delta w\approx\eta\left(-\frac{\partial E(t)}{\partial w}\right)=-\eta\sum_{j=1}^{S^2}\frac{\partial E(t)}{\partial e_j(t)}\frac{\partial e_j(t)}{\partial w}=-\eta\sum_{j=1}^{S^2}e_j(t)\frac{\partial e_j(t)}{\partial w} \tag{11-18}$$

再将式(11－18)代入式(11－17)可得

$$\begin{aligned}\Delta E(t+1)&=-\frac{1}{2}\sum_{i=1}^{S^2}\frac{\partial e_i(t)}{\partial w}\Delta w\left(2e_i(t)+\frac{\partial e_i(t)}{\partial w}\left(-\eta\sum_{j=1}^{S^2}e_j(t)\frac{\partial e_j(t)}{\partial w}\right)\right)\\&=-\frac{1}{2}\eta\left(\eta\sum_{i=1}^{S^2}\sum_{j=1}^{S^2}\left(e_j(t)\frac{\partial e_i(t)}{\partial w}\frac{\partial e_j(t)}{\partial w}\right)^2-2\sum_{i=1}^{S^2}\sum_{j=1}^{S^2}e_i(t)e_j(t)\frac{\partial e_i(t)}{\partial w}\frac{\partial e_j(t)}{\partial w}\right)\end{aligned} \tag{11-19}$$

同时，可由式(11－15)得

$$0<\eta<\frac{2\sum_{i=1}^{S^2}\sum_{j=1}^{S^2}e_i(t)e_j(t)\frac{\partial e_i(t)}{\partial w}\frac{\partial e_j(t)}{\partial w}}{\sum_{i=1}^{S^2}\sum_{j=1}^{S^2}\left[e_i(t)\frac{\partial e_i(t)}{\partial w}\frac{\partial e_j(t)}{\partial w}\right]^2} \tag{11-20}$$

令

$$h_{\max}=\max\left\|\frac{\sum_{i=1}^{S^2}\sum_{j=1}^{S^2}\left[e_i(t)\frac{\partial e_i(t)}{\partial w}\frac{\partial e_j(t)}{\partial w}\right]^2}{\sum_{i=1}^{S^2}\sum_{j=1}^{S^2}e_i(t)e_j(t)\frac{\partial e_i(t)}{\partial w}\frac{\partial e_j(t)}{\partial w}}\right\| \tag{11-21}$$

则学习率的取值范围为

$$0 < \eta < \frac{2}{h_{max}} \tag{11-22}$$

学习率在神经网络中一般用来控制网络的学习速度，但在此处又与网络的稳定性有关。如果网络的学习率满足式(11－22)的取值范围，则可以保证 Elman 神经网络的稳定性，否则将导致系统不能正常工作。在网络训练的过程中，通常选取 $\eta=\frac{1}{h_{max}}$ 为最佳学习率。

11.5 应用案例

★ 案例一

表 11－1 为某学校连续九天上午 10 点到 12 点的用水量数据，数据已经做了归一化处理。现在构建一个 Elman 神经网络，利用前八天的数据作为网络的训练数据，每三天的用水量数据作为输入向量，第四天的用水量数据作为目标向量，将新得到的五组数据作为训练样本。将第九天的用水量数据作为该网络的测试样本，验证 Elman 神经网络是否能有效预测出当前的用水量数据。

表 11－1　用水量数据表

日　期	10 点用水量	11 点用水量	12 点用水量
第一天	0.4366	0.6673	0.6793
第二天	0.4823	0.5939	0.7112
第三天	0.5201	0.6387	0.8341
第四天	0.4872	0.6583	0.8331
第五天	0.4656	0.5978	0.7786
第六天	0.4693	0.5387	0.8114
第七天	0.4572	0.6112	0.8416
第八天	0.5248	0.6539	0.8639
第九天	0.4983	0.5972	0.7895

解　(1) 创建、训练、储存神经网络。

```
clear all;          %清除所有内存变量
a=[0.4366  0.6673  0.6793;0.4823  0.5939  0.7112;…
   0.5201  0.6387  0.8341;0.4872  0.6583  0.8331;…
   0.4656  0.5978  0.7786;0.4693  0.5387  0.8114;…
```

```
    0.4572  0.6112  0.8416;0.5248  0.6539  0.8639;…
    0.4983  0.5972  0.7895];
for i=1:6
  p(i, :)=[a(i, :), a(i+1, :), a(i+2, :)];          %根据预测方法得到输入向量
end
p_train=p(1:5, :);                                 %输入训练数据
t_train=a(4:8, :);                                 %输出训练数据
p_test=p(6, :);                                    %输入测试数据
t_test=a(9, :);                                    %输出测试数据
%为适应网络结构做转置
p_train=p_train';
t_train= t_train';
p_test=p_test';
%输入向量的取值范围是[0, 1], 用 threshold 来标记
threshold=[0 1;0 1;0 1;0 1;0 1;0 1;0 1;0 1;0 1];
%建立一个 Elman 神经网络,隐含层神经元的个数为 13 个
%输出层神经元为 3 个,隐含层传递函数为 tansig,输出层的传递函数为 purelin
net=newelm(threshold, [13, 3], {'tansig', 'purelin'});
%设置网络训练参数
net.trainparam.epochs=10000;                       %设置训练次数最大为 10 000 次
net.trainparam.show=10;                            %每间隔 10 步显示一次训练结果
net=init(net);                                     %初始化网络
net=train(net, p_train, t_train);                  %Elman 神经网络训练
save net11_1 net                                   %储存训练后的网络
```

(2) 网络仿真。

```
load net11_1 net                                   %加载训练后的网络
y=sim(net, p_test);                                %预测数据
error=y'-t_test;                                   %计算误差
MSE=mse(error)                                     %计算均方误差
plot(1:1:3, error, '-ro');                         %作图观察网络预测效果
title('Elman 神经网络预测误差图');
set(gca, 'Xtick', [1:3]);
xlabel('时间点');ylabel('误差');                   %横、纵坐标标题
```

(3) 结果输出。

均方误差结果为

```
MSE =
    2.1523e-04
```

运行程序,网络训练过程和训练误差曲线如图 11-3 和图 11-4 所示。

由图 11-4 可看出,网络的预测误差较小,预测效果良好,有兴趣的读者可以试着改变网络隐含层神经元的个数,使网络的预测性能达到最好。

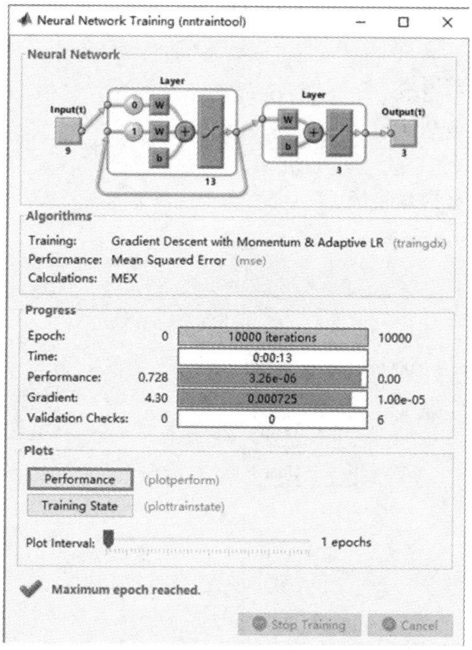

图 11-3　网络训练过程

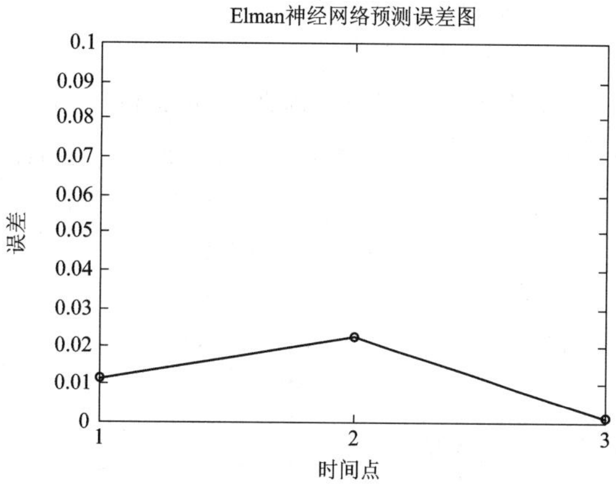

图 11-4　预测误差曲线图

★ 案例二

Elman 神经网络可以用来识别空间和时间信号，振幅检测就是应用 Elman 神经网络对时域信号进行检测和分类的典型例子。振幅检测需要在神经网络输入端输入一个具有特定振幅的波形，然后由网络检测并提取波形的振幅特征后输出。设计一个 Elman 神经网络，完成对输入的振幅变化的时变信号进行振幅检测与模式分类。

解　(1) 创建、训练、储存神经网络。

```
clear all;
p1=sin(1:25);                    %定义两个正弦信号，一个振幅为 1，另一个为 2
p2=sin(1:25)*2;
t1=ones(1, 25);                  %ones 函数产生单位阶跃信号
t2=ones(1, 25)*2;
%将输入、输出信号分别合成一个序列，并重复一次，将新的序列作为网络的训练样本
p=[p1 p2 p1 p2];
t=[t1 t2 t1 t2];
Pseq=con2seq(p);                 %将输入、输出由矩阵形式转化成序列形式
Tseq=con2seq(t);
%创建网络，输入、输出范围为[-2, 2]，反馈层中有 10 个神经元，
%可变学习速率的训练函数为 traingdx,
%隐含层和输出层的传递函数分别为 tansig 和 purelin
net=newelm([-2 2], [10 1], {'tansig', 'purelin'}, 'traingdx');
net.trainParam.epochs=1000;  %设置训练次数最大为 1000 次
net.trainParam.goal=0.01;    %设置期望目标误差为 0.01
net=train(net, Pseq, Tseq);  %Elman 神经网络训练
```

```
save net11_2 net                %储存训练后的网络
```

（2）网络仿真。

```
load net11_2 net                %加载训练后的网络
y=sim(net, Pseq);               %对输入向量仿真计算
time=1:length(p);
plot(time, t, '--', time, cat(2, y{:}))    %cat 向量连接
title('测试振幅检测')
```

（3）结果输出。

运行程序，误差性能曲线如图 11-5 所示。

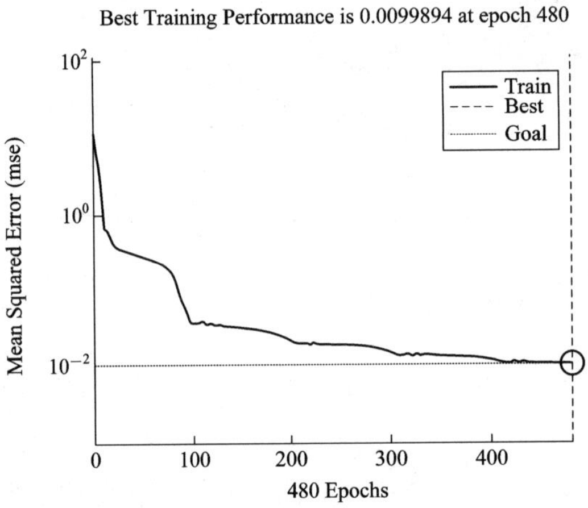

图 11-5　误差性能曲线图

网络训练过程和训练误差曲线如图 11-6 和图 11-7 所示。

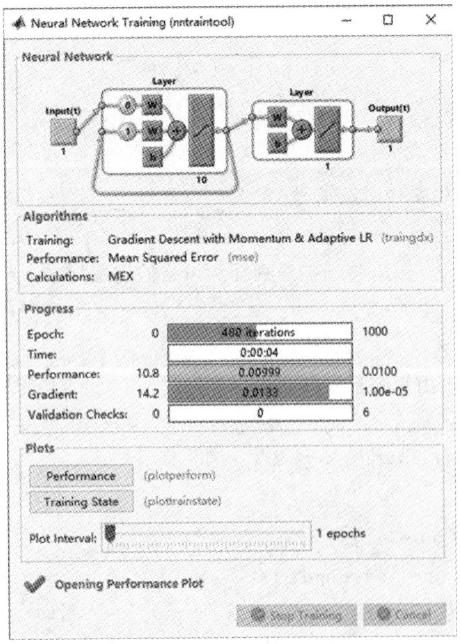

图 11-6　网络训练过程

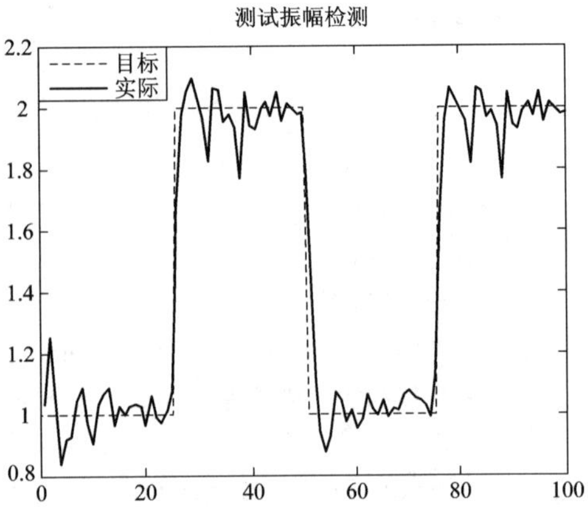

图 11-7　训练误差曲线

图 11-7 中，虚线代表期望输出，实线代表实际输出。可以看出，Elman 神经网络对输入信号振幅的检测效果是比较好的，如果增加反馈层中神经元的个数，则 Elman 神经网络的性能会进一步地提高。

习　题

1. Elman 神经网络中反馈层的主要作用是什么？
2. Elman 神经网络与 BP 神经网络有什么异同？
3. 简述 Elman 神经网络的训练步骤。
4. 为什么 Elman 神经网络需要进行稳定性分析？
5. 设计一个 Elman 神经网络，实现对给出数据的预测。其中，输入数据为

P=[3.6　3.1　3.3　3.3　3.2；9.8　10.3　9　10.2　10.1；3.45　3.55　3.51　3.4　3.55；2.3　2.25　2.1　2.15　2.14；140　130　90　120　110]

输出数据为

T=[2.35　2.63　2.11　2.52　2.32]

测试输入数据为

TestInput=[3.6　3.3　3.9　3.6　3.6；9.8　10.1　9.9　9.5　9.6；3.8　3.3　3.45　3.76；3.28　2.15　2.36　2.16　2.22　2.15；115　95　80　120　110]

测试输出数据为

TestOutput=[2.32　2.28　2.52　2.25　2.15]

参 考 文 献

[1] 周品. MATLAB 神经网络设计与应用[M]. 北京：清华大学出版社，2013.
[2] 周开利，康耀红. 神经网络模型及其 MATLAB 仿真程序设计[M]. 北京：清华大学出版社，2005.
[3] 丛爽. 面向 MATLAB 工具箱的神经网络理论与应用[M]. 3 版. 合肥：中国科学技术大学出版社，2009.
[4] 张吉礼. 模糊—神经网络控制原理与工程应用[M]. 哈尔滨：哈尔滨工业大学出版社，2004.
[5] 张德峰. MATLAB 神经网络应用设计[M]. 2 版. 北京：机械工业出版社，2011.

第 12 章　AdaBoost 神经网络

12.1 概　　述

Boosting 算法的思想来源于概率近似正确(Probably Approximately Correct，PAC)学习模型，20 世纪 80 年代先后由美国科学家 Kearns 和英国科学家 Valiant 提出，并且 Valiant 凭借该理论获得了 2010 年的图灵奖。

Boosting 算法是一类算法的统称，它们的共同点就是利用一组弱分类器来构造一个强分类器。弱分类器主要是指预测准确性不高、远远低于理想分类效果的分类器。强分类器主要是指预测准确性较高的分类器。Boosting 方法可以在直接构造强分类器非常困难的情况下，为学习算法的设计提供一种新思路。在众多的改进型算法中，应用最成功的是加州大学圣迭戈分校 Yoav Freund 和普林斯顿大学 Robert Schapire 在 1996 年提出的 AdaBoost(Adaptive Boosting)算法。

AdaBoost 算法是一种迭代算法，其核心的思想是利用同一个训练集来训练不同的弱分类器，然后将这些不同的弱分类器组合起来，构成一个更加强大的分类器。该算法的主要思想是通过变更数据的分布来实现的，它依据上一次总体分类的准确率和训练中每个样本的分类是否正确来确定每个样本的权值，然后将最新修改过的权值数据集传递给下层的分类器进行训练，最后将每次训练得到的分类器组合起来，作为最终的强分类器。使用 AdaBoost 算法可以将无关因素对数据的影响降至最低，并加强对关键数据的训练。

作为一种成功的算法，AdaBoost 将 Boosting 算法从最初的猜想变成了一种真正具有使用价值的算法；其次，它打破了原有样本的分布，为其他统计学习算法的设计提供了一些新思路；最后，AdaBoost 算法的研究极大地促进了 Boosting 算法的发展。

12.2 AdaBoost 网络结构和算法

1. AdaBoost 网络结构及工作原理

AdaBoost 算法的网络结构示意图如图 12-1 所示。其中，最左边矩形表示有 R 个样本的训练数据集，左边第二列直方图表示的是权值向量 $\boldsymbol{w}$，图中不同的长度表示的是每个样本的不同权值。通过一个弱分类器进行分类之后，计算出新的权值 $\boldsymbol{w}$ 和弱分类器的权重系数 α，权重 α 代表该分类器在最终组成的强分类器中所占的比重，最后通过求和运算将所有的弱分类器组成最终的理想强分类器。

AdaBoost 算法的具体的工作原理如下：

(1) 训练数据中的每一个样本都被赋予一个初始权重，这些权重值构成了向量 $\boldsymbol{w}$。当

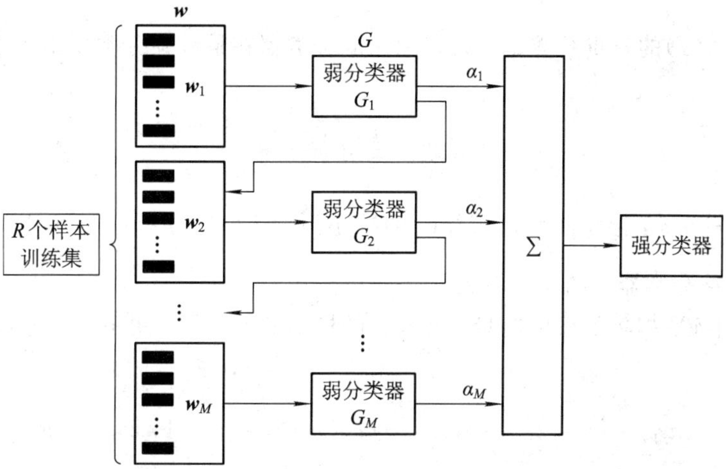

图 12－1　AdaBoost 算法的网络结构示意图

然，这些权重可以初始化成相等的值。

（2）在训练数据上训练出来一个弱分类器，并计算该弱分类器的错误率，然后在同一个数据集上再次训练出另一个弱分类器。在第二次弱分类器的训练中，将会重新计算每个样本的权重，在更新后的权重向量中，第一次分类中分类正确的样本权值会降低，而在第一次分类中分类错误的样本的权值会提高。为了从所有的弱分类器中得到理想的分类结果，AdaBoost 算法为每一次迭代计算出的分类器分配了一个权重值 α，这些 α 值的计算是依据每个弱分类器的错误率来进行的。

以此类推，反复进行迭代计算，直到达到理想的分类效果。

2. AdaBoost 算法

下面以二类分类问题为例对 AdaBoost 算法进行说明。

（1）假设给定一个二类分类的训练数据集

$$\boldsymbol{T} = \{(x_1, y_1), (x_2, y_2), \cdots, (x_R, y_R)\} \tag{12-1}$$

式中，每个样本点由实例与标记组成。实例 $x_i \in \chi \subseteq \mathbf{R}^n$，标记 $y_i \in \kappa = \{-1, +1\}$，$\chi$ 是实例空间，κ 是标记空间。

（2）初始化训练数据的权值分布。每一个训练样本最开始时都被赋予相同的权值 $w = \dfrac{1}{R}$，这样训练数据的初始权值向量 $\boldsymbol{w}_1$ 为

$$\boldsymbol{w}_1 = (w_{11}, w_{12}, \cdots w_{1i} \cdots, w_{1R}) = \left(\frac{1}{R}, \cdots, \frac{1}{R}\right), \quad i = 1, 2, \cdots, R \tag{12-2}$$

（3）进行多轮迭代，$m=1, \cdots, M$ 表示迭代第多少轮。

① 使用具有权值向量 $\boldsymbol{w}_m$ 的训练数据学习，得到弱分类器为

$$G_m(x): \chi \rightarrow \{-1, 1\} \tag{12-3}$$

② 计算 $G_m(x)$ 在训练数据集上的分类误差率为

$$e_m = P(G_m(x_i) \neq y_i) = \sum_{i=1}^{R} w_{mi} I(G_m(x_i) \neq y_i) \tag{12-4}$$

由式(12－4)可知，$G_m(x)$ 在训练数据上的误差率 e_m 就是被 $G_m(x)$ 误分类样本的权值

之和。

③ 计算 $G_m(x)$ 的权重系数 α_m，α_m 表示该弱分类器在最终强分类器中的重要程度，计算公式为

$$\alpha_m = \frac{1}{2}\lg\frac{1-e_m}{e_m} \tag{12-5}$$

式中，当 $e_m \leqslant \frac{1}{2}$ 时，$\alpha_m \geqslant 0$，且 α_m 随着 e_m 的减小而增大，这意味着分类误差率越小的弱分类误差器在最终分类器中的作用越大。

④ 更新训练数据集的权值向量，得到新的样本权值向量，用于下一轮迭代。

$$\boldsymbol{w}_{m+1} = (w_{(m+1)(1)}, w_{(m+1)(2)}, \cdots, w_{(m+1)(R)}) \tag{12-6}$$

$$w_{(m+1)(i)} = \frac{w_{mi}}{Z_m}\exp(-\alpha_m y_i G_m(x_i)), \quad i = 1, 2, \cdots, R \tag{12-7}$$

通过式(12-6)和式(12-7)可知，被弱分类器 $G_m(x)$ 误分类的样本权值增大，而被正确分类的样本权值减小。通过这样的方式，使得 AdaBoost 算法能够聚焦于那些较难分的样本上。

式(12-7)中，Z_m 是规范化因子，使得 $\boldsymbol{w}_{m+1}$ 成为一个概率分布，即有

$$Z_m = \sum_{i=1}^{R} w_{mi}\exp[-\alpha_m y_i G_m(x_i)] = 2\sqrt{e_m(1-e_m)} \tag{12-8}$$

权重的更新依赖于 α，而 α 的计算又依赖于误差率 e，所以可以将权重更新公式用 e 来表示。由式(12-7)的权值更新公式可以写出权值向量为

$$\boldsymbol{w}_{m+1} = \frac{w_{mi}}{Z_m}\exp(-\alpha_m y_i G_m(x_i)) \tag{12-9}$$

当训练数据中样本分类正确时，有

$$y_i G_m(x_i) = 1 \tag{12-10}$$

$$w_{(m+1)(i)} = \frac{w_{mi}}{Z_m}\exp(-\alpha_m y_i G_m(x_i)) = \frac{w_{mi}}{2(1-e_m)} \tag{12-11}$$

$$\boldsymbol{w}_{m+1}(i) = \frac{\boldsymbol{w}_m(i)}{2(1-e_m)} \tag{12-12}$$

当样本训练数据分类错误时，有

$$y_i G_m(x_i) = -1 \tag{12-13}$$

$$w_{(m+1)(i)} = \frac{w_{mi}}{Z_m}\exp(-\alpha_m y_i G_m(x_i)) = \frac{w_{mi}}{2e_m} \tag{12-14}$$

$$\boldsymbol{w}_{m+1}(i) = \frac{\boldsymbol{w}_m(i)}{2e_m} \tag{12-15}$$

(4) 组合各个弱分类器，有

$$f(x) = \sum_{m=1}^{M}\alpha_m G_m(x) \tag{12-16}$$

由式(12-16)可得到最终分类器为

$$G(x) = \mathrm{sgn}(f(x)) = \mathrm{sgn}\left(\sum_{m=1}^{M}\alpha_m G_m(x)\right) \tag{12-17}$$

12.3　AdaBoost 算法中的影响因素

12.3.1　AdaBoost 算法的训练误差分析

AdaBoost 最基本的性质就是其在学习过程中不断减小训练误差，即在训练数据集上的分类误差率，直到各个弱分类器组合成最终理想的分类器。下面介绍最终分类器的训练误差界的求解过程。

(1) AdaBoost 最终分类器的训练误差界为

$$\frac{1}{R}\sum_{i=1}^{R} I[G(x_i) \neq y_i] \leqslant \frac{1}{R}\sum_{i}^{R}\exp[-y_i f(x_i)] = \prod_{m} Z_m \tag{12-18}$$

式中，$G(x)$、$f(x)$和 Z_m分别由式(12－17)、式(12－16)、式(12－8)给出。

证明　① 首先证明式(12－18)的前半部分。

当 $G(x_i) \neq y_i$ 时，$y_i f(x_i) < 0$，因此 $\exp[-y_i f(x_i)] \geqslant 1$，因此式子的前半部分得证。

② 再证后半部分。通过 Z_m的定义式(12－8)和式(12－7)的变形形式进行推导，有

$$Z_m w_{(m+1)(i)} = w_{mi}\exp[-\alpha_m y_i G_m(x_i)] \tag{12-19}$$

整个推导过程如下：

$$\begin{aligned}
\frac{1}{R}\sum_{i}^{R}\exp(-y_i f(x_i)) &= \frac{1}{R}\sum_{i}^{R}\exp\left[-\sum_{m=1}^{M}\alpha_m y_i G_m(x_i)\right] \\
&= \sum_{i}^{R} w_{1i}\prod_{m=1}^{M}\exp[-\alpha_m y_i G_m(x_i)] \\
&= Z_1\sum_{i}^{R} w_{2i}\prod_{m=2}^{M}\exp[-\alpha_m y_i G_m(x_i)] \\
&\vdots \\
&= Z_1 Z_2 \cdots Z_{M-1}\sum_{i}^{R} w_{Mi}\exp[-\alpha_M y_i G_M(x_i)] \\
&= \prod_{m=1}^{M} Z_m
\end{aligned}$$

式(12－18)说明，可以在每一轮选取适当的 G_m使得 Z_m最小，从而使训练误差下降得最快。

(2) 对于二分类问题 AdaBoost 的训练误差界，有

$$\begin{aligned}
\prod_{m=1}^{M} Z_m &= \prod_{m=1}^{M}[2\sqrt{e_m(1-e_m)}] = \prod_{m=1}^{M}\sqrt{(1-4\gamma_m^2)} \\
&\leqslant \exp\left(-2\sum_{m=1}^{M}\gamma_m^2\right)
\end{aligned} \tag{12-20}$$

式中，$\gamma_m = \frac{1}{2} - e_m$。

证明　由式(12－8)Z_m的定义式和式(12－19)可知

$$\begin{aligned} Z_m &= \sum_{i=1}^{R} w_{mi} \exp(-\alpha_m y_i G_m(x_i)) \\ &= \sum_{y_i = G_m(x_i)} w_{mi} e^{-\alpha_m} + \sum_{y_i \neq G_m(x_i)} w_{mi} e^{\alpha_m} \\ &= 2\sqrt{e_m(1-e_m)} \\ &= \sqrt{1-4\gamma_m^2} \end{aligned}$$

对于不等式

$$\prod_{m=1}^{M} \sqrt{1-4\gamma_m^2} \leqslant \exp\left(-2\sum_{m=1}^{M}\gamma_m^2\right) \tag{12-21}$$

可先由 e^x 和 $1-x$ 开根号，在点 $x=0$ 的泰勒展开式推出不等式

$$\sqrt{(1-4\gamma_m^2)} \leqslant \exp(-2\gamma_m^2) \tag{12-22}$$

通过式(12－22)，可以证明式(12－21)成立。

对于所有的 m，如果取 γ_1、γ_2、…、γ_M 的最小值，记作 γ，则有

$$\frac{1}{R}\sum_{i=1}^{R} I[G(x_i) \neq y_i] \leqslant \exp(-2M\gamma^2) \tag{12-23}$$

这表明在此条件下 AdaBoost 的训练误差是以指数速率下降的，并且 AdaBoost 算法不需要知道下界 γ，使得 AdaBoost 算法能够适应弱分类器各自的训练误差率。

12.3.2 AdaBoost 分类问题中的损失函数

在 AdaBoost 中，对于弱分类器权重系数公式和样本权重公式没有给出具体的讲解，让人无法深入理解 AdaBoost 算法。其实，它是从 AdaBoost 算法的损失函数中推导出来的。要想了解 AdaBoost 的损失函数，就要从算法的三方面来进行讲解，即 AdaBoost 的模型、学习算法和损失函数。

(1) AdaBoost 的模型为加法模型，即最终的强分类器是由若干个弱分类器加权平均得到的。

(2) 学习算法为前向学习算法，即使用前一个弱分类器的结果来更新后一个分类器的训练权重。由式(12－16)可知，第 R 轮的强分类器为

$$f_R(x) = \sum_{m=1}^{M} \alpha_m G_m(x)$$

而第 $R-1$ 轮的强分类器为

$$f_{R-1}(x) = \sum_{m=1}^{R-1} \alpha_m G_m(x)$$

比较上面两式可以得到

$$f_R(x) = f_{R-1}(x) + \alpha_R G_R(x) \tag{12-24}$$

将式(12－24)写成一般形式为

$$f_m(x) = f_{m-1}(x) + \alpha_m G_m(x) \tag{12-25}$$

由式(12－24)可知，强分类器是通过前向分布学习算法一步步得到的。

(3) AdaBoost 算法的损失函数为指数函数，即定义损失函数为

$$\underbrace{\arg\min}_{\alpha G}\sum_{i=1}^{R}\exp(-y_i f_m(x)) \tag{12-26}$$

式中，$\underbrace{\arg\min}_{\alpha G} f(x)$是指当 $f(x)$取最小值时，α、G 的所有取值。

通过前向分布学习算法的关系得到的损失函数为

$$(\alpha_m, G_m(x)) = \underbrace{\arg\min}_{\alpha G}\sum_{i=1}^{R}\exp[(-y_i)(f_{m-1}(x)+\alpha G(x))] \tag{12-27}$$

式中，令 $\exp[-y_i f_{m-1}(x)]=w'_{mi}$，可知 w'_{mi} 的值不依赖于 α、G，因此与最小化无关，仅仅依赖于 $f_{m-1}(x)$，即随着每一轮的迭代而改变。

将 w'_{mi} 代入损失函数，则损失函数转化为

$$(\alpha_m, G_m(x)) = \underbrace{\arg\min}_{\alpha G}\sum_{i=1}^{R}w'_{mi}\exp[-y_i\alpha G(x)] \tag{12-28}$$

式中，$G_m(x)$的取值可以由式(12－19)得到。

$$G_m(x) = \underbrace{\arg\min}_{G}\sum_{i=1}^{R}w'_{mi}I[y_i \neq G(x)] \tag{12-29}$$

将 $G_m(x)$代入损失函数，并对 α 求导，使其等于 0，则可以得到

$$\alpha_m = \frac{1}{2}\lg\frac{1-e_m}{e_m} \tag{12-30}$$

$$e_m = \frac{\sum_{i=1}^{R}w'_{mi}I(y_i \neq G(x_i))}{\sum_{i=1}^{R}w'_{m,i}} = \sum_{i=1}^{R}w_{mi}I(y_i \neq G(x_i)) \tag{12-31}$$

最后则是看样本权重的更新。由

$$f_m(x) = f_{m-1}(x) + \alpha_m G_m(x) \tag{12-32}$$

$$w'_{mi} = \exp[-y_i\alpha_m G_m(x)] \tag{12-33}$$

通过式(12－32)和式(12－33)可以推导出

$$w'_{(m+1)(i)} = w'_{mi}\exp[-y_i\alpha_m G_m(x)] \tag{12-34}$$

这样就得到了样本权值为

$$w_{(m+1)(i)} = \frac{w_{mi}}{Z_m}\exp[-\alpha_m y_i G_m(x_i)],\quad i=1, 2, \cdots, R \tag{11-35}$$

12.3.3 AdaBoost 算法的正则化

在计算强分类器的公式中加入正则化项的主要目的是为了防止 AdaBoost 算法的过拟合，在算法中通常称这个正则化项为步长，用 ν 来表示，所以对于前面弱分类器的迭代公式

$$f_m(x) = f_{m-1}(x) + \alpha_m G_m(x) \tag{12-36}$$

若加上正则化项，则有

$$f_m(x) = f_{m-1}(x) + \nu\alpha_m G_m(x) \tag{12-37}$$

式中，ν 的取值范围为 $0 \leqslant \nu \leqslant 1$。

对于同样训练集的学习效果，不同的 ν 意味着需要不同的弱分类器的迭代次数，ν 越小意味着需要更多的弱分类器迭代次数。算法的拟合效果一般由步长 ν 和最大迭代次数来决定。

12.4 应 用 案 例

如果给定如表 12-1 所示的训练样本，弱分类器采用如图 12-2 所示的平行于坐标轴的划分方法，请用 AdaBoost 算法实现一个强分类器。

表 12-1 训 练 样 本

序号	1	2	3	4	5	6	7	8	9	10
x	(1, 5)	(2, 2)	(3, 0)	(4, 6)	(5, 8)	(6, 5)	(7, 9)	(8, 7)	(9, 8)	(10, 5)
y	1	1	−1	−1	1	−1	1	1	−1	−1

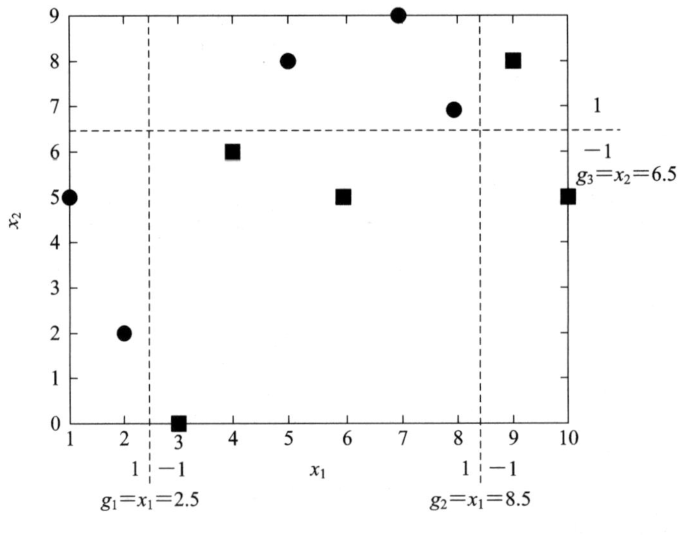

图 12-2 弱分类器图

解 将表 12-1 中的 10 个数据作为训练样本，根据 x 和 y 的对应关系，可将数据分为两类，如图 12-2 所示，'●'表示类别 1，'■'表示类别−1，使用水平或垂直的直线作为分类器。

$$g_1 = \begin{cases} 1, & x_1 < 2.5 \\ -1, & x_1 > 2.5 \end{cases}; \quad g_2 = \begin{cases} 1, & x_1 < 8.5 \\ -1, & x_1 > 8.5 \end{cases}; \quad g_3 = \begin{cases} 1, & x_2 < 6.5 \\ -1, & x_2 > 6.5 \end{cases}$$

初始化训练数据的权值分布，令每个权值 $w_{1i} = 1/R = 0.1$，其中，$R = 10$（样本数据个数），$i = 1, 2, \cdots, R$（第 i 个样本数据）。

· **第一次迭代：**

当迭代次数 $m=1$ 时，在权值分布为 w_{1i}（设初始化权值为 0.1）的训练数据上，则

$$\boldsymbol{w}_1 = [0.1, 0.1, 0.1, 0.1, 0.1, 0.1, 0.1, 0.1, 0.1, 0.1]$$

在权值向量为 $\boldsymbol{w}_1$ 的情况下，取已知的三个分类器 g_1、g_2 和 g_3 中误差率最小的分类器作为第一次迭代的弱分类器，因为三个分类器的误差率都是 0.3，故取第一个弱分类器 $h_1(x)$。如图 12-3 所示，在分类器 $G_1(x)=g_1(x)$ 的情况下，样本"$i=5$、7、8"时被错分，因此弱分类器的 $G_1(x)$ 的误差率为

$$e_1 = 0.1 + 0.1 + 0.1 = 0.3$$

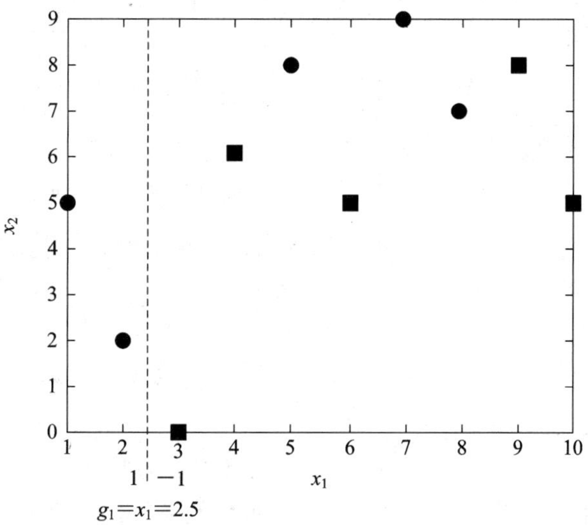

图 12-3 弱分类器 g_1 图

根据误差率 e_1 来计算弱分类器 G_1 的权重为

$$\alpha_1 = \frac{1}{2}\lg\frac{1-e_1}{e_1} = \frac{1}{2}\lg\frac{1-0.3}{0.3} = 0.4236$$

可见，被误差分类样本的权值之和影响误差率 e，误差率 e 影响弱分类器在最终分类器中所占的比重 α。

接下来更新训练样本数据的权值分布，用于下一轮的迭代。正确的分类样本数据"$i=1$、2、3、4、6、9、10"的权值更新为

$$w_{2i} = \frac{w_{1i}}{Z_1}\exp[-\alpha_1 y_i G_1(x_1)] = \frac{\boldsymbol{w}_{1i}}{2(1-e_1)} = \frac{5}{7}w_{1i}$$

错误的分类样本数据"$i=5$、7、8"的权值更新为

$$w_{2i} = \frac{w_{1i}}{Z_1}\exp[-\alpha_1 y_i G_1(x_i)] = \frac{\boldsymbol{w}_{1i}}{2e_1} = \frac{5}{3}w_{1i}$$

这样迭代一轮后，最后得到新的权值向量为

$$\boldsymbol{w}_2 = \left[\frac{1}{14}, \frac{1}{14}, \frac{1}{14}, \frac{1}{14}, \frac{1}{6}, \frac{1}{14}, \frac{1}{6}, \frac{1}{6}, \frac{1}{14}, \frac{1}{14}\right]$$

样本"$i=5$、7、8"被弱分类器 $G_1(x)$ 分错了，所以它们的权值由之前的 0.1 变成了1/6，相反，对于分类正确的数据，它们的权值由之前的 0.1 下降到 1/14。下面给出权值分布的变化情况，如表 12-2 所示。

表 12-2 权值分布的变化(一)

序号	1	2	3	4	**5**	6	**7**	**8**	9	10
x	(1, 5)	(2, 2)	(3, 0)	(4, 6)	(5, 8)	(6, 5)	(7, 9)	(8, 7)	(9, 8)	(10, 5)
y	1	1	−1	−1	1	−1	1	1	−1	−1
$\mathbf{w}_1$	0.1	0.1	0.1	0.1	0.1	0.1	0.1	0.1	0.1	0.1
$\mathbf{w}_2$	1/14	1/14	1/14	1/14	**(1/6)**	1/14	**(1/6)**	**(1/6)**	1/14	1/14
$G_1(x)$	1	1	−1	−1	**(−1)**	−1	**(−1)**	**(−1)**	−1	−1

表 12-2 中，加粗字体表示的数据是被 $G_1(x)$ 分错的样本"i=5、7、8"。

组合各个弱分类器

$$f(x) = \alpha_m G_m(x) = 0.4236 G_1(x)$$

从而得到最终分类器为

$$G(x) = \mathrm{sgn}(f(x)) = \mathrm{sgn}\left(\sum_{m=1}^{M} \alpha_m G_m(x)\right) = \mathrm{sgn}(f_1(x))$$

此时，组合的第一个强分类器在训练数据集合上有三个误分类点"i=5、7、8"，强分类器的训练错误为 0.3。

· **第二次迭代：**

在 $m=2$，权值向量为 $\mathbf{w}_2$ 的情况下，取三个弱分类器 g_1、g_2 和 g_3 中误差率最小的分类器作为第二个弱分类器 $G_2(x)$。

当取弱分类器 $g_1=x_1=2.5$ 时，此时分错的样本点为"i=5、7、8"，误差率 $e=1/6+1/6+1/6=1/2$。当取分类器 $g_2=x_1=8.5$ 时，此时分错的样本点为"i=3、4、6"，误差率 $e=1/14+1/14+1/14=3/14$。当取分类器 $g_3=x_2=6.5$ 时，此时分错的样本点为"i=1、2、9"，误差率 $e=1/14+1/14+1/14=3/14$。因此取当前最小的分类器 g_2 作为第二个弱分类器 $G_2(x)$。

由图 12-4 可知，$G_2(x)$ 显然把"i=3、4、6"分错了，由表 12-2 可知 $\mathbf{w}_2(3)=\mathbf{w}_2(4)=$

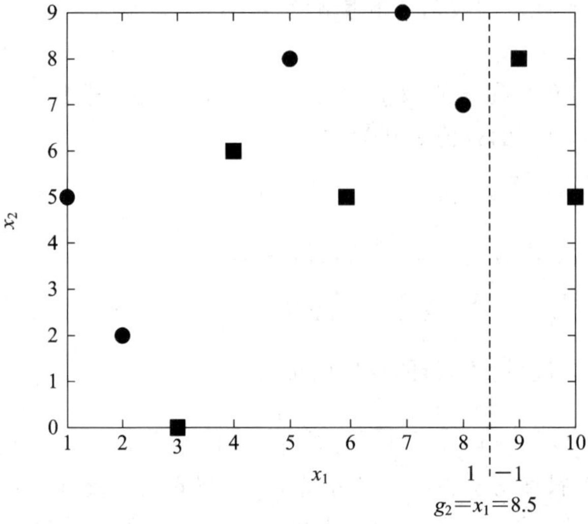

图 12-4 弱分类器 g_2 图

$\boldsymbol{w}_2(6)=1/14$，所以 $G_2(x)$ 在训练数据集上的误差率为

$$e_2=\frac{1}{14}+\frac{1}{14}+\frac{1}{14}=\frac{3}{14}$$

根据误差率 e_2 计算 G_2 的权重为

$$\alpha_2=\frac{1}{2}\lg\frac{1-e_2}{e_2}=\frac{1}{2}\lg\frac{1-\frac{3}{14}}{\frac{3}{14}}=0.6496$$

更新训练样本的权值向量，对于正确分类的样本权值更新为

$$w_{3i}=\frac{w_{2i}}{Z_2}\exp[-\alpha_2 y_i G_2(x_i)]=\frac{w_{2i}}{2(1-e_2)}=\frac{7}{11}w_{2i}$$

对于错误分类的样本权值更新为

$$w_{3i}=\frac{w_{2i}}{Z_2}\exp[-\alpha_2 y_i G_2(x_i)]=\frac{w_{2i}}{2e_2}=\frac{7}{3}w_{2i}$$

因此在第二轮迭代之后，各个样本数据最新的权值向量为

$$\boldsymbol{w}_3=\left[\frac{1}{22},\frac{1}{22},\frac{1}{6},\frac{1}{6},\frac{7}{66},\frac{1}{6},\frac{7}{66},\frac{7}{66},\frac{1}{22},\frac{1}{22}\right]$$

下面给出权值分布的最新变化情况，如表 12-3 所示。

表 12-3　权值分布的变化(二)

序号	1	2	**3**	**4**	**5**	**6**	**7**	**8**	9	10
x	(1, 5)	(2, 2)	(3, 0)	(4, 6)	(5, 8)	(6, 5)	(7, 9)	(8, 7)	(9, 8)	(10, 5)
y	1	1	−1	−1	1	−1	1	1	−1	−1
$\boldsymbol{w}_1$	0.1	0.1	0.1	0.1	0.1	0.1	0.1	0.1	0.1	0.1
$\boldsymbol{w}_2$	1/14	1/14	1/14	1/14	**(1/6)**	1/14	**(1/6)**	**(1/6)**	1/14	1/14
$G_1(x)$	1	1	−1	−1	**(−1)**	−1	**(−1)**	**(−1)**	−1	−1
$\boldsymbol{w}_3$	1/22	1/22	**(1/6)**	**(1/6)**	7/66	**(1/6)**	7/66	7/66	1/22	1/22
$G_2(x)$	1	1	**(1)**	**(1)**	1	**(1)**	1	1	−1	−1

通过第二次迭代计算，可得分类函数 $f_2(x)=0.4236G_1(x)+0.6496G_2(x)$。此时，两个弱分类器组成的强分类器在训练集上有三个错分的点"$i=3$、4、6"，所以此时强分类器的训练错误为 0.3。

- **第三次迭代：**

在 $m=3$，权值向量为 $\boldsymbol{w}_3$ 的情况下，将三个弱分类器 g_1、g_2 和 g_3 中误差率最小的分类器作为第三个弱分类器 $G_3(x)$。

当取弱分类器 $g_1=x_1=2.5$ 时，此时分错的样本点为"$i=5$、7、8"，误差率 $e=7/66+$

7/66+7/66=7/22。当取分类器 $g_2=x_1=8.5$ 时，此时分错的样本点为“$i=3$、4、6”，误差率 $e=1/6+1/6+1/6=1/2$。当取分类器 $g_3=x_2=6.5$ 时，此时分错的样本点为“$i=1$、2、9”，误差率 $e=1/22+1/22+1/22=3/22$。因此取当前最小的分类器 g_3 作为第三个弱分类器 $G_3(x)$。

由图 12-5 可知，此时被 $G_3(x)$ 误分类的样本是“$i=1$、2、9”，由表 12-3 可知 $\boldsymbol{w}_3(1)=\boldsymbol{w}_3(2)=\boldsymbol{w}_3(9)$，所以 $G_3(x)$ 在训练数据集上的误差率为

$$e_3=\frac{1}{22}+\frac{1}{22}+\frac{1}{22}=\frac{3}{22}$$

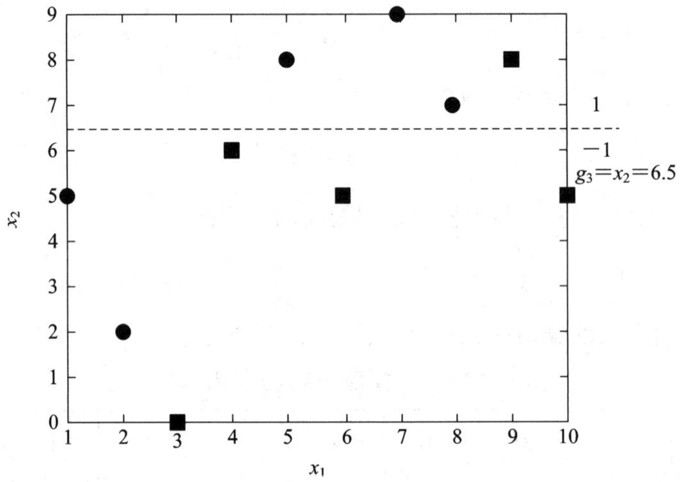

图 12-5　弱分类器 g_3 图

根据误差率 e_3 计算 G_3 的权重为

$$\alpha_3=\frac{1}{2}\lg\frac{1-e_3}{e_3}=\frac{1}{2}\lg\frac{1-\frac{3}{22}}{\frac{3}{22}}=0.9229$$

更新训练样本数据的权值向量，对于正确分类的样本权值更新为

$$w_{4i}=\frac{w_{3i}}{Z_3}\exp[-\alpha_3 y_i G_3(x_i)]=\frac{w_{3i}}{2(1-e_3)}=\frac{9}{11}w_{3i}$$

对于错误分类的样本权值更新为

$$w_{4i}=\frac{w_{3i}}{Z_3}\exp[-\alpha_3 y_i G_3(x_i)]=\frac{\boldsymbol{w}_{3i}}{2e_3}=\frac{11}{3}w_{3i}$$

这样经过三轮迭代后，得到的各个样本数据的权值向量为

$$\boldsymbol{w}_4=\left[\frac{1}{6},\frac{1}{6},\frac{11}{114},\frac{11}{114},\frac{7}{114},\frac{11}{114},\frac{7}{114},\frac{7}{114},\frac{1}{6},\frac{1}{38}\right]$$

表 12-4 给出了权值分布的变化情况。

表 12-4 权值分布的变化(三)

序号	1	2	**3**	**4**	**5**	**6**	**7**	**8**	9	10
x	(1, 5)	(2, 2)	(3, 0)	(4, 6)	(5, 8)	(6, 5)	(7, 9)	(8, 7)	(9, 8)	(10, 5)
y	1	1	−1	−1	1	−1	1	1	−1	−1
$\boldsymbol{W}_1$	0.1	0.1	0.1	0.1	0.1	0.1	0.1	0.1	0.1	0.1
$\boldsymbol{W}_2$	1/14	1/14	1/14	1/14	**(1/6)**	1/14	**(1/6)**	**(1/6)**	1/14	1/14
$G_1(x)$	1	1	−1	−1	**(−1)**	−1	**(−1)**	**(−1)**	−1	−1
$\boldsymbol{w}_3$	1/22	1/22	**(1/6)**	**(1/6)**	7/66	**(1/6)**	7/66	7/66	1/22	1/22
$G_2(x)$	1	1	**(1)**	**(1)**	1	**(1)**	1	1	−1	−1
$\boldsymbol{w}_4$	1/6	1/6	11/114	11/114	7/114	11/114	7/114	7/114	1/6	1/38
$G_3(x)$	1	1	−1	−1	1	−1	1	1	−1	−1

通过第二次迭代计算，可得分类函数 $f_3(x)=0.4236G_1(x)+0.6494G_3(x)+0.9229G_3(x)$，此时，组合这三个弱分类器 $\text{sgn}[f_3(x)]$作为强分类器，则在训练数据集上有0个误分类点。至此，整个训练过程结束。

如图 12-6 所示，整合所有的弱分类器，可得最终的强分类器为

$$G(x)=\text{sgn}(f(x))=\text{sgn}(0.4236G_1(x)+0.6496G_2(x)+0.9229G_3(x))$$

此时，该强分类器对训练样本的错误率为 0。

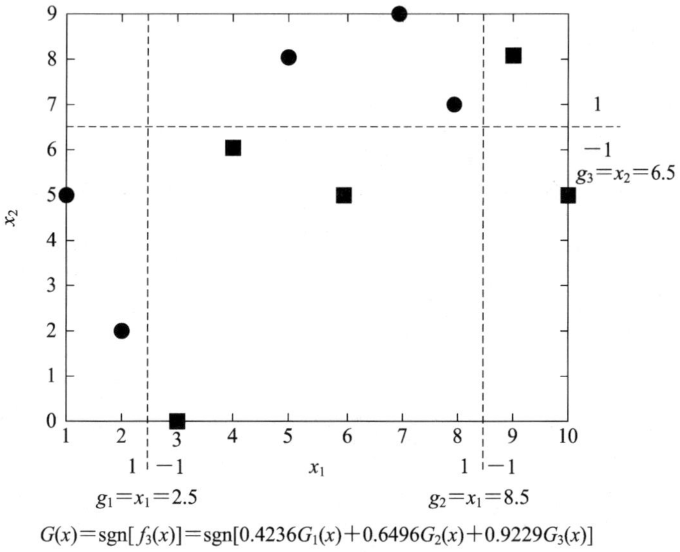

图 12-6 强分类器 $G(x)$图

习 题

1. 阐述 Boosting 算法。
2. 简单说明 Adaboost 算法的思想。

3. 简述 Adaboost 算法中权重 α 在构成强分类器中的作用。

4. 简述在手写字体识别算法中，加入 Adaboost，能够增强算法的哪些能力。

5. 给定如表 12-5 所示的训练数据，假设弱分类器由 $x>z$ 或者 $x<z$ 产生，其阈值 z 使该分类器在训练数据集上的分类误差率最低。试用 AdaBoost 算法学习一个强分类器。

表 12-5 训 练 数 据

序号	1	2	3	4	5	6	7	8	9	10
x	0	1	2	3	4	5	6	7	8	9
y	1	1	1	−1	−1	−1	1	1	1	−1

参 考 文 献

[1] Hastie T, Tibshirani R, Friedman J. The Elements of Statistical Leaning: Date mining, inference, and Prediction[M]. Berlin: Springer-Verlag, 2001.

[2] 李航. 统计学习方法[M]. 北京：清华大学出版社，2012.

[3] 吴信东，库玛尔. 数据挖掘十大算法[M]. 北京：清华大学出版社，2014.

[4] Y Freund, RE Schapire. A Decision-Theoretic Generalization of On-Line Learing and an Application to Boosting [J]. Berlin: Springer, 1995, 55(1): 119-139.

第 13 章　SOFM 神经网络

13.1　概　　述

Teuvo Kalevi Kohonen 是芬兰科学院的著名教授，为人工神经网络领域做出了许多贡献，其中最著名的就是他在 1981 年提出了自组织特征映射（Self-organizing Feature Map，SOFM）神经网络。

生物学研究表明，在人脑的感觉通道上，神经元的组织是有序排列的。处于不同区域的神经元具有不同的功能，也具有不同特征的输入信息模式，对不同感官输入模式的输入信号具有敏感性，从而形成大脑中各种不同的感知路径。例如，生物视网膜中有许多特定的细胞对特定的图形比较敏感，当视网膜中有若干个接收单元同时受特定模式刺激时，就使得大脑皮层中的特定神经元开始兴奋，输入模式接近，与之对应的兴奋神经元也接近；在听觉通道上，神经元在结构排列上与频率的关系十分密切，对于某个频率，特定的神经元具有最大的响应，位置相邻的神经元具有相近的频率特征，而远离的神经元具有的频率特征差别也较大。

在大脑皮层中，神经元的输入信号一部分来自感觉组织或其他区域的外部输入信号，另一部分则来自同一区域的反馈信号。神经元之间采用的机制是最邻近的神经元之间相互激励，次远的神经元之间相互抑制，更远的神经元之间又通过一定的激励方式进行信息交互，SOFM 神经网络就是模拟上述生物神经系统功能的人工神经网络。

同时，SOFM 神经网络是一种使用无监督学习将高维的输入数据在低维的空间表示的人工神经网络，因此 SOFM 是一种减少维数的方法，这也使得 SOFM 可以通过类似于多维缩放的方法，创建高维数据的低维视图，在数据可视化方面非常有用。SOFM 神经网络与其他人工神经网络不同，因为它采用竞争学习方法而不是使用类似于梯度下降的反向传播纠错学习方法，且在某种意义上它使用邻域函数来保留输入空间的拓扑属性。

13.2　SOFM 神经网络的结构

SOFM 神经网络一般具有输入层和竞争层两层结构，其中竞争层为其核心层。该网络模拟了大脑神经细胞对外界刺激的反应，通过对输入样本反复地无监督学习，将输入模式的特征映射到各个连接权值上，实现特定区域的神经元对特定模式输入产生响应的功能。

图 13－1 是一个具有 R 个输入的 SOFM 神经网络结构图。在该网络中，竞争层同时又是输出层，其中 ‖ndist‖ 的输入为输入向量 $\boldsymbol{x}$ 与输入层权值矩阵 $\boldsymbol{W}$，网络净输入为一个包含 S 个元素的向量，其中各元素为输入向量与权值矩阵各个行向量之间的欧式距离，C 指竞争传递函数。

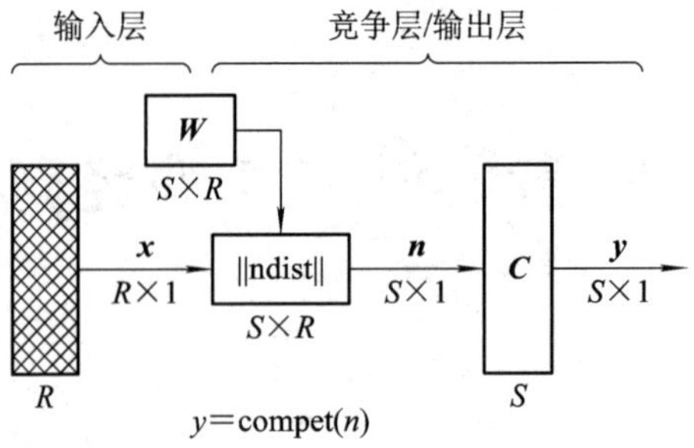

图 13-1 SOFM 神经网络结构图

SOFM 神经网络对于胜出神经元的输出结果，其竞争传递函数的响应为 1，而对于其他的神经元，竞争传递函数的输出响应为 0。同时，在胜出的神经元附近的神经元都要进行权值更新。

从图 13-1 中可以看出，SOFM 神经网络是单层网络结构，网络的输入节点与输出神经元的权值相互连接。通常情况下，网络的输入层是一维神经元，具有多个节点，竞争层的神经元处在二维平面网格节点上，构成一个二维节点矩阵。输入层与竞争层的神经元之间通过连接权值进行连接，竞争层邻近的节点之间也存在着局部的连接。图 13-2 所示的是 SOFM 神经网络的二维网络模型。

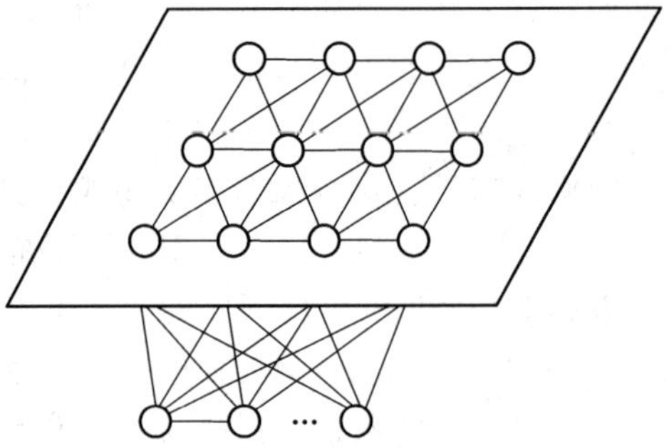

图 13-2 二维 SOFM 神经网络模型

SOFM 神经网络通过引入网格形成自组织映射空间，并且在各个神经元之间建立了拓扑连接关系。神经元之间的联系是由它们在网格上的相互位置决定的，这种联系模式模拟了人脑中神经元之间的侧抑制功能，成为网络实现竞争的基础。

13.3 SOFM 神经网络的原理和学习算法

13.3.1 SOFM 神经网络的原理

在 SOFM 神经网络训练过程中，对于某个特定的输入模式，首先在网络的输出层中会有某个神经元产生最大响应而获胜，当输入模式的类别改变时，二维平面的获胜神经元也会改变。然后以获胜的神经元为中心定义一个领域，对其中所有神经元的权值进行调整，调整力度依邻域内各神经元距离获胜神经元的远近而逐渐衰减。随着训练的进行，此领域将会逐渐缩小，直到只包含胜出神经元本身为止。

SOFM 神经网络通过这种训练方式，用大量训练样本调整网络的权值，最后使输出层的各神经元成为对特定模式敏感的神经细胞。当两个模式的特征接近时，代表这两类神经元在位置上也接近，从而在输出层形成能够反映样本模式分布情况的有序特征图。

SOFM 神经网络训练结束后，输出层各神经元与各输入模式的特定关系就完全确定了，因此可用作模式分类器。当输入一个模式时，网络输出层代表该模式的特定神经元将产生最大响应，从而将该输入自动归类。应当指出的是，当向网络输入的模式不属于网络训练样本中的任何模式时，SOFM 神经网络只能将它归入最接近的模式。

为了将输入模式分为若干类，需要根据相似性测量输入模式向量之间的距离，通常使用欧式距离法和余弦法。

1. 欧式距离法

设 $\boldsymbol{x}$、$\boldsymbol{x}_i$ 为两个输入模式向量，它们之间的欧式距离为

$$d = \| \boldsymbol{x} - \boldsymbol{x}_i \| = \sqrt{(\boldsymbol{x} - \boldsymbol{x}_i)(\boldsymbol{x} - \boldsymbol{x}_i)^{\mathrm{T}}} \tag{13-1}$$

式中，d 的值越小，表示 $\boldsymbol{x}$ 和 $\boldsymbol{x}_i$ 二者越相似，当 $d=0$ 时，$\boldsymbol{x}=\boldsymbol{x}_i$。以 $d=C$(常数)作为判定边界，可将输入模式向量分为若干类。

因为 d_{12}、d_{23}、d_{31}、d_{45}、d_{56}、d_{46} 都小于 C，而 $d_{1i}>C(i=4, 5, 6)$，$d_{2i}>C(i=4, 5, 6)$，$d_{3i}>C(i=4, 5, 6)$，所以可将输入模式向量 $\boldsymbol{x}_1 \sim \boldsymbol{x}_6$ 分为 A 类和 B 类，如图 13-3 所示。

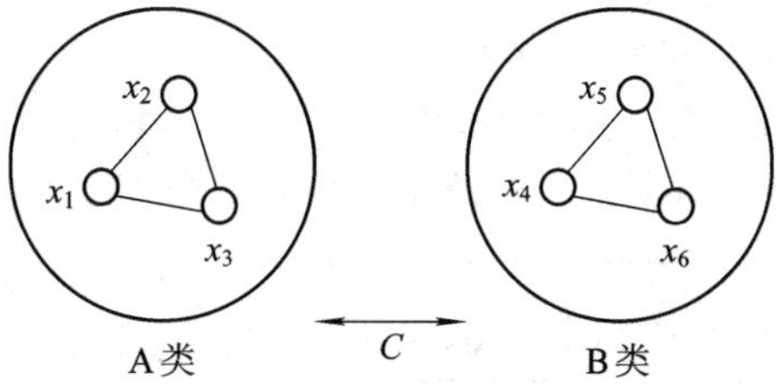

图 13-3　基于欧式距离法的模式分类

2. 余弦法

设 $\boldsymbol{x}$、$\boldsymbol{x}_i$ 为两个输入模式向量，其间的夹角余弦为

$$\cos\varphi = \frac{\boldsymbol{x}^{\mathrm{T}} \boldsymbol{x}_i}{\| \boldsymbol{x} \| \, \| \boldsymbol{x}_i \|} \tag{13-2}$$

式中，φ 越小，表示 $\boldsymbol{x}$ 和 $\boldsymbol{x}_i$ 越接近，二者越相似。当 $\varphi=0$ 时，即 $\cos\varphi=1$，此时，$\boldsymbol{x}=\boldsymbol{x}_i$。同理，以 $\varphi=\varphi_0$ 作为判定边界，可将输入模式向量分为若干类。

通过反复的学习，SOFM 神经网络能够使得连接权值空间分布密度与输入模式的概率分布趋于一致，因而可以通过连接权值的空间分布完成对输入模式的分类。

分类是在类别知识等导师信号的指导下，将待识别的输入模式分配到各自的模式类中。无导师指导的分类也称为聚类，聚类的目的是将相似的模式样本划归一类，而将不相似的分离开来，实现模式样本的类内相似性和类间分离性。由于无导师学习的训练样本中不含期望输出，因此对于某一输入模式样本应属于哪一类并没有任何先验知识，对于一组输入模式，只能根据它们之间的相似程度来分为若干类，因此，相似性是输入模式的聚类依据。

13.3.2 SOFM 神经网络的学习算法

SOFM 神经网络学习算法首先对输出层的各权值向量进行初始化，SOFM 神经网络的初始权值常取较小的随机数。权值初始化后，SOFM 神经网络还应完成两个基本过程：竞争过程和合作过程。竞争过程就是最优匹配神经元的选择过程，合作过程则是网络中权值的自组织过程。选择最优匹配神经元的实质是选择输入模式对应的中心神经元，权值的自组织过程则是以"墨西哥帽"的形态来存放输入模式。这两部分是密切相关的，只有它们共同作用才能完成自组织特征映射的学习过程。

每执行一次学习，SOFM 神经网络中就会对外部输入模式执行一次自组织适应过程，其结果是强化现行模式的映射形态，弱化以往模式的映射形态。

学习算法的具体过程如下：

(1) 初始化。对输出层各权值向量赋值小随机数，并进行归一化处理，得到初始权值矩阵 $\boldsymbol{W}$。建立初始优胜邻域 $N_{j^*}(0)$和学习率 η 的初始值。

(2) 样本输入。从训练样本中随机选取一个输入模式并进行归一化处理，得到 x_i ($i=1, 2, \cdots, R$)，总共 R 个数据。

(3) 计算欧式距离，寻找获胜神经元。输入样本与每个输出神经元 j 之间的距离为

$$d_j = \sqrt{\sum_{i=1}^{R}[x_i(t) - w_{ij}(t)]^2} \tag{13-3}$$

并计算出一个具有最小距离的输出神经元 j^*。

(4) 定义优胜邻域 $N_{j^*}(t)$。以 j^* 为中心确定 t 时刻的权值调整域，一般初始邻域 $N_{j^*}(0)$较大，训练时 $N_{j^*}(t)$随训练时间逐渐收缩，如图 13－4 所示。

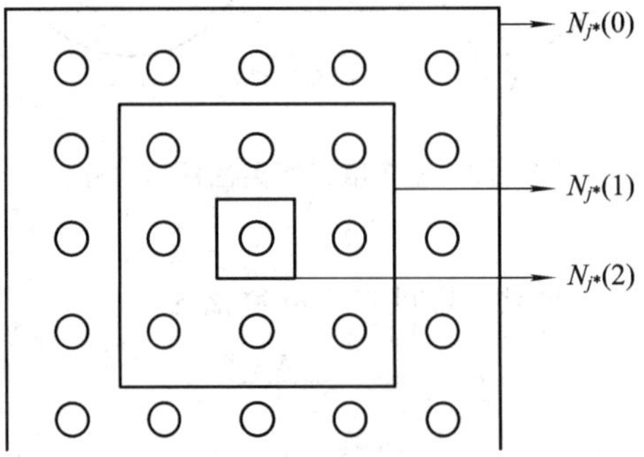

图 13－4 邻域 $N_{j^*}(t)$收缩图

(5) 对优胜邻域 $N_{j^*}(t)$内的所有神经元调整权值。

$$w_{ij}(t+1) = w_{ij}(t) + \eta(t, N)[x_i - w_{ij}(t)] \quad i = 1, 2, \cdots, R;\ j \in N_{j^*}(t) \tag{13-4}$$

式中，$\eta(t, N)$是训练时间 t 和邻域内第 j 个神经元与获胜神经元 j^* 之间的拓扑距离 N 的函数，该函数一般有如下规律：

$$t\uparrow \rightarrow \eta\downarrow, N\uparrow \rightarrow \eta\downarrow$$

即随着时间(离散的训练迭代次数)的增加，学习率逐渐降低；随着拓扑距离的增大，学习率降低。学习率函数的一般形式为

$$\eta(t, N) = \eta(t)e^{-N} \tag{13-5}$$

式中，$\eta(t)$可采用 t 的单调下降函数，也称退火函数。

（6）结束判定。当学习率 $\eta(t) \leqslant \eta_{min}$ 时，训练结束。不满足结束条件时，转到步骤（2）继续进行训练。

13.4 应用案例

★ 案例一

利用随机函数生成 50 个二维输入向量，设计一个 SOFM 神经网络，使用默认的距离函数来计算距离，完成对输入向量的分类。要求该网络包含 12 个神经元，按 3×4 的形式排列。

解　（1）创建 SOFM 神经网络。网络包含 12 个神经元，50 个随机二维输入向量。

```
clc;
clear;
x=rands(2, 50);                                 %随机生成 50 个二维输入向量，其范围是[-1, 1]
plot(x(1, :), x(2, :), '+r')                    %绘制输入向量分布图
title('随机输入向量分布');
xlabel('x(1)');
ylabel('x(2)');
net = newsom([0 1;1 2], [3 4]);                 %建立网络，[0 1;1 2]为初始权值的范围
w1_init=net.iw{1, 1}
figure;
plotsom(w1_init, net.layers{1}.distances)       %绘制出初始权值分布图
```

SOFM 神经网络生成的随机二维输入向量分布如图 13-5 所示，网络初始权值分布如图 13-6 所示。

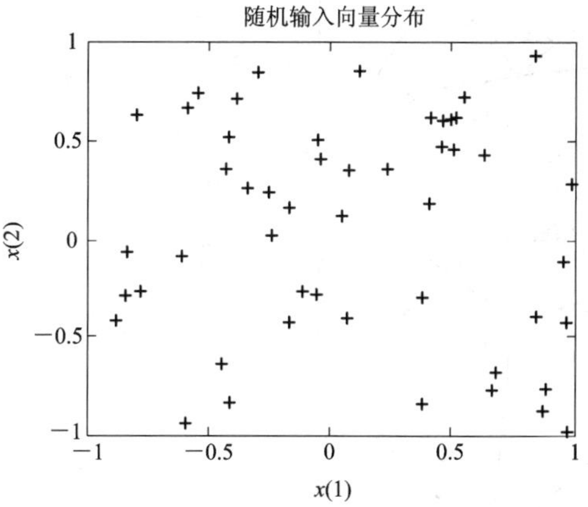

图 13-5　输入向量分布图

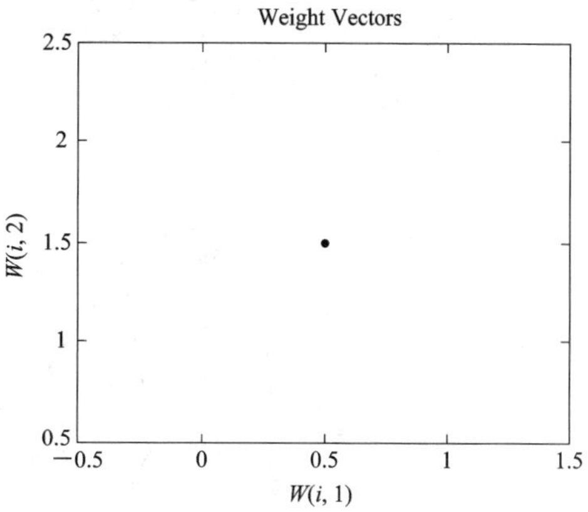

图 13-6　初始权值分布图

（2）训练 SOFM 神经网络。训练次数为 10、50 和 90。

```
for i = 10:40:90                 %每循环一次，加 40，共训练 3 次，分别是 10，50，90
net.trainParam.epochs = i;       %设置训练次数
net = train(net, x);             %训练网络
figure;
```

```
plotsom(net.iw{1, 1}, net.layers{1}.distances)  %绘制出网络训练后的权值分布图
end
```

在训练次数不同的情况下，绘制出不同训练次数的权值分布图，其结果分别如图13－7(a)、13－7(b)和13－7(c)所示。

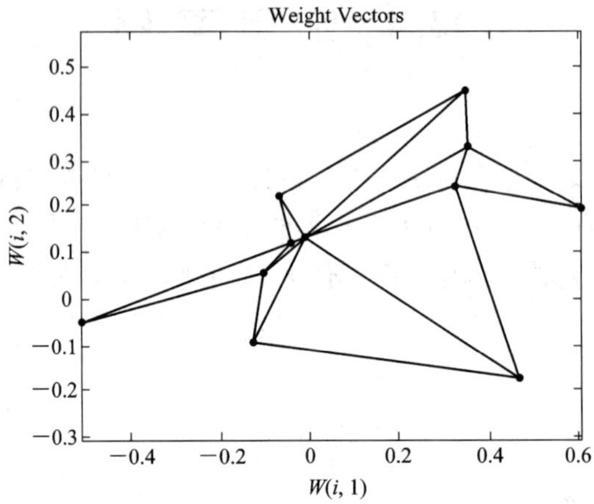

(a) 训练10次

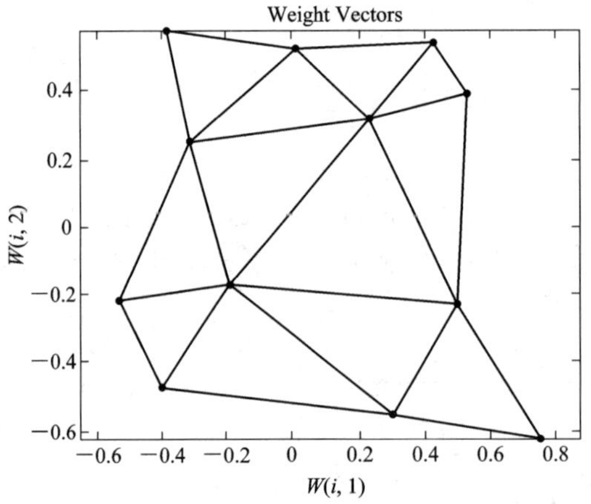

(b) 训练50次

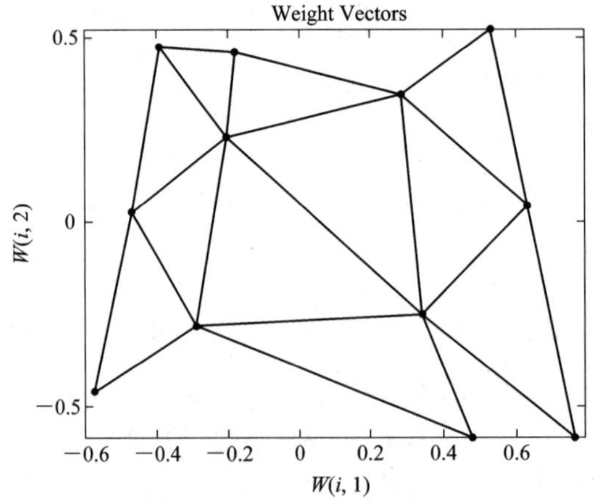

(c) 训练90次

图13－7 网络训练后的权值分布图

从图 13－7 中可以看出，网络在训练过程中，SOFM 神经网络中 12 个神经元的权值在不断地发生变化，增加网络的训练次数，各个神经元的权值会不断逼近网络的输入向量，最终完成对输入空间拓扑结构的映射，即对输入向量完成模式分类。

★ 案例二

在人口统计中，人口分类是一个非常重要的指标，但是由于各方面的原因，我国人口出生率在性别上的差异较大，在同一时期出生的婴儿中，男婴的数量一般占多数，男女比例已超过了正常的比例(出生人口性别比正常值域为 102～107)。因此，正确地进行人口分类对合理制定人口政策具有很大的帮助。通过查阅资料获得了某年某一月份共 10 个地区的人口出生比例情况，其结果如表 13－1 所示。

表 13－1　人口出生比例

男	0.5612	0.5213	0.5136	0.5523	0.5469	0.6022	0.5864	0.5234	0.4965	0.5146
女	0.4388	0.4787	0.4864	0.4477	0.4531	0.3978	0.4136	0.4766	0.5035	0.4854

将表 13－1 中的数据作为网络的输入向量 $\boldsymbol{x}$，创建一个 SOFM 神经网络完成对输入向量 $\boldsymbol{x}$ 的分类，并利用某一地区的出生性别比例数据(0.55，0.45)来验证训练后的网络的准确性。

解　(1) 创建、训练、储存神经网络。

```
clear all;                          %清除所有内存变量
clc;                                %清屏
%输入向量
x=[0.5612  0.5213  0.5136  0.5523  0.5469  0.6022  0.5864  0.5234  0.4965
   0.5146; 0.4388  0.4787  0.4864  0.4477  0.4531  0.3978  0.4136  0.4766;
   0.5035  0.4854];
plot(x(1,:), x(2,:), '*');
figure(1);
hold on
%利用 12 个神经元的 SOFM 网络对输入向量 x 进行分类，建立网络
net=newsom([0 1;0 1], [3 4]);
figure(2);
w1_init=net.iw{1, 1}                %网络权值的初始化
plotsom(w1_init, net.layers{1}.distances);
net.trainParam.epochs=300;          %设置训练次数最大为 300 次
net=train(net, x);                  %训练 SOFM 神经网络
figure(3);
w1=net.iw{1, 1};
plotsom(w1, net.layers{1}.distances)
save net16_2 net                    %储存训练后的网络
```

输入样本数据的分布情况如图 13－8 所示，对于新建立的网络，其初始权值的分布如图 13－9 所示。

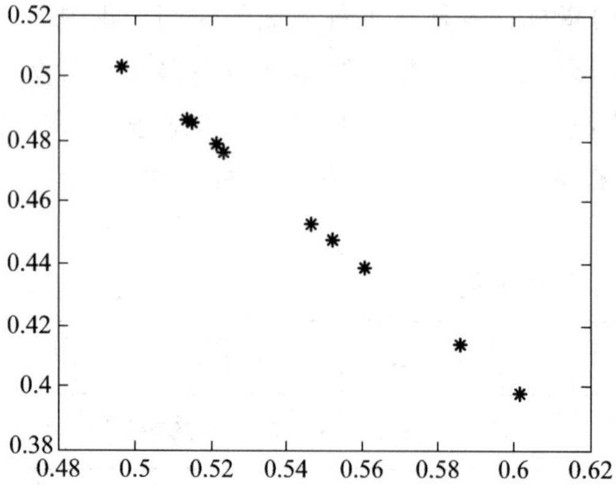

图 13－8　样本数据分布图

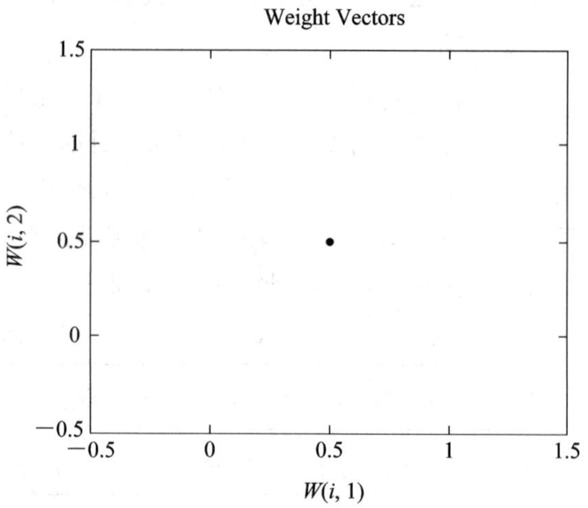

图 13－9　初始权值的分布图

图 13－9 中的每一个点表示一个神经元，因为网络的初始权值都设置为 0.5，所以这些点是重合在一起的，实际上图中的一个点表示的是 12 个点。查看该网络的初始权值为

```
w1_init =
    0.5000    0.5000
    0.5000    0.5000
    0.5000    0.5000
    0.5000    0.5000
    0.5000    0.5000
    0.5000    0.5000
    0.5000    0.5000
    0.5000    0.5000
    0.5000    0.5000
    0.5000    0.5000
    0.5000    0.5000
    0.5000    0.5000
```

（2）网络仿真。网络训练结束后，网络中的权值就固定不变了，其权值分布如图 13－10 所示。以后输入的每一个测试数据，训练好的网络会自动对其进行分类。

```
load net16_2 net                %加载训练后的网络
y=sim(net, x);                  %网络仿真
Y=vec2ind(y)                    %单值矢量组转化为矩阵形式
```

（3）结果输出。网络的输出结果为

```
Y =
      4     9    11     3     6     1     1     8    12    11
```

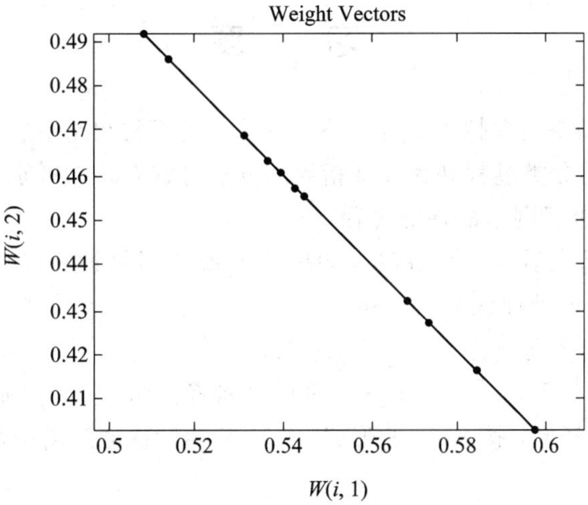

图 13-10　网络训练后的权值分布图

对结果进行分析，得出网络的聚类结果表 13-2 所示。

表 13-2　聚类结果表

样本序号	类别	激发的神经元
1	1	4
2	2	9
3，10	3	11
4	4	3
5	5	6
6，7	6	1
8	7	8
9	8	12

对网络进行测试，输入某一地区的出生性别比例(0.55，0.45)，检验它属于哪一类，其结果为

```
x=[0.55;0.45];          %测试数据
y=sim(net, x);          %网络仿真
Y=vec2ind(y)            %测试数据激发的神经元
Y =

    3
```

结果为 Y=3，说明该测试数据此时激发了网络的第 3 个神经元，所以该测试数据属于第四类。通过与样本数据对比可知，该测试数据确实与样本中的第四组数据非常接近，说明 SOFM 神经网络在数据分类方面的效果是非常不错的。

习　题

1. SOFM 神经网络是模拟生物神经系统什么功能而提出来的？

2. 有导师指导的分类过程和无导师指导的分类过程有什么区别？

3. 简述 SOFM 神经网络的训练过程。

4. 在网络训练结束后，当网络输入的模式不属于网络训练样本中的任何模式类时，SOFM 神经网络将如何处理该新输入样本？

5. 假设二维的输入向量为 $\boldsymbol{x}$=[0.1 0.4 1.3 1.2 1.9 1.8 0.2 0.4 1.3 1.2；0.3 0.2 0.4 0.2 1.9 1.9 1.8 1.8 1.7 1.9]。设计一个 SOFM 神经网络，完成对输入向量的分类。要求该网络中包含 6 个神经元，按 2×3 的形式排列，使用默认的距离函数。

参 考 文 献

[1] 朱凯，王正林. 精通 MATLAB 神经网络[M]. 北京：电子工业出版社，2010.
[2] 张德丰. MATLAB 神经网络仿真与应用[M]. 北京：电子工业出版社，2009.
[3] 周品. MATLAB 神经网络设计与应用[M]. 北京：清华大学出版社，2013.
[4] 戴葵，译. 神经网络设计[M]. 北京：机械工业出版社，2002.
[5] 张德丰. MATLAB 神经网络应用设计[M]. 2 版. 北京：机械工业出版社，2011.

第三篇

人工神经网络实践及应用篇

第 14 章　基于 Simulink 的人工神经网络建模

14.1 概　　述

MATLAB 具有友好的工作平台和编程环境、简单易学的编程语言、强大的科学计算和数据处理能力，以及出色的图形图像处理功能、适应多领域应用的工具箱、适应多种语言的程序接口、模块化的设计和系统级的仿真功能等特点。而支持 MATLAB 仿真的是 Simulink 工具箱。Simulink 是一个用于动态系统建模、仿真和分析的软件包，一般可以附在 MATLAB 上同时安装，也有独立版本可以单独使用。大多数用户都是选择与 MATLAB 同时安装使用，以便能更好地发挥 MATLAB 在科学计算上的优势，进一步扩展Simulink 的使用领域和功能。

近几年来，在学术界和工业领域，Simulink 已经成为动态系统建模和仿真领域中应用最为广泛的软件之一。由于 Simulink 采用模块组合方式来建模，因此用户能够快速、准确地创建动态系统的计算机仿真模型，特别是对复杂的不确定非线性系统尤为方便。Simulink 模型可以用来模拟线性和非线性、连续和离散，或者两者的混合系统，也就是说它可以用来模拟几乎所有可能遇到的动态系统。Simulink 没有单独的语言，但是它提供了 S 函数规则，S 函数使 Simulink 更加充实、完备，具有更强的处理能力。用户可以用一个 M 函数文件、FORTRAN 程序、C 或 C＋＋语言函数来编写 S 函数，通过特殊的语法规则使之能够被 Simulink 模型或模块调用。另外，Simulink 不是封闭的，它可以很方便地定制自己的模块和模块库。同时，Simulink 也有比较完整的帮助系统，用户可以随时找到对应模块的说明，以便于应用。

综上所述，Simulink 是一种开放性的、用来模拟线性或非线性，以及连续或离散的或者两者混合的动态系统的强有力的系统级仿真工具。目前，随着软件的升级换代，Simulink 在软硬件的接口方面有了长足的进步，使用 Simulink 可以很方便地进行实时信号控制和处理、信息通信以及 DSP 处理。许多知名的大公司都使用 Simulink 作为他们产品设计和开发的强有力工具。

14.2 Simulink 启动和神经网络模块库

14.2.1 Simulink 的启动

本书采用的是 MATLAB R2014b 版本。在 MATLAB 的工作环境中，Simulink 仿真环境的启动有三种方法。

(1) 使用命令进行启动。在 MATLAB 命令窗口(Command Window)中输入命令：

>> simulink

按“Enter”键后，软件会出现一个“Simulink Library Browser”窗口，如图 14－1 所示。

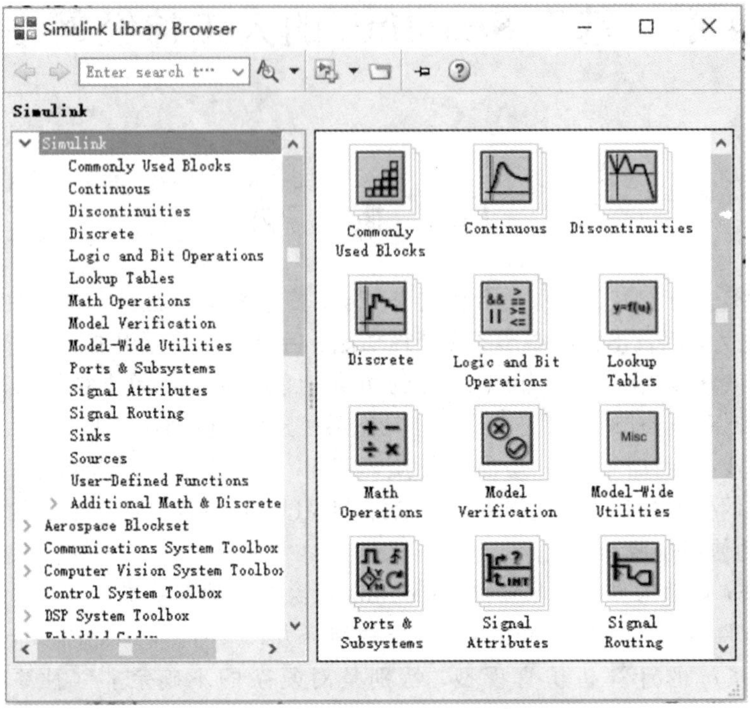

图 14－1 “Simulink Library Browser”窗口

(2) 在 MATLAB 命令窗口(Command Window)中输入命令：

>> simulink3

按“Enter”键后，软件会出现一个“Library：simulink3”窗口，如图 14－2 所示。

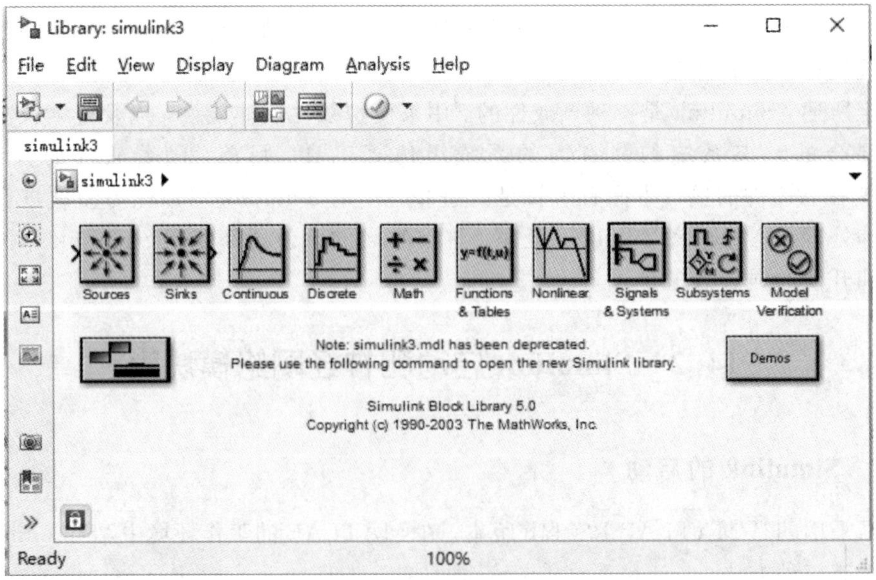

图 14－2 “Library：simulink3”窗口

图 14－2 所示的是 Simulink 库中的一些主要模块库。双击模块库，即可出现对应的元件列表，如图 14－3 所示。

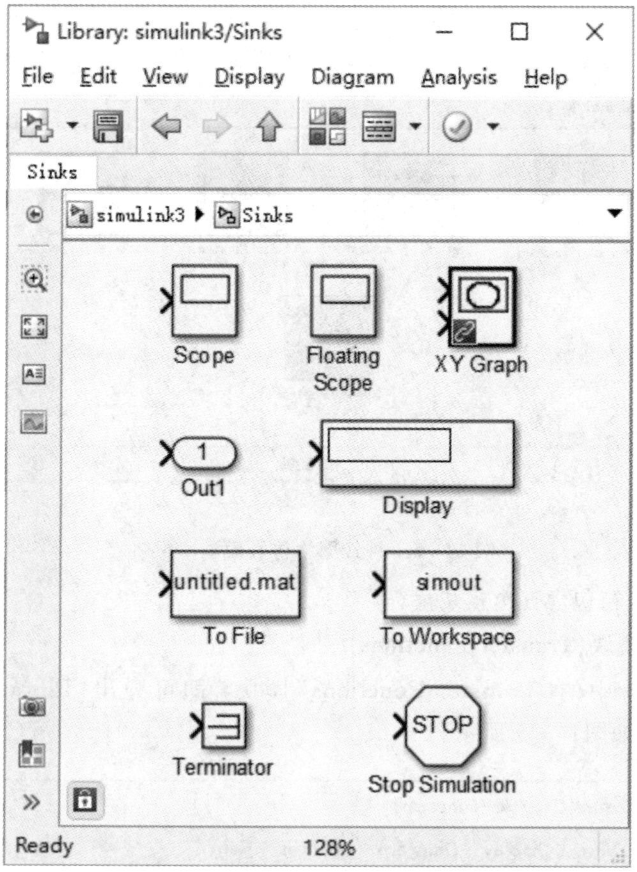

图 14－3　接收器模块库中的元件列表

(3) 点击 MATLAB 工具栏按钮“”，启动 Simulink 仿真环境，如图 14－4 所示。

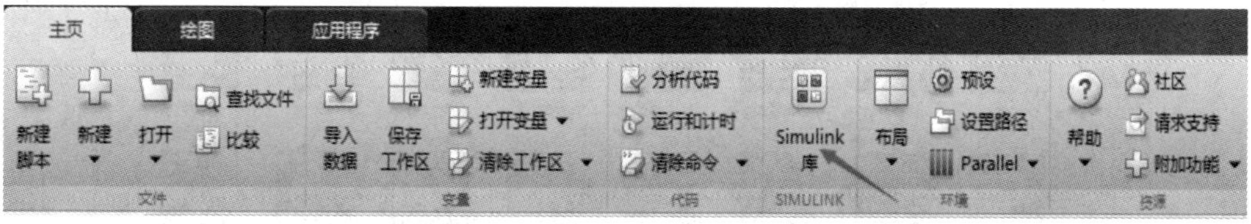

图 14－4　Simulink 启动按钮位置图

14.2.2　Simulink 神经网络模块库

在 MATLAB 命令窗口(Command Window)中输入命令“neural”，打开神经网络仿真模型库窗口，如图 14－5 所示。

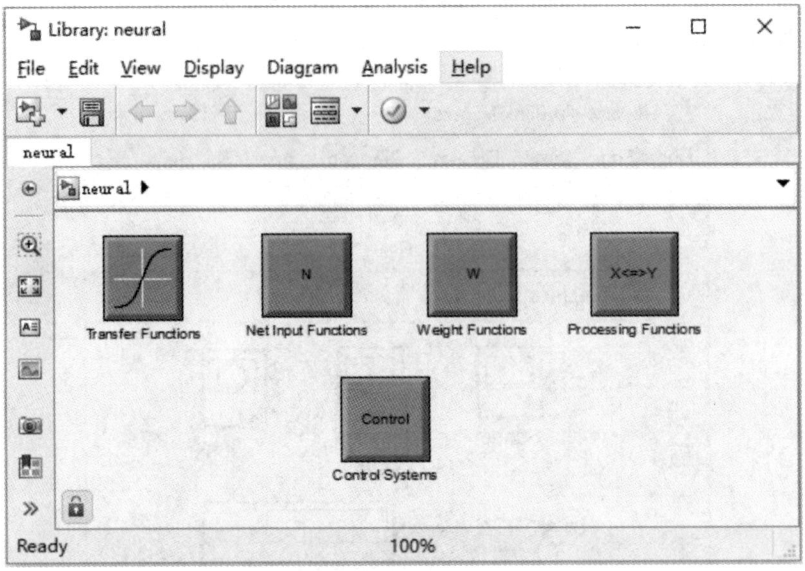

图 14-5　神经网络仿真模型库窗口

神经网络工具箱包含五个模块库。

1. 传递函数模块(Transfer Functions)

双击图 14-5 中的“Transfer Functions”模块，即可弹出“Library：neural/Transfer Functions”窗口，如图14-6 所示。

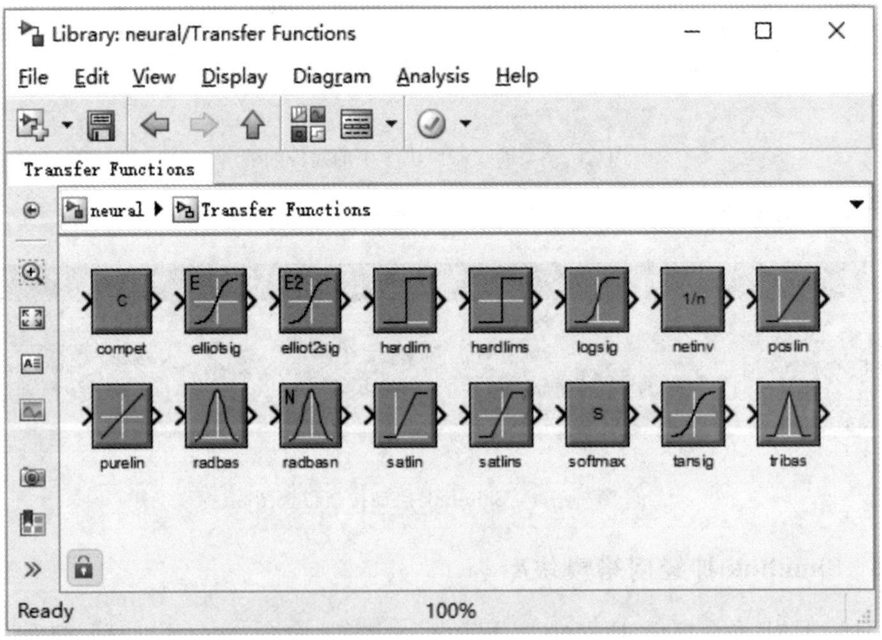

图 14-6　“Library：neural/Transfer Functions”窗口

2. 网络输入模块(Net Input Functions)

双击图 14－5 中的“Net Input Functions”模块，即可弹出“Library：neural/Net Input Functions”窗口，如图 14－7 所示。

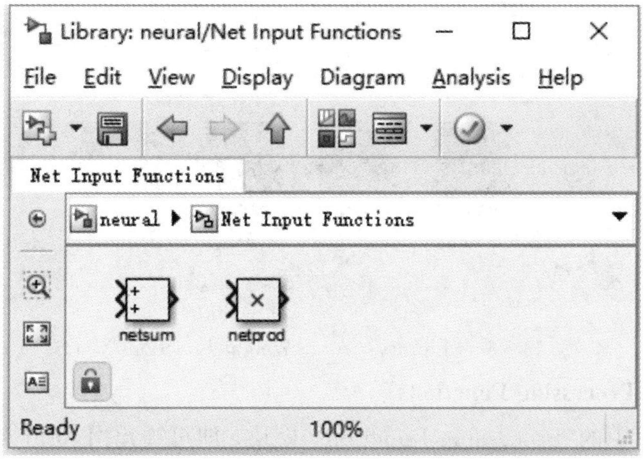

图 14－7　“Library：neural/Net Input Functions”窗口

图 14－7 中包含的网络输入模块及功能如表 14－1 所示。

表 14－1　网络输入模块及功能

模　块	netsum	netprod
功能	进行相加或相减运算	进行点乘或点除运算

表 14－1 中，每一个模块都能够接收加权输入向量、加权的层输出向量或者偏置值向量，并且返回一个网络输入向量。

3. 权值设置模块(Weight Functions)

双击图 14－5 中的“Weight Functions”模块，即可弹出“Library：neural/ Weight Functions”窗口，如图 14－8 所示。

图 14－8 中包含的网络输入模块及功能如表 14－2 所示。

表 14－2　网络输入模块及功能

模　块	功　能
dotprod	点积权值函数
dist	欧式距离权值函数
negdist	负距离权值函数
normprod	规范点积权值函数

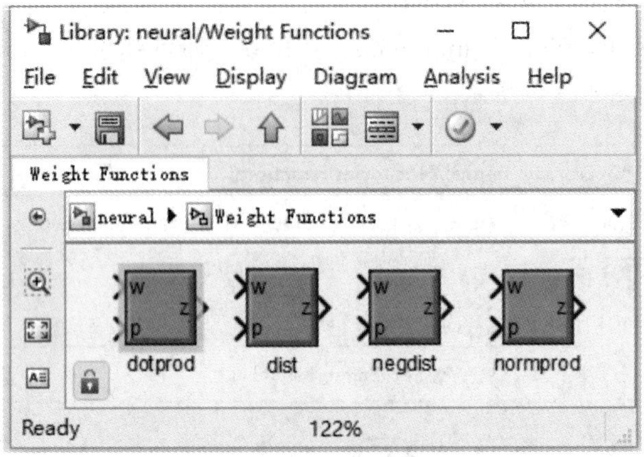

图 14-8 “Library:neural/Weight Functions”窗口

4. 处理模块(Processing Functions)

双击图 14-5 中的“Processing Functions”模块，即可弹出“Library:neural/Processing Functions”窗口，如图 14-9 所示。

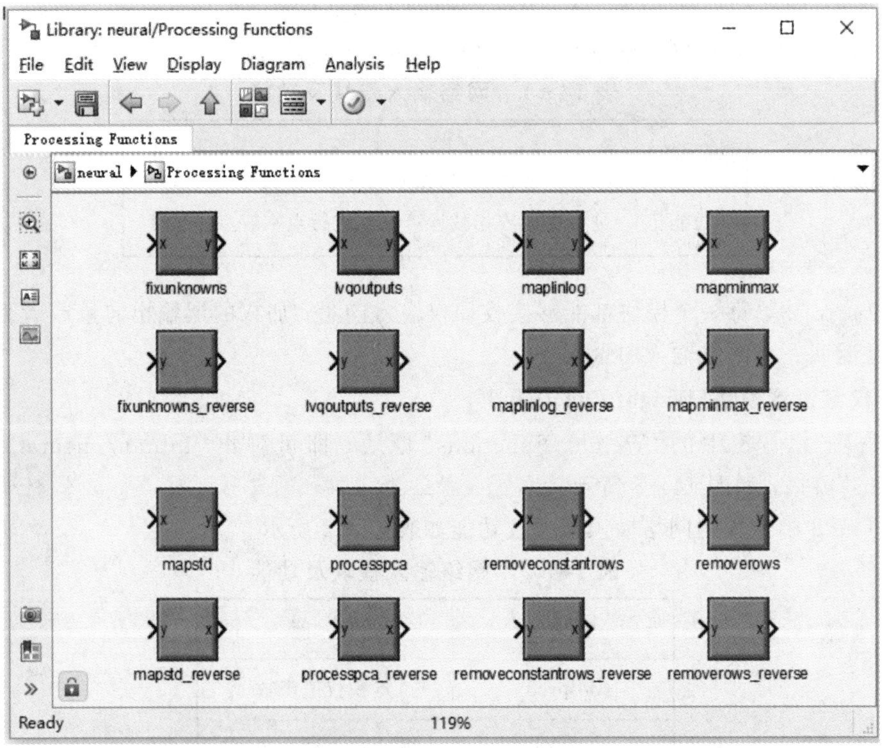

图 14-9 “Library:nerual/Processing Functions”窗口

5. 控制系统模块(Control Systems)

双击图 14-5 中的“Control Systems”模块，即可弹出“Library: neural/Control Systems”窗口，如图 14-10 所示。

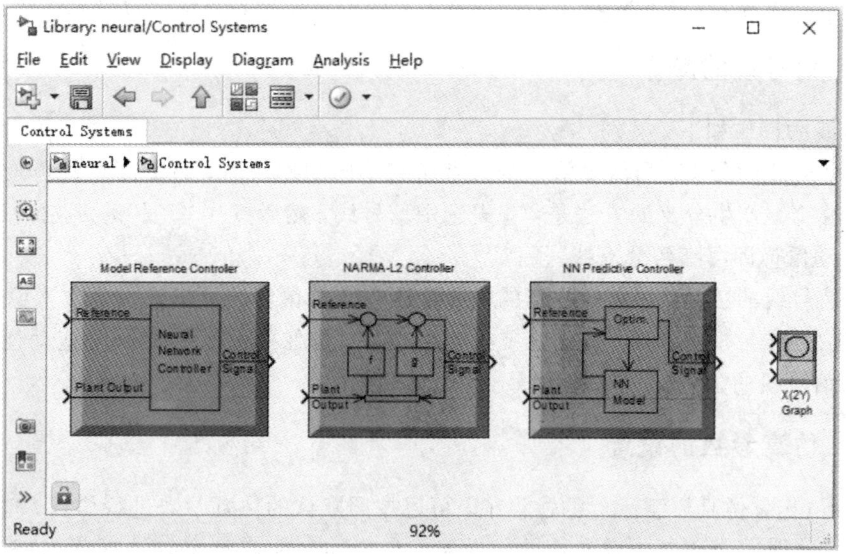

图 14－10　“Library:nerual/Control Systems”窗口

14.3　模型的设置和操作

14.3.1　模块的操作

将所选的模块添加到模型窗口后，单击需要操作的模块，当其四周出现小黑块编辑框时便可对其进行一系列的操作。

(1) 改变模块大小。用鼠标拖动模块的编辑框即可改变模块的大小。

(2) 模块的移动。当在同一窗口移动时，只需要用鼠标拖动模块移动位置即可。当在不同的窗口进行移动时，在用鼠标拖动模块的同时需要按住 Shift 键即可。

(3) 模块的复制。当在同一窗口复制时，在选中模块的同时按下 Ctrl 键，将对象拖动到目的位置，或者使用快捷键“Ctrl＋C”和“Ctrl＋V”。当在不同的窗口进行复制时，只需将模块拖到另一窗口即可。

(4) 模块的翻转。默认情况下，模块的输入端总是在左侧，输出端在右侧，有时候需要将模块翻转，那么在选中模块后，可以使用快捷键“Ctrl＋R”实现翻转，如图 14－11 中示波器模块所示。

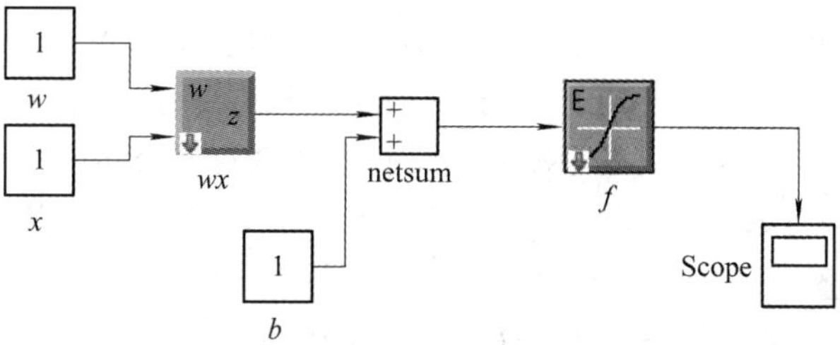

图 14－11　示波器模块翻转

(5) 修改模块名。单击模块下边的模块名，即可对模块名直接进行修改。

14.3.2 信号线的操作

信号线的操作如下：

(1) 信号线的分支。当需要将一个信号送到不同的模块时，就需要增加分支点将一条信号分成多条。产生分支的方法是：首先选中信号线，然后按住“Ctrl”键，点击鼠标左键的同时并移动鼠标即可产生分支线。

(2) 信号线的注释。在需要注释的信号线附近双击鼠标即可出现一个文本编辑框。

(3) 信号线与模块分离。选中需要操作的模块，按住“Shift”键的同时拖动模块便可实现模块与信号线的分离。

14.3.3 仿真参数的设置

在 Simulink 仿真模型运行的过程中，可以按照默认的仿真参数进行仿真，也可以根据系统不同的仿真条件，对仿真参数进行设置。在 Simulink 模型窗口选择菜单“Simulation”→“Model Configuration Parameters”，或者使用快捷键“Ctrl+E”打开参数设置对话框，如图 14-12 所示。

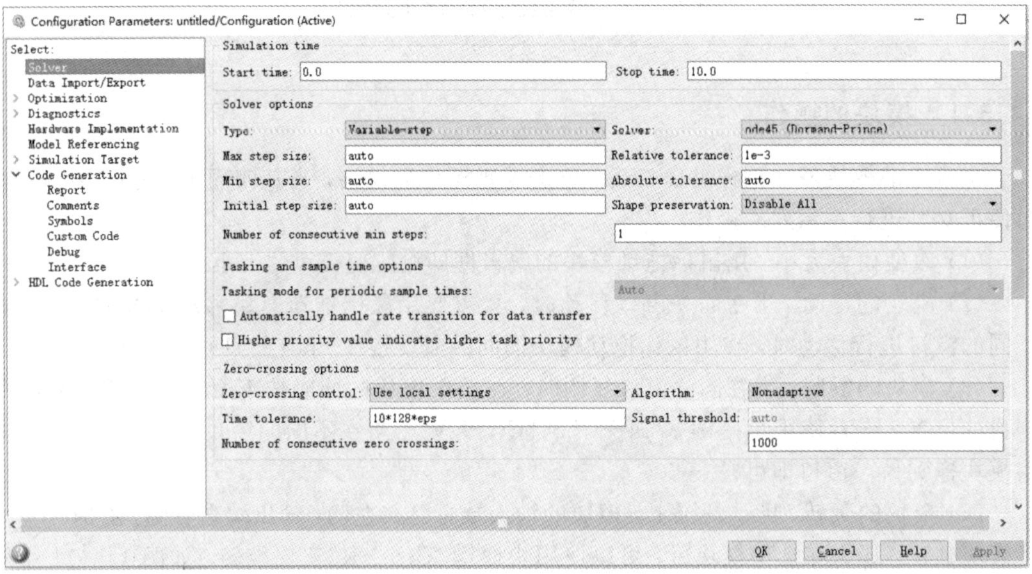

图 14-12 仿真参数设置对话框

图 14-12 中主要包括仿真参数(设置 Solver)、工作空间数据输入/输出(Data Import/Export)、优化设置(Optimization)、诊断设置(Diagnostics)、硬件实现(Hardware Implementation)、模型参考(Model Referencing)、仿真目标(Simulation Target)和代码生成(Code Generation)等的设置。

1. 仿真参数设置

仿真参数设置主要包括仿真时间和仿真步长的设置。

(1) 仿真的起始时间(Start time)默认为 0 s，终止时间(Stop time)默认为 10 s。此处的时间并不是实际时间，而是计算机的定时时间。

(2) 仿真步长设置。仿真过程一般是求解微分方程的过程，“Type”是设置求解的类型，“Variable-step”表示仿真步长是变化的，“Fix-step”表示仿真步长是固定的。采用变步长求解时，需要设定容许误差限和过零检测，当误差超过误差限时自动修正步长，误差限的大小决定了求解的精度。

① “Max step size”：设置最大步长，最大步长=(Stop time - Start time)/50。

② “Min step size”：设置最小步长。

③ “Initial step size”：设置初始步长。

④ “Relative tolerance”：设置相对容许误差限。

⑤ “Absolute tolerance”：设置绝对容许误差限。

2. 工作空间数据输入/输出

工作空间数据输入/输出设置对话框如图 14-13 所示。

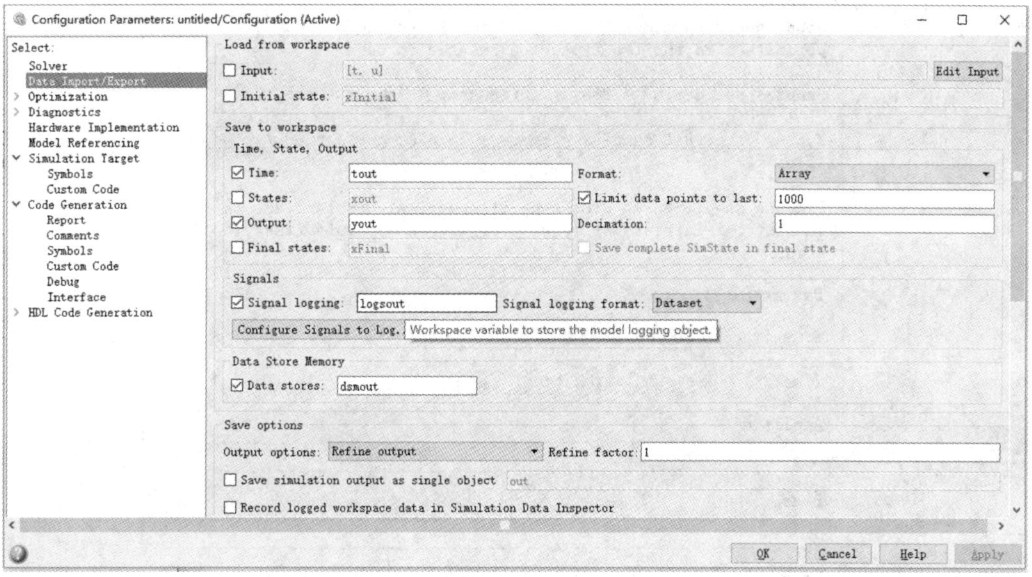

图 14-13　数据输入/输出参数设置对话框

(1) 从工作空间载入数据(Load from workspace)，“Input”栏是从工作空间输入向量到模型的输入端口。“Intial state”栏是将工作空间的 xIntial 变量作为模型所有内状态的变量的初始值。

(2) 保存数据到工作空间(Save to workspace)，“Time”栏的默认变量为 tout，“States”栏的默认变量为 xout，“Output”栏的默认变量为 yout，“Final state”栏的默认变量是 xFinal。“Limit data points to last”栏用来设置保存变量接收的数据长度，默认值为 1000。“Format”栏用来设置保存数据的三种格式：数组、结构数组和带时间量的结构数组。

14.3.4　常用模块的设置

在创建 Simulink 仿真模型时，通常需要设置模块的参数来满足系统的要求。打开模块参数设置对话框的方法有两种：

（1）鼠标左键双击需要设置参数的模块。

（2）鼠标右键单击该模块，在菜单中选择“Block Parameters”选项。

每个模块的参数设置对话框上方都有该模块功能的详细介绍，在实际操作过程中，一般都使用第一种设置方法。下面介绍一些常用模块的设置方法。

1. 正弦信号模块

在“Sources”子模块库中，通常会用到正弦信号(Sine Wave)模块，其参数设置对话框如图 14－14 所示。

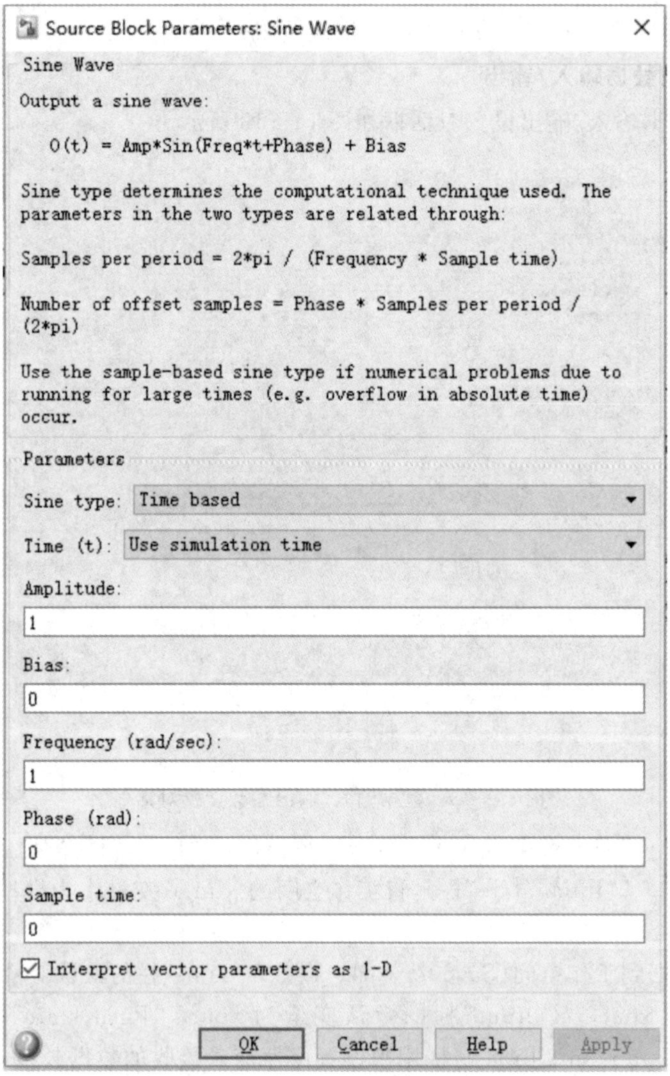

图 14－14　正弦信号模块的参数设置对话框

在图 14－14 中，有时间范围(Time)设置参数，其有两个选项“Use simulation time”和“Use external signal”，分别可以使用仿真时间或其他信号作为时间范围。此外，还有正弦幅值(Amplitude)、幅值偏移量(Bias)、正弦频率(Frequency)和初始相角(Phase)等参数设置选项。

2. 求和模块

求和模块(Sum)一般用来计算信号的和，它是“Math Operations”模块库中的模块。其参数设置分为两个选项：“Main”设置主要参数，如图 14－15(a)所示，“Signal Attributes”设置信号的属性，如图 14－15(b)所示。

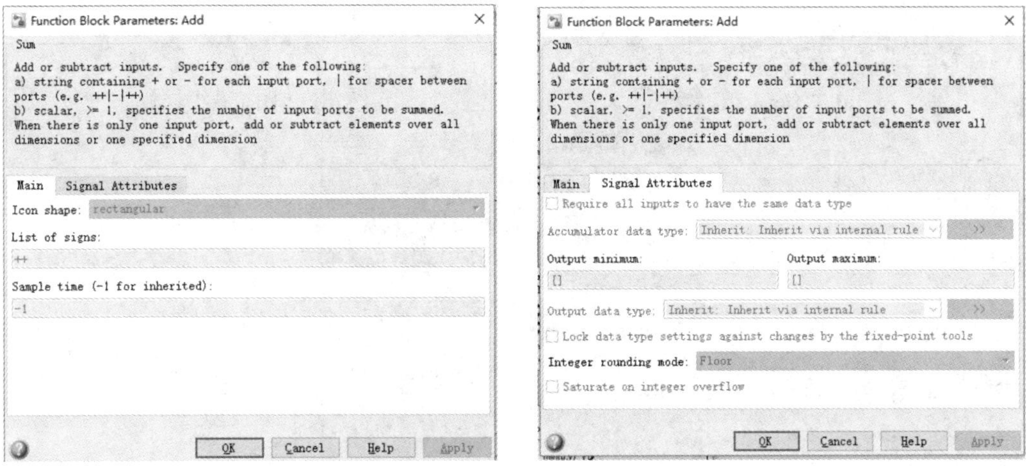

(a) Main 选项卡　　(b) Signal Attributes 选项卡

图 14－15 求和模块的参数设置对话框

在“Main”选项卡中，图标形状(Icon shape)可以设置为圆形(round)和方形(rectangle)两种形式。在信号极性列表中(List of signs)，“＋”表示信号求和，“－”表示信号求差。

在“Signal Attributes”选项卡中，“Accumulator data type”为累加器数据类型，“Output data type”为输出信号数据类型，这两个选项都可以选择各种数据类型，其默认类型都为“Inherit：Inherit via internal rule”。

3. 示波器

示波器(Scope)模块在 Simulink 仿真过程中具有非常重要的作用，该模块主要用来接收信号并将信号以波形的形式显示出来。示波器模块属于 Sinks 模块库中的子模块，在搭建仿真模型的过程中，可以方便地在常用模块库中找到。双击示波器模块即可打开示波器窗口，如图 14－16 所示，工具栏中常用的是 按钮，可以将波形完整地显示出来。

单击示波器窗口工具栏的“ ”按钮可以打开示波器参数设置对话框，如图 14－17 所示。

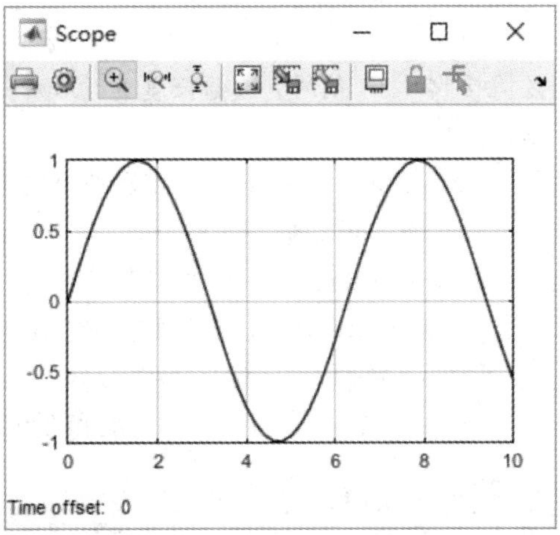

图 14－16 示波器窗口

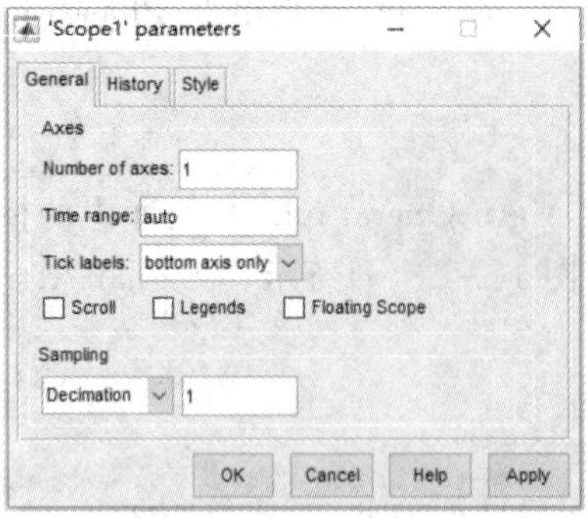

(a) “General” 参数

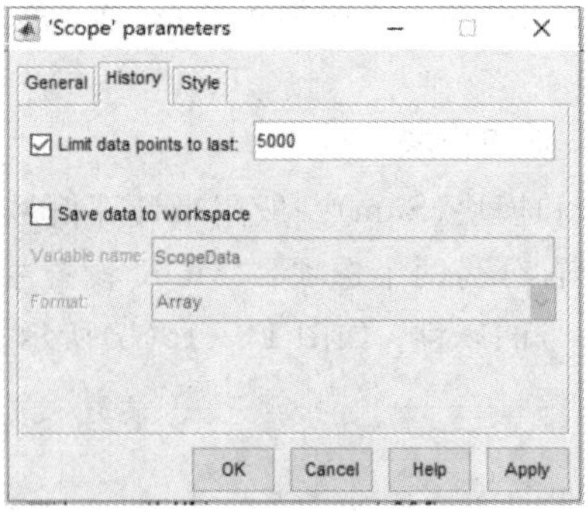

(b) “History” 参数

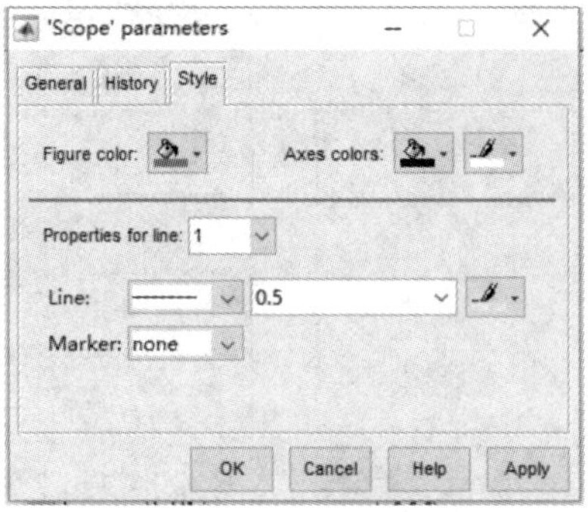

(c) “Style” 参数

图 14-17 示波器的参数设置对话框

(1)“General”主要参数。

Number of axes：示波器的输入端口个数，默认值为 1，表示只有一个输入。

Time range：设置信号显示范围，默认值 auto 为仿真时间范围，若信号实际持续时间超出该范围，则超出的部分不再显示。

(2)“History”主要参数。

Limit data points to last：表示缓冲区接收数据的长度，默认值为 5000。示波器的缓冲区可接收 30 个信号，数据长度为 5000，若数据长度超出该范围，则最早的历史数据将会被删除。

Save data to workspace：将示波器缓冲区的数据以矩阵或结构数组的形式送到工作空间。

(3)“Style”参数。

Figure color：设置示波器背景颜色。

Axes colors：设置波形背景颜色和坐标轴颜色。

Properties for line：图形编号。

Line：设置波形的类型、宽度和颜色。

14.4 单神经元建模

Simulink 中有专门的神经网络工具箱，可以用于搭建各种神经网络电路，本节通过搭建一个简单的神经元模型来说明 Simulink 模型建立的步骤。

1. 创建一个空白模型

在 Simulink 主窗口中，单击工具栏中的按钮“”，或者直接使用快捷键“Ctrl＋N”都可以创建一个默认名为“untitled”的空白模型，如图 14－18 所示。

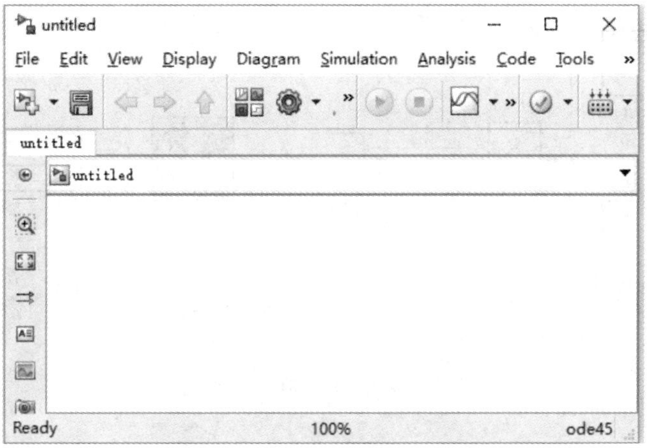

图 14－18　“untitled”的空白模型图

2. 添加模块

单个神经元的数学模型为

$$y = f(wx + b) \tag{14-1}$$

该模型可分为输入模块、传递函数和输出模块三部分：输入模块通常在信号源模块库(Source)中，双击图 14－19 中的模块库，并将其中的常数模块(Constant)拖放到空白模型的窗口中；该神经元模型选用的传递函数为线性传递函数，可直接将图 14－6 中对应的函数模块拖到空白模型中；输出模块为实时数字显示模块(Display)，在接收模块库(Sinks)中选择该模块并将其拖放到模型窗口中。除此之外，还需要两个模块来执行点积和加法运算，选择图 14－7 所示的两个网络输入模块，并将其拖放到模型窗口中，如图 14－19 所示。

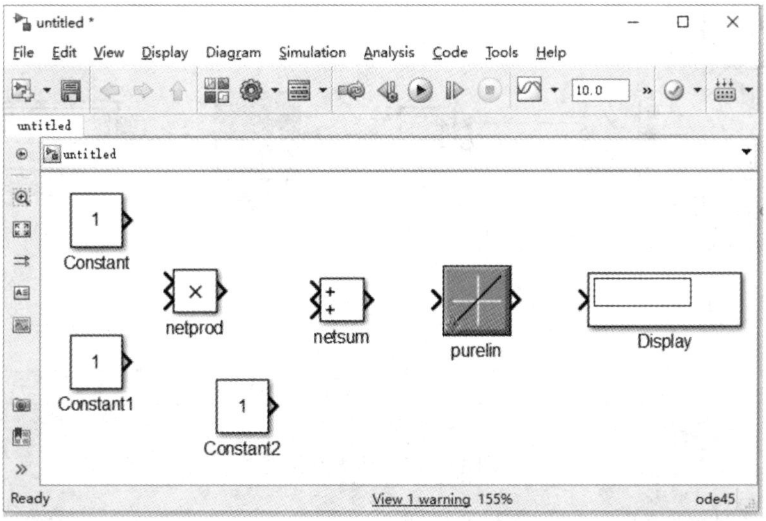

图 14－19　单个神经元模块图

3. 添加信号线

将独立的模块用信号线连接起来。将鼠标放在 Constant 模块的输出端，当光标变为十字时，按住鼠标左键拖向点乘模块(netprod)的输入端。以此类推，完成所有模块的连线，连接后的模型如图 14-20 所示。

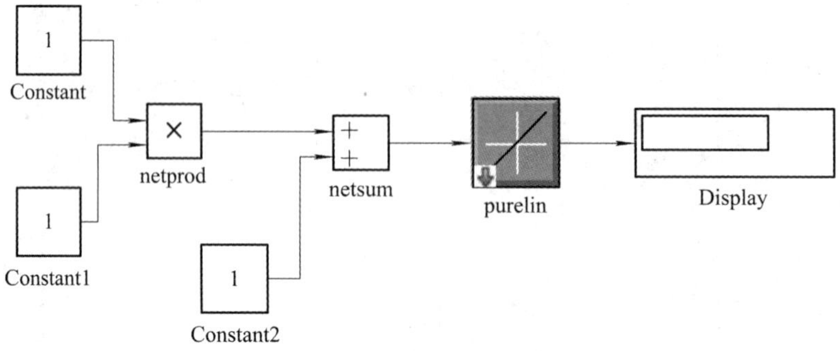

图 14-20　单个神经元模型图

4. 仿真

双击常数输入模块修改参数，假设单个神经元权值为 0.8，输入为 0.02，偏置值为 0。模块参数设置完成后开始仿真，单击模型窗口工具栏中的图标，或者选择菜单命令“Simulink”→“Run”进行仿真。当仿真结束后，数字显示模块(Display)会显示当前单个神经元的输出结果，如图 14-21 所示，Simulink 默认的仿真时间是 10 s。

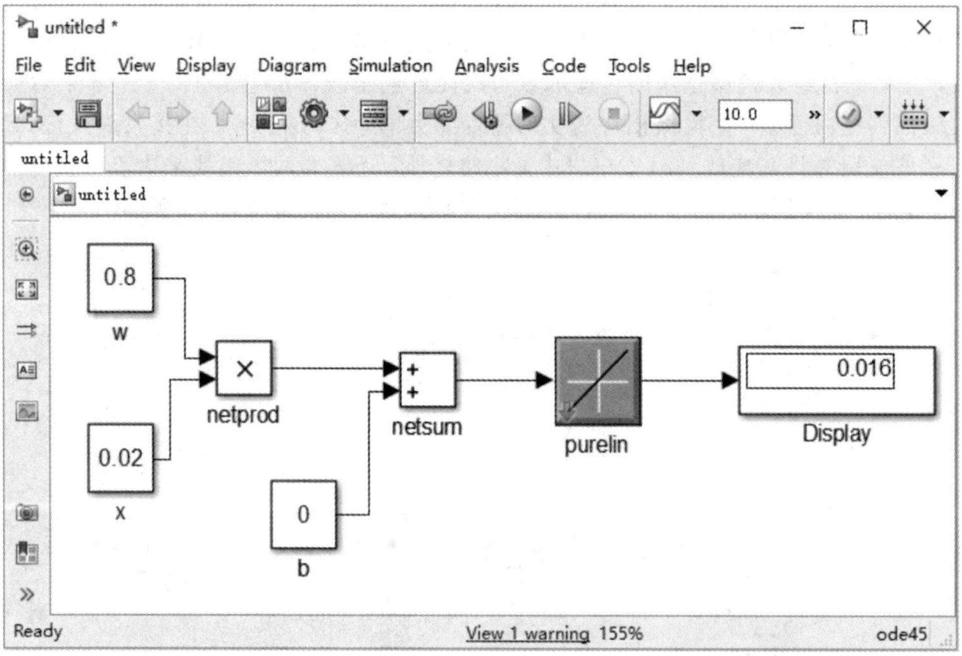

图 14-21　仿真结果图

5. 模型保存

单击模型窗口工具栏中的图标，即可修改该模型的保存路径、文件类型和文件名，此处将该单个神经元模型保存为“MP_1. mdl”文件。

以上五个步骤便是使用 Simulink 建立一个完整的单个神经元模型的流程，可以看出，Simulink 模型的创建是比较简便的。读者可以通过学习构建简单的神经元模型来搭建更加复杂的神经网络模型。

14.5 函数逼近的 Simulink 仿真模型

14.5.1 参数未改变的模型及仿真

4.4.2 节介绍了多层感知器的函数逼近功能，下面通过使用 Simulink 仿真来搭建该函数的逼近模型。该模型为一个 1－2－1 的网络结构，网络中隐含层中的传递函数选用对数 S 型函数，输出层中的传递函数选用线性函数，如图 14－22 所示。

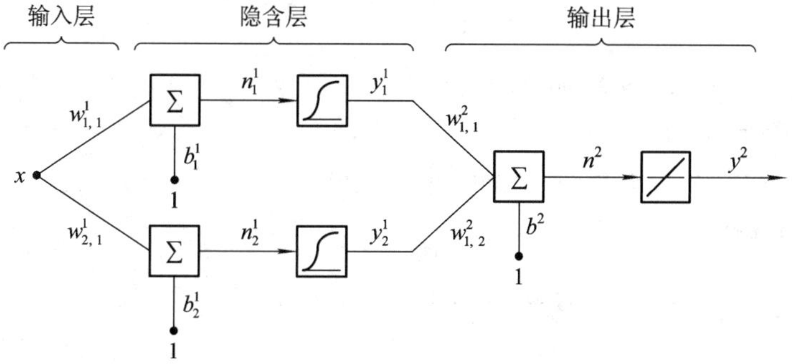

图 14－22 函数逼近网络实例图

假设该网络的权值和偏置值为 $w^1_{1,1}=5$，$w^1_{2,1}=5$，$b^1_1=-5$，$b^1_2=5$，$w^2_{1,1}=1$，$w^2_{1,2}=1$，$b^2=0$，网络结构中的输出 y^2 为输入 x 的函数，令 x 的取值范围是[－2, 2]，搭建该网络的 Simulink 仿真模型。

1. 搭建模型

在创建空白模型、选取所需模块和连接完成信号线后，函数逼近的仿真模型如图 14－23 所示。

图 14－23 仿真模型中的输入信号不是一个具体的数值，而是一个取值范围，因此需要一个特殊的模块“斜坡(Ramp)”，其作用是产生连续增大或减小的信号。在选定该模块后还需要进行参数设置，该模块的三个参数如下：

(1) Slope：斜率，产生信号的变化率。

(2) Start time：信号开始产生的时间。

(3) Initial output：信号初始值。

该函数逼近模型输入信号 x 的取值范围是[－2, 2]，仿真程序默认运行时间为 10 s，所以 Slope 设置为 0.4，Start time 设置为 0，Initial output 设置为－2，结果如图 14－24 所示。

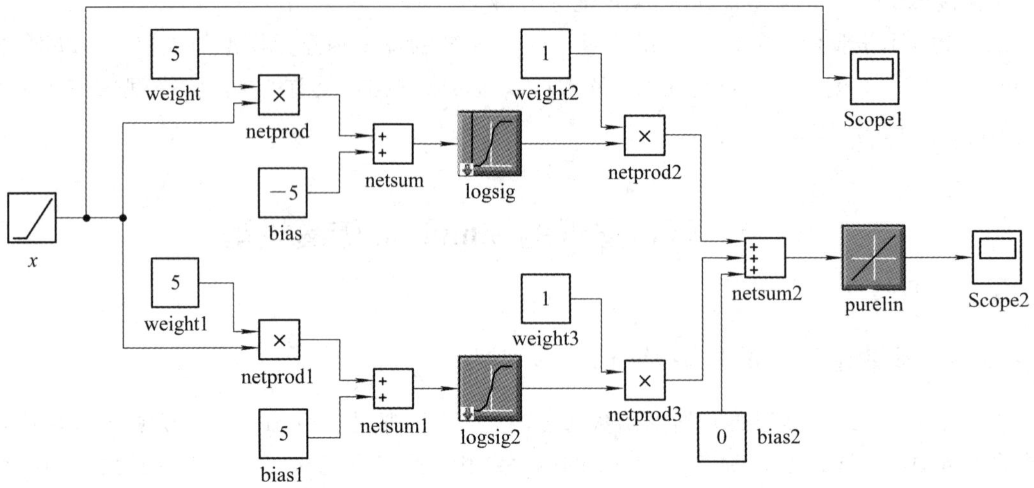

图 14 - 23　函数逼近的仿真模型图

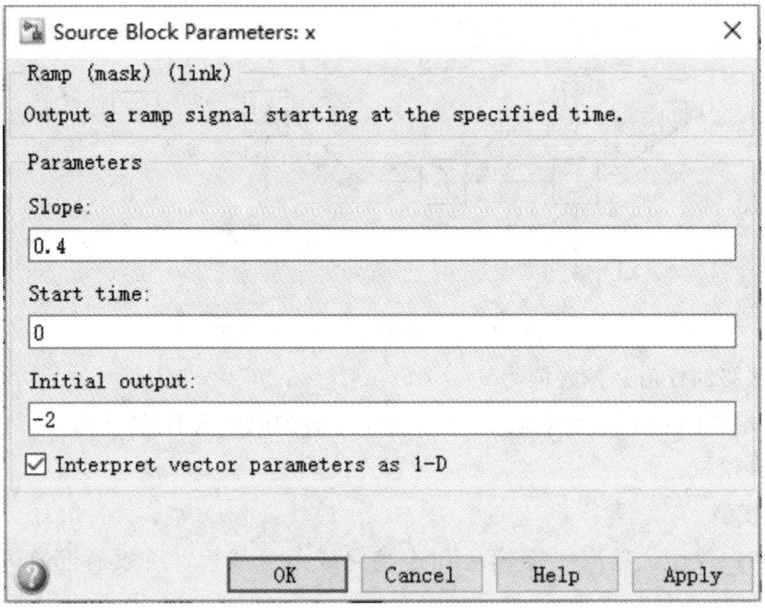

图 14 - 24　斜坡模块参数设置

2. 模型仿真

点击运行按钮进行模型仿真，仿真结束后，首先双击示波器"Scope1"验证输入信号是否满足条件，如图 14 - 25 所示。

由图 14 - 25 可以看出，函数逼近网络模型的输入信号的范围是[−2，2]，符合假设的输入信号条件。在验证了输入信号满足要求后，双击示波器"Scope2"观察输出结果，波形图如图 14 - 26 所示。

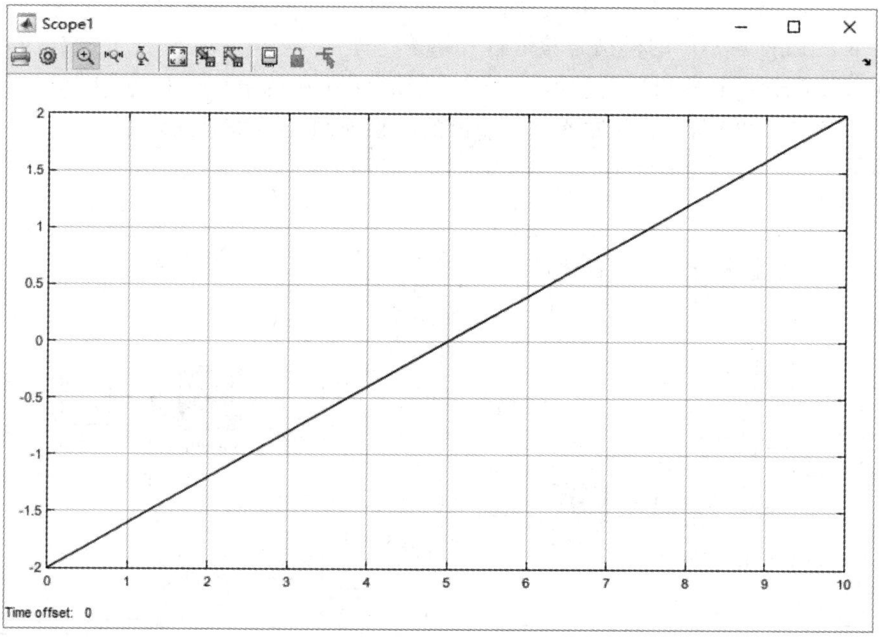

图 14-25　输入信号图

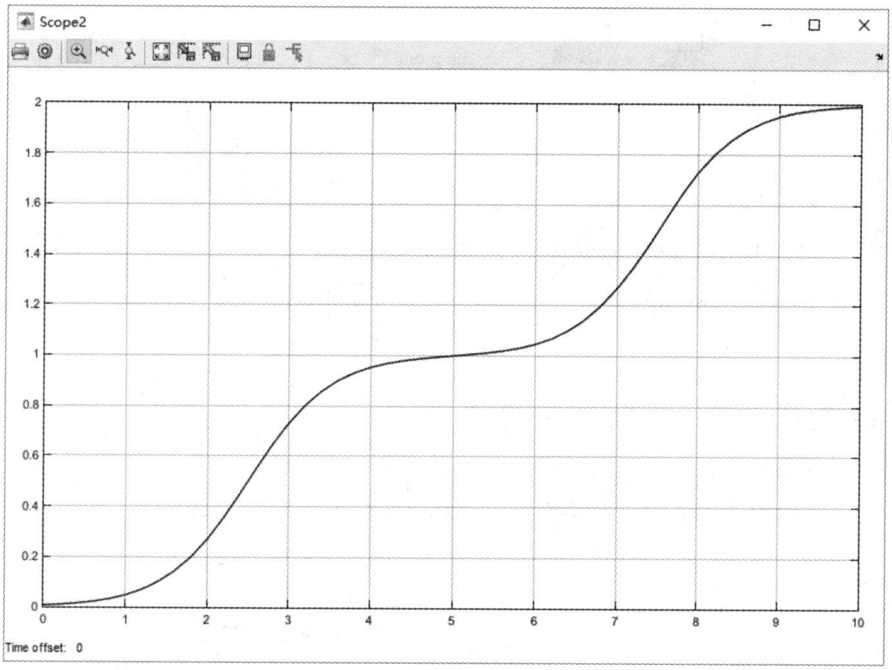

图 14-26　输出波形图

14.5.2　改变参数的模型及仿真

通过改变网络结构中权值和偏置值的大小，可以改变网络输出曲线的陡度和位置。假设函数逼近模型网络中的参数取值范围分别为

$$-1 \leqslant w_{1,1}^{2} \leqslant 1, \quad -1 \leqslant w_{1,2}^{2} \leqslant 1, \quad 1 \leqslant b_{2}^{1} \leqslant 10, \quad -1 \leqslant b^{2} \leqslant 1$$

则下面通过搭建不同的模型来验证这一结论。

(1) 改变隐含层到输出层的权值 $w_{1,1}^{2}$，分别取权值 w 的值为−1、0 和 1，则 Simulink 仿真模型如图 14－27 所示，示波器显示输出的结果如图 14－28 所示。

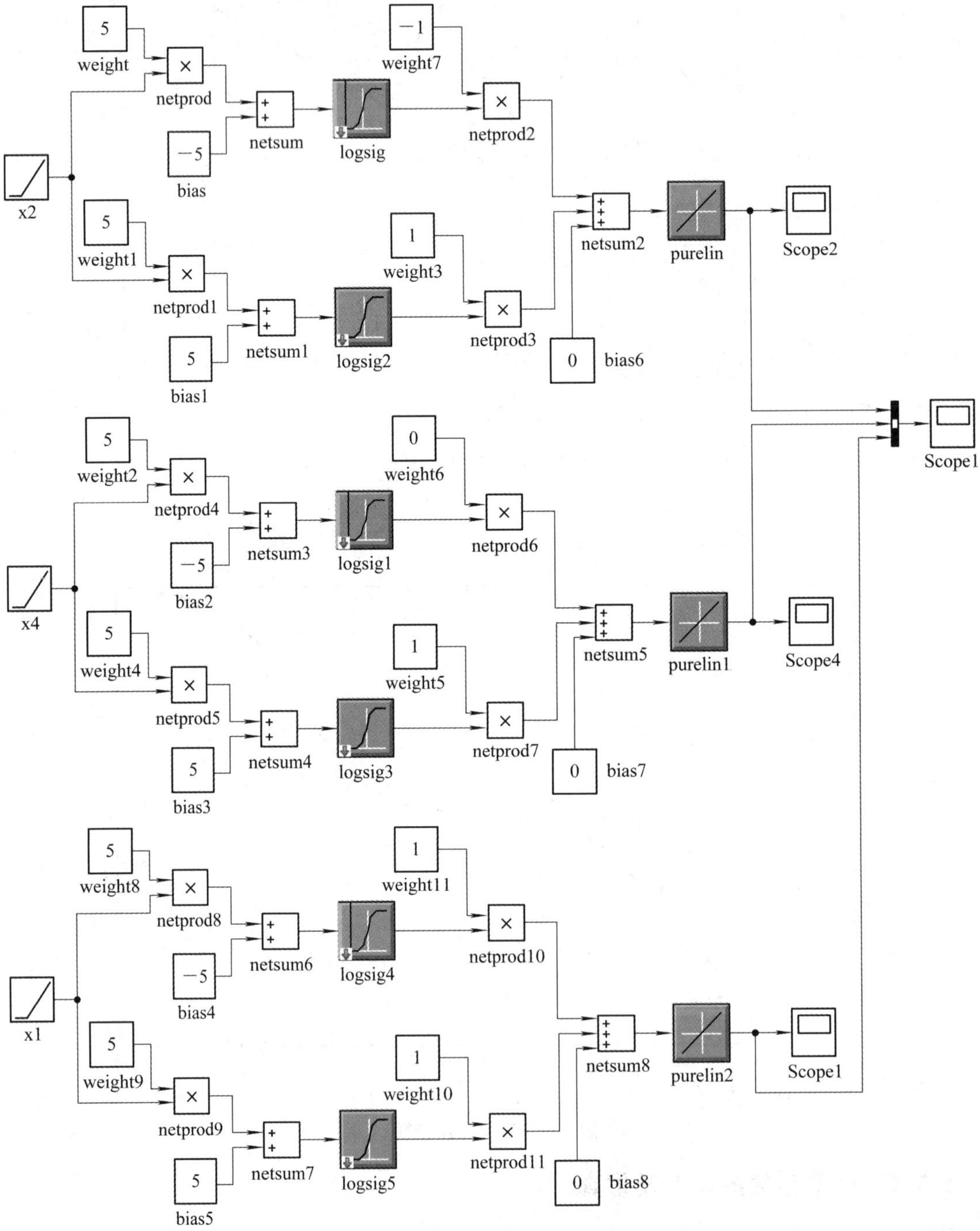

图 14－27 改变权值 $w_{1,1}^{2}$ 的仿真模型图

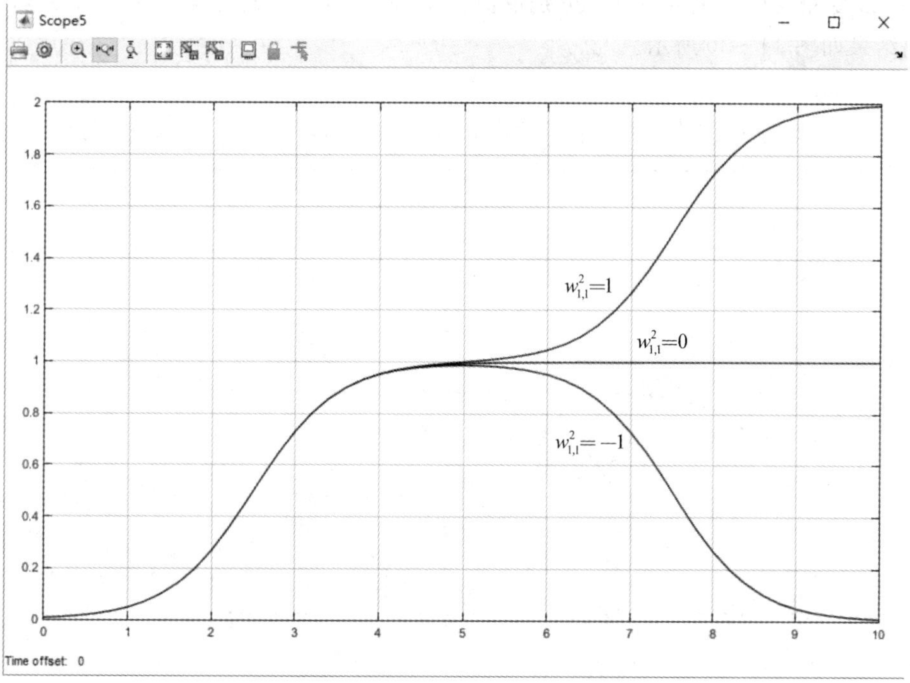

图 14-28　改变权值 $w_{1,1}^2$ 的结果图

(2) 改变隐含层到输出层的权值 $w_{1,2}^2$，分别取权值 w 的值为 -1、0 和 1。同理，搭建新的仿真模型，则改变权值 $w_{1,2}^2$ 后示波器显示的输出结果如图 14-29 所示。

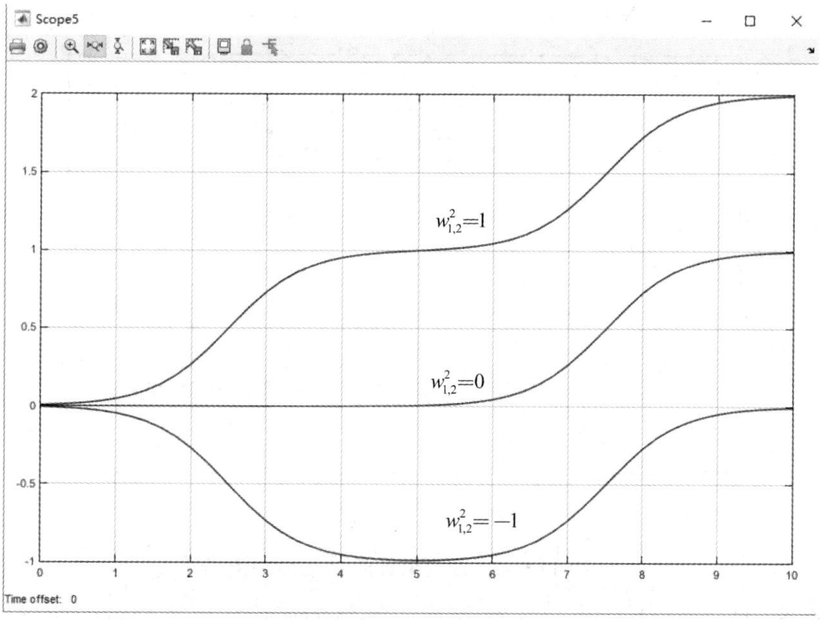

图 14-29　改变权值 $w_{1,2}^2$ 的结果图

(3) 改变隐含层的偏置值 b_2^1，分别取值为 1、5 和 10，则改变偏置值 b_2^1 后示波器显示的输出结果如图 14-30 所示。

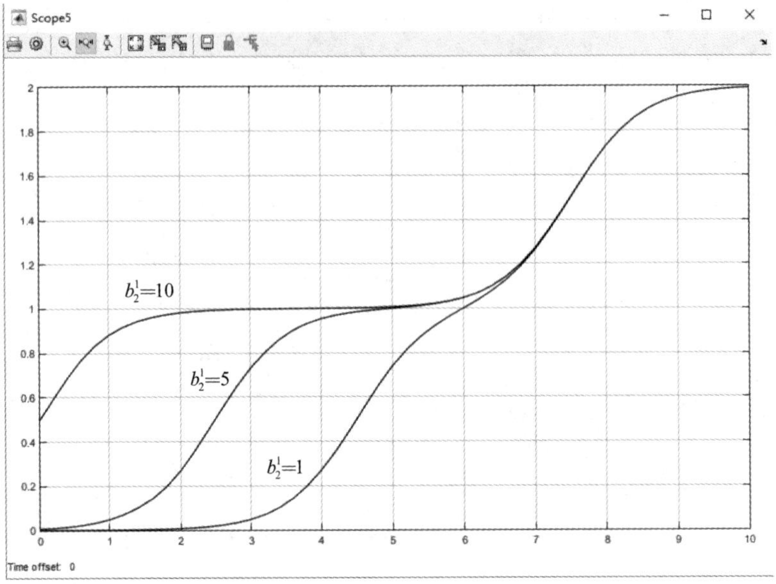

图 14-30　改变偏置值 b_2^1 的结果图

(4) 改变输出层的偏置值 b^2，分别取值为－1、0 和 1，则改变偏置值 b^2 后示波器显示的输出结果如图 14-31 所示。

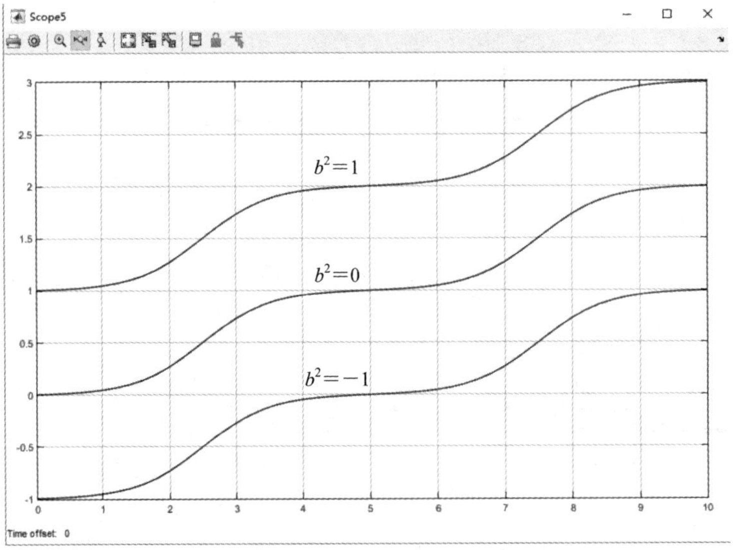

图 14-31　改变偏置值 b^2 的结果图

综上所述，图 14-28 和图 14-29 说明了网络的权值如何改变每步曲线的陡度，图 14-30 说明了网络隐含层如何利用偏置值来确定每一步曲线的位置，图 14-31 说明了网络输出层的偏置值如何影响网络的响应曲线上移或下移。

从以上的 Simulink 仿真模型可以看出多层网络的灵活性，只要在隐含层中有足够数量的神经元，就可以用这样的网络来逼近几乎任何一个函数。

14.6 应用案例

虽然 Simulink 中提供了网络输入函数、传递函数、权值函数等神经网络的基本组件，但是在多数情况下用户并不需要用这些组件来构造神经网络模型，而是通过 MATLAB 命令窗口或者编程首先完成网络的设计，然后使用 gensim 函数生成神经网络的仿真模块，最后进入 Simulink 系统进行仿真。

在第 11 章的实践案例中，使用 Elman 神经网络用于振幅检测，该章节已经完成了网络设计，把该文件另存为 s15_6，然后在 MATLAB 命令窗口中加载新文件。

```
>>s15_6
>> who
```

您的变量为：

```
Pseq  Tseq  net  p  p1  p2  t  t1  t2  time  y
>> net
net =
    Neural Network
dimensions:
        numInputs: 1
        numLayers: 2
      biasConnect: [1; 1]
     inputConnect: [1; 0]
     layerConnect: [1 0; 1 0]
    outputConnect: [0 1]
subobjects:
           inputs: {1x1 cell array of 1 input}
           layers: {2x1 cell array of 2 layers}
          outputs: {1x2 cell array of 1 output}
           biases: {2x1 cell array of 2 biases}
     inputWeights: {2x1 cell array of 1 weight}
     layerWeights: {2x2 cell array of 2 weights}
    functions:
        adaptFcn: 'adaptwb'
          initFcn: 'initlay'
      performFcn: 'mse'
        trainFcn: 'traingdx'
   weight and bias values:
               IW: {2x1 cell} containing 1 input weight matrix
               LW: {2x2 cell} containing 2 layer weight matrices
                b: {2x1 cell} containing 2 bias vectors
evaluate:      [outputs, ignore, layerStates] = net(inputs, {}, layerStates)
```

该神经网络已经经过了训练和仿真，其仿真结果如图 14－32 所示。可以看出，Elman 神经网络对输入信号振幅的检测效果是比较好的，基本完成了信号的振幅检测。接下来在 Simulink 环境下完成该神经网络的动态仿真。

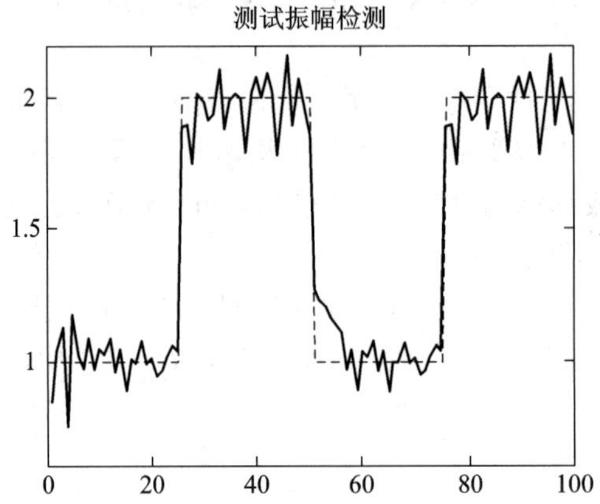

图 14－32　Elman 神经网络振幅检测

MATLAB 命令窗口中加载完成并设计好神经网络后，使用 gensim 函数生成神经网络仿真模块，因为 Elman 神经网络内部具有延时单元，所以只能采用离散采样。假设离散采样时间为 0.05 s，在命令窗口中输入命令：

```
>> gensim(net, 0.05)
```

此时，屏幕弹出两个窗口，一个是神经网络模型库(Library: neural)窗口，如图 14－33 所示；另一个是 Simulink 系统仿真窗口，如图 14－34 所示。

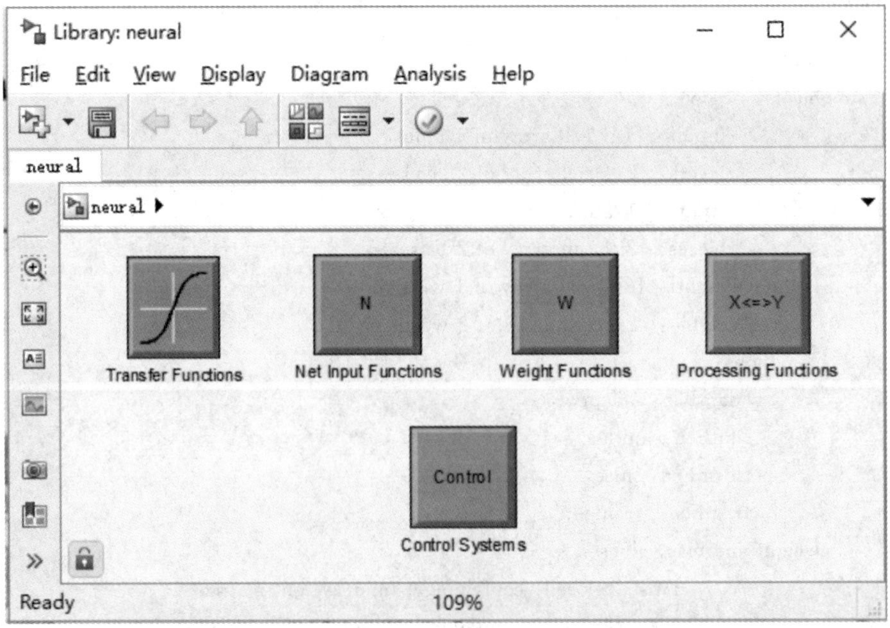

图 14－33　神经网络模型库窗口

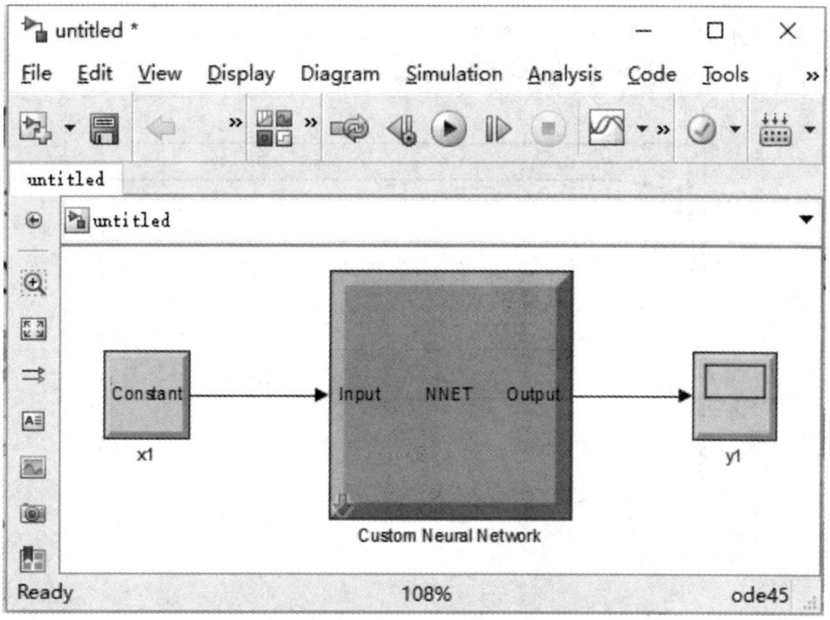

图 14－34　Simulink 系统仿真窗口

在图 14－34 中，已经建立了神经网络模型，该模型包括采样输入模块(x1)、神经网络模块(Custom Neural Network)和一个示波器输出(y1)，将该模型保存为 demo.mdl 文件。

点击神经网络模块左下角的向下箭头，出现如图 14－35 所示的窗口。

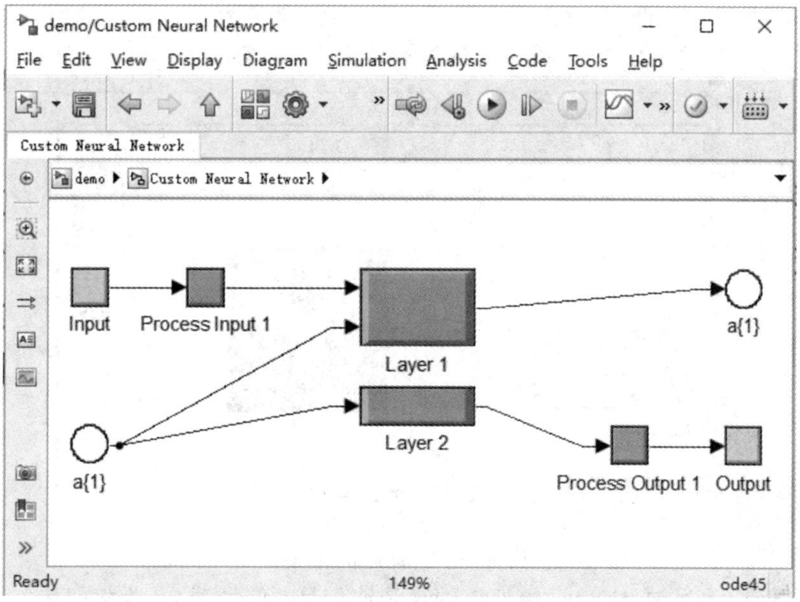

图 14－35　神经网络模块窗口

如果对生成的模型不做任何修改，直接进行仿真，则输出波形如图 14－36 所示。

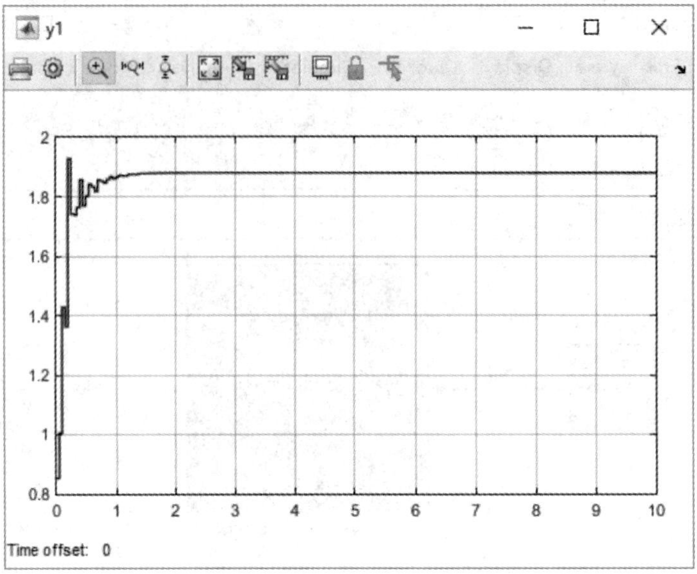

图 14-36　系统直接仿真波形图

从图 14-36 中可以看出，该波形并不能很好地反映出振幅检测的过程，这是因为输入向量有一个值，双击图 14-34 中的输入模块可以看到其值为 0.88。若要观察到振幅检测的动态过程，则需要对生成的仿真模型进行修改，修改后的模型如图 14-37 所示。

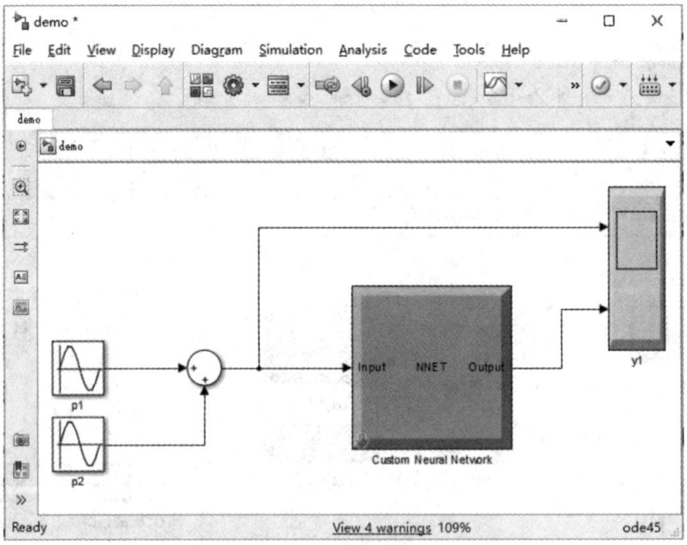

图 14-37　动态仿真模型

图 14-37 中信号源 p1 为振幅为 1 的正弦波信号，信号源 p2 为振幅为 2 的正弦波信号，y1 为振幅检测的输出信号，其波形如图 14-38 所示。

总结以上过程可以得出，神经网络在 Simulink 环境中进行动态仿真的步骤如下：

(1) 在 MATLAB 命令窗口中完成神经网络的设计和训练；

(2) 使用 gensim(net, st)函数生成神经网络仿真模型；

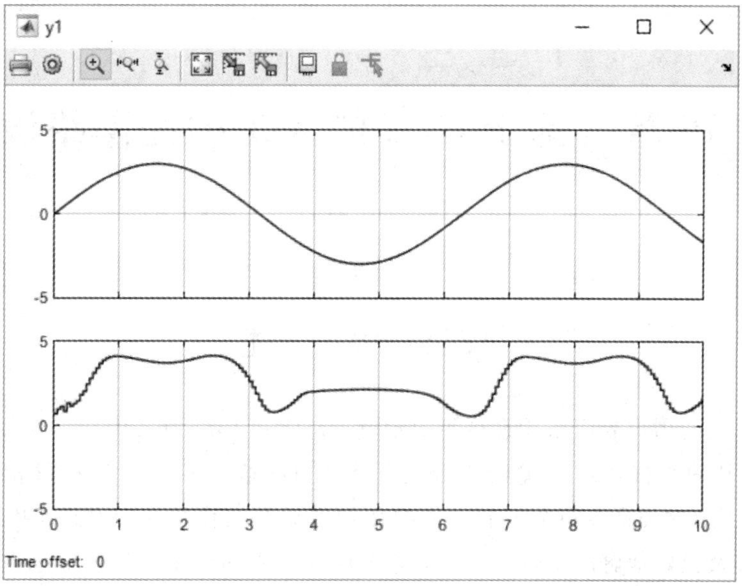

图 14-38 动态仿真结果

(3) 在 Simulink 环境下对生成的仿真模型进行修改；

(4) 进行动态模型仿真，观察动态仿真结果。

习 题

1. 在 Simulink 仿真环境中，搭建一个单神经元模型，改变模型中的权值和偏置值大小，观察示波器中输出波形的变化。

2. 使用正弦输入模块和示波器模块搭建一个简单的 Simulink 模型，改变正弦信号的参数，观察示波器的变化。

3. 在示波器中显示任意阶跃信号，并将信号波形颜色设置为黑色，波形宽度设置为 1，波形背景和坐标轴背景都设置为白色，坐标轴颜色设置为黑色。

4. 建立一个仿真系统，在示波器上同时显示以下两个输入信号：$y=2\sin(2x+3)$ 和 $g=4\cos(x-6)$。

5. 建立一个 Simulink 仿真模型，将摄氏温度转换为华氏温度$\left(T_{\mathrm{f}}=\frac{9}{5}T_{\mathrm{c}}+32\right)$。

参考文献

[1] 曹戈. MATLAB 教程及实训[M]. 2 版. 北京：机械工业出版社，2002.
[2] 朱凯，王正林. 精通 MATLAB 神经网络[M]. 北京：电子工业出版社，2010.
[3] 郑阿奇. MATLAB 实用教程[M]. 北京：电子工业出版社，2004.
[4] 张德丰. MATLAB 神经网络仿真与应用 [M]. 北京：电子工业出版社，2009.
[5] 周品. MATLAB 神经网络设计与应用[M]. 北京：清华大学出版社，2013.

第 15 章　基于 GUI 的人工神经网络设计

15.1 概　　述

早期计算机的用户界面采用命令行界面(Command Line Interface, CLI)，它通常不支持鼠标操作，用户直接用键盘输入指令，当计算机接收到指令后便执行相应的程序，如 MS-DOS 系统。这类命令行界面软件需要用户熟记其操作指令，因此使用和开发难度较大。GUI 的普及很好地解决了这一问题，它采用计算机图形用户界面显示方式，允许用户使用鼠标等其他输入设备操纵屏幕上的图标和菜单选项，与 CLI 相比更加直观，且易被接受，因此目前大多数操作系统和软件都使用 GUI。典型 GUI 软件主要由窗口、标签、菜单、图标、按钮等部分组成。它的设计准则为友好性和一致性，其中友好性包括用户界面的友好性，软件更具人性化，减少用户的认知负担；一致性包括各个界面间的一致性和图标功能的一致性。

MATLAB 是美国 MathWorks 公司开发的专业数学软件，它可用于科学计算、数据可视化和交互式程序设计，集成了数值分析、矩阵计算以及非线性动态系统建模仿真等强大功能。MATLAB 软件集成了 GUI 开发环境，软件设计人员可以很方便地进行软件图形窗口的设计和开发。尤其地，MATLAB 开发了人工神经网络模块集和工具箱，用户可以直接使用神经网络工具箱调用其所需的神经网络函数为自己的研究项目服务。

本章通过一款人工神经网络软件——《基于 BP 神经网络的路面裂缝检测与处理建议》，介绍基于 MATLAB GUI 的人工神经网络软件的开发流程和设计方法，案例中使用的 MATLAB 软件版本为 R2015b。

15.2 软件架构设计

软件架构是构建计算机软件的基础，即在着手软件的具体开发及代码编写之前，打出的软件“大纲”。软件架构设计工作十分重要，在企业中承担软件架构设计的人员往往是一些技术水平较高、经验丰富的程序员或项目经理。大型系统软件设计中，需要综合考虑软件架构逻辑结构、物理结构。其中，逻辑结构包括软件系统中各部分之间的逻辑关系，如用户界面、数据库等；物理结构反映了软件功能在硬件上的具体实现。

软件的设计层次和功能结构称为软件的架构设计图，本案例的架构设计如图 15-1 所示，它反映了软件主菜单的设计层次和功能结构。

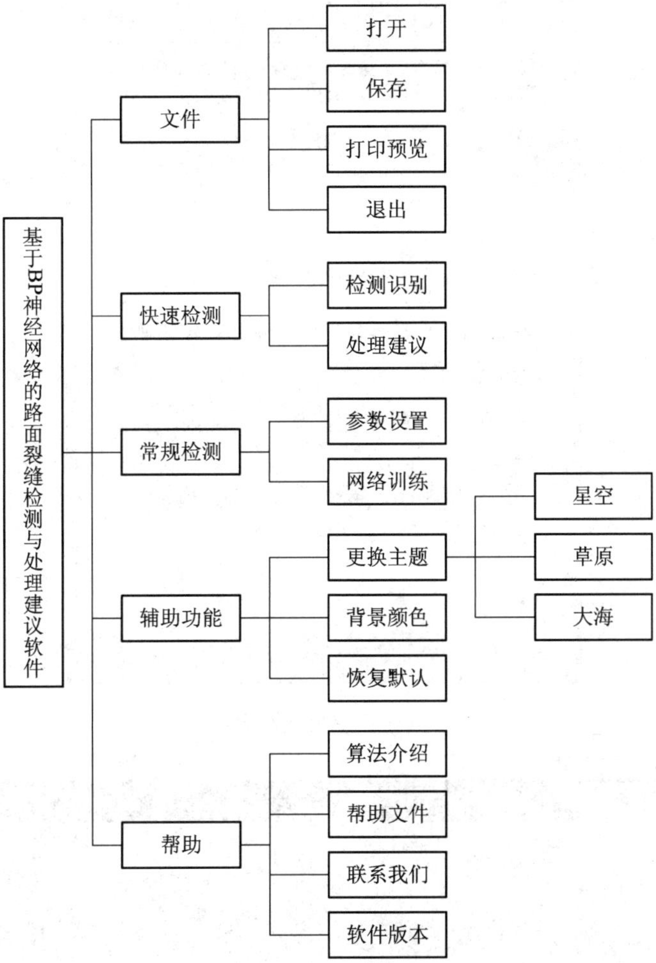

图 15－1　软件的架构设计图

15.3　创建工程

MATLAB 软件中的 GUI 开发环境提供了丰富的开发工具来建立和编辑 GUI 对象，在一定程度上简化了软件的制作过程。GUI 分为两个部分：一个是 FIG 文件编辑界面，用来编辑 GUI 对象的属性和布局；另一个是 M 文件编辑界面，用来编写 GUI 对象执行的回调函数。使用 GUI 创建工程后，软件会自动生成这两个文件。

在设计工作开始之前，建议在自己的电脑中先新建一个文件夹，取名为软件名称，该文件夹下仅存放与软件有关的文件，可以避免文件管理上的混乱，提高工作效率。接着鼠标右击 MATLAB 软件快捷方式图标打开“属性”栏，在“快捷方式”选项卡中将“起始位置”一栏的地址更改为新建文件夹的地址，如图 15－2(a)所示“F:\基于 BP 神经网络的路面裂缝检测与处理建议”。点击“确定”按钮后，打开 MATLAB 软件，其生成文件的默认地址就是该文件夹了，如图 15－2(b)所示。

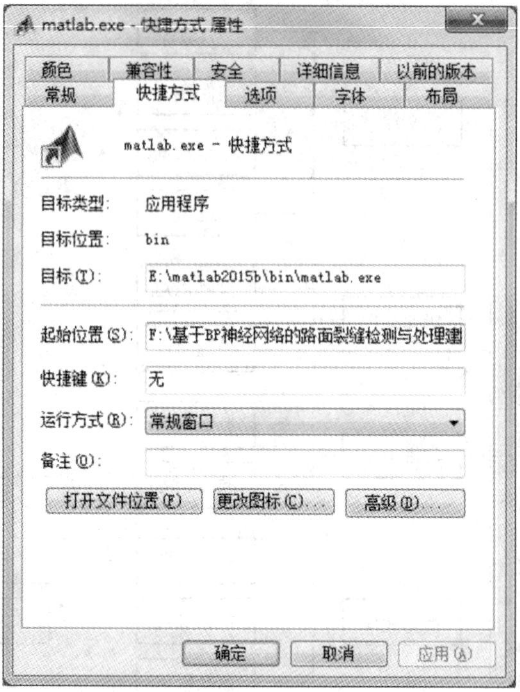

(a) 起始位置设置

(b) 设置结果

图 15-2　默认文件“起始位置”设置

打开 MATLAB 软件后，新建一个空白的 GUI 页面。新建空白 GUI 页面的方法有两种：一是点击软件左上角的“新建”选项卡，在下拉菜单中选择“图形用户界面”；二是直接在命令行窗口中输入“guide”，注意是小写，直接打开“GUIDE 快速入门”窗口，如图 15-3(a)所示。在左边“GUIDE templates”选择框中选择 Blank GUI，并勾选下方的勾选框，将页面文件保存至默认路径，修改文件名为“homepage”，如图 15-3(b)所示。

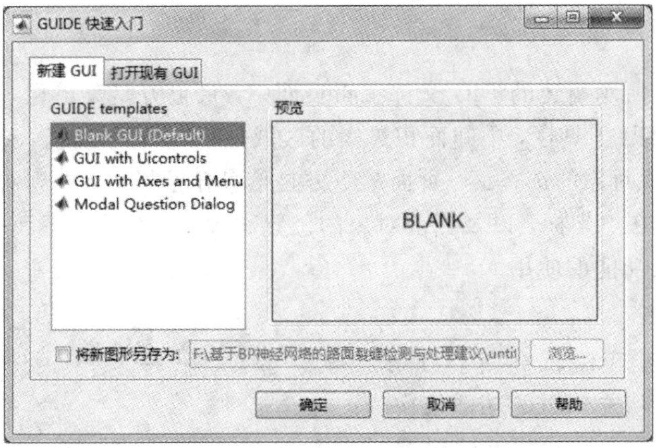

(a) 选择 Blank GUI

(b) 修改文件名

图 15－3 创建工程界面

点击“确定”按钮后，软件弹出了 FIG 文件的编辑窗口，如图 15－4 所示。另外，可以看到当前文件夹一栏中已经生成了一个后缀名为“. fig”的 FIG 文件“homepage. fig”和后缀名为“. m”的 M 文件“homepage. m”。至此，一个空白的 GUI 就创建完成了。

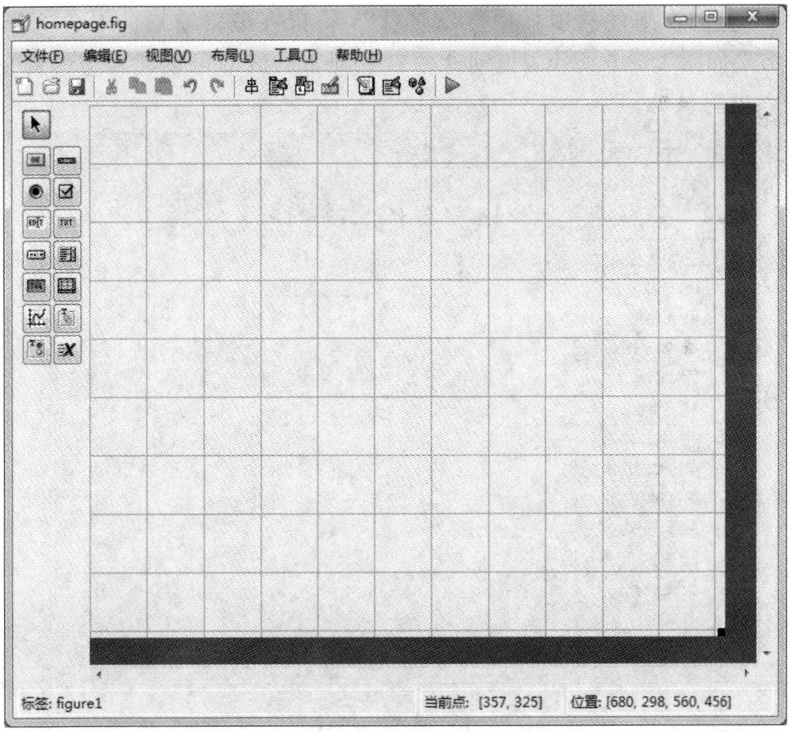

图 15－4 “homepage. fig”编辑窗口

15.3.1 FIG 文件编辑器

在如图 15-4 所示新建的 FIG 文件编辑页面中，最上方是菜单栏，包含大多数功能的入口，第二行是 GUI 工具栏，中间面积最大的区域是 GUI 的布局区，用于布局 GUI 对象，布局区左侧是 GUI 对象的选择区。页面最下方是信息显示栏，从左到右依次显示了当前对象的标签、鼠标所在点坐标，以及当前对象的位置和大小等信息。下面介绍 GUI 工具栏和对象选择区中相关功能的使用。

1. GUI 工具栏

GUI 工具栏位于编辑页面上方第二行，如图 15-5 所示，从左到右的功能依次为：对齐对象、菜单编辑器、Tab 顺序编辑器、工具栏编辑器、M 文件编辑器、属性查看器、对象浏览器、运行界面。

图 15-5 GUI 工具栏

其中，对齐对象的主要作用是使排布在布局区的对象以设定的方式对齐，让界面更加整洁美观；菜单编辑器用于创建菜单栏和右键菜单；Tab 顺序编辑器用于设置在用户按下 Tab 键时，对象被选中的先后次序；工具栏编辑器用于给界面插入工具栏，里面有软件内置的标准工具，也可以自定义工具；M 文件编辑器用于编写对象的回调函数；属性查看器可以直接打开对象的属性检查器，并对设置对象属性进行查看和修改；对象浏览器用于查看当前页面所有 GUI 对象及其关系。

2. GUI 对象选择区

点击菜单栏命令“文件”→“预设”，打开“预设”项窗口，在左侧选中“GUIDE”选项，在右侧的选项中勾选“在组件选项板中显示名称”，可以在编辑窗口的对象选择区显示 GUI 对象名称，结果如图 15-6 所示。拖动这些对象到布局区即可创建相应的对象，具体对象的属性设置参见附录 A。

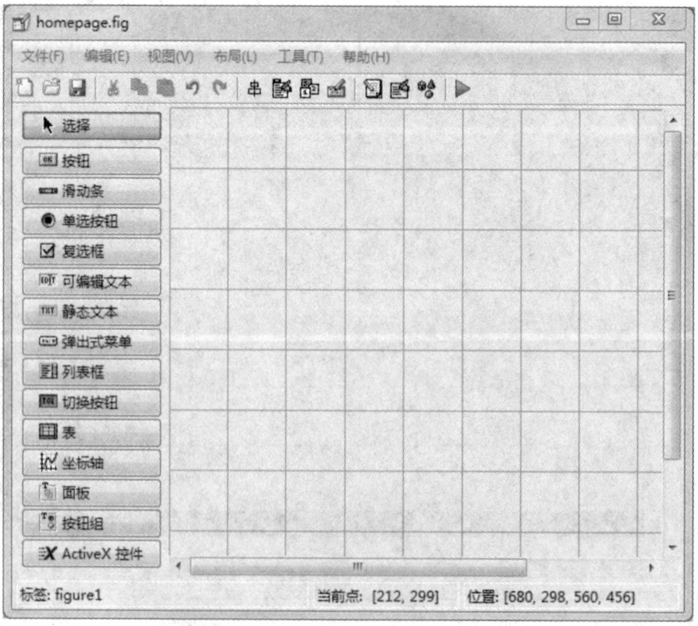

图 15-6 GUI 对象选择区界面

15.3.2　M 文件编辑器

M 文件编辑器主要对 M 文件进行编辑，它包含了运行 GUI 的所有代码，在 MATLAB GUI 开发环境下，M 文件由软件自动生成，它搭建了一个文件框架，用户直接在其框架下编写回调函数，当触发某个对象时，对应的回调函数就会执行。M 文件编辑器界面如图 15－7 所示。

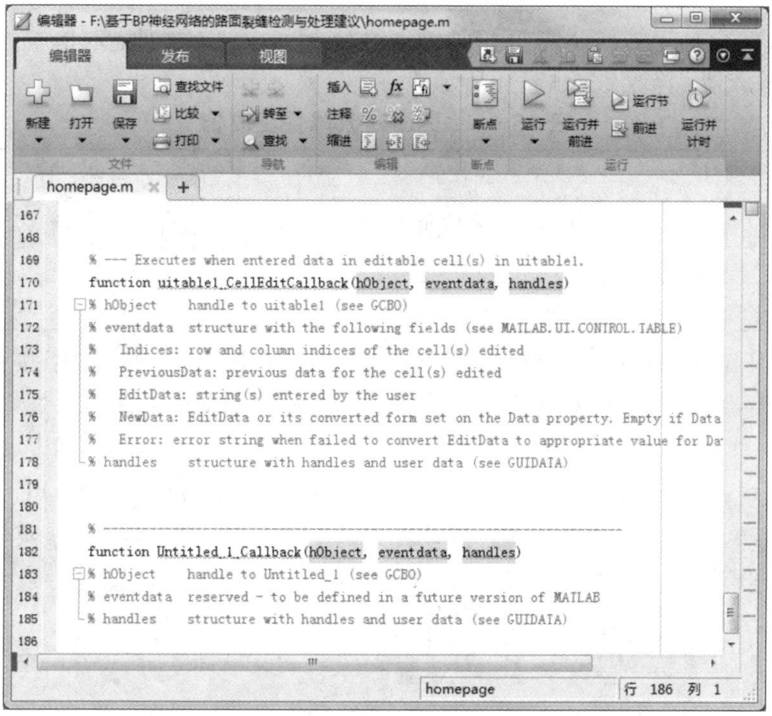

图 15－7　M 文件编辑器界面

M 文件包含主函数、Opening 函数、Output 函数和回调函数，其中主函数不可修改，否则很有可能导致 GUI 界面初始化失败，因此在使用过程中主要编辑的函数是其余三种。Opening 函数进行一些初始化操作，在 GUI 开始运行的时候执行；Output 函数能够把数据输出到命令行；回调函数是在用户触发 GUI 对象时执行的相应函数。

在由 GUIDE 创建的这三个函数的输入参数中，都会出现 hObject 和 handles，其中 hObject 在 Opening 和 Output 函数中表示当前 figure 对象的句柄，在回调函数中表示该回调函数所属对象的句柄；而 handles 代表了 handles 结构体，包含了所有 GUI 对象的信息。GUI 数据保存在 handles 结构体内，handles 结构体自 GUIDE 创建 GUI 时起就自动生成了，它包含了所有 GUI 对象的数据。handles 结构体的作用主要有两个：

（1）访问 GUI 数据。通过 handles 结构体可以获取 GUI 对象的数据，包含其 Tag 值和句柄信息，例如，语句 str＝get(handles.text1，'string')表示获取 Tag 值为 text1 的对象的 string 值，并把它存储在变量 str 中。

（2）将变量转换为全局变量。把一个变量存储在 handles 结构体内之后，其他函数想要调用该参数，可以直接从 handles 结构体内获取，例如，语句 handles.str＝str；guidata (hObject，handles)相当于把变量 str 存入 handles 结构体内新创建的字段 str 中，然后刷新 handles 数据，语句 str1＝handles. str 就可以获取 str 变量的数据。

GUIDE 在生成 M 文件时，在每个函数声明下都会有几行注释，描述了各个输入参数的意义，其余没有提到的参数请读者自行查看学习，这里不再赘述。

15.4 主页面设计

在 GUIDE 中打开在 15.3 节开始时建立的 homepage. fig 文件，双击布局区打开页面对象的属性检查器，修改如表 15－1 所示的几项参数。

表 15－1　页面对象属性更改值

属性名称	属性值	说　明
Name	基于 BP 神经网络的路面裂缝检测与处理建议软件	软件页面左上角显示的名称
Position	width：155.0；height：35.0	设置软件页面的长宽

点击 GUI 工具栏上的图标，打开菜单编辑器。点击左上角的“新建”按钮，新建的菜单为一级菜单，这时候可以看到编辑器右侧出现一系列设置框，菜单属性栏有“标签”和“标记”两项，标签为菜单显示的名称，标记相当于菜单项的 Tag 值。选中一级菜单点击插入菜单项，此时建立的菜单项为二级菜单，以此类推，选中上级菜单点击即可建立下一级的菜单。根据 15.2 节中设计的软件架构来建立菜单项，共有三级菜单，编辑好的菜单如图 15－8 所示，注意，这里第三级菜单的形式为侧向拉出式菜单。

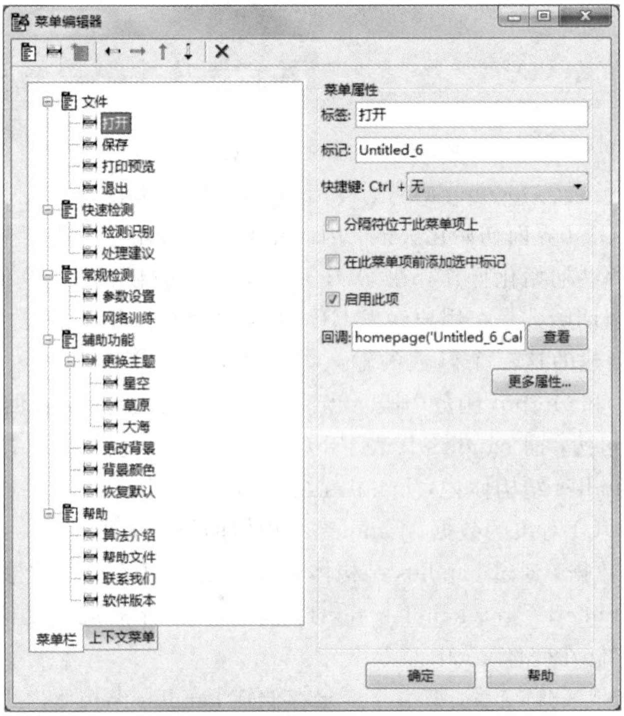

图 15－8　菜单编辑器界面

菜单编辑完成之后，点击右下角“确定”按钮保存设置并退出编辑器。点击 GUI 工具栏 ，可以查看运行后的效果。接下来的任务就是编写各个菜单项的回调函数，使菜单执行其相应的功能。打开菜单编辑器，选中所要编辑的二、三级菜单，在右侧“回调”处点击“查看”按钮，即可跳转到 M 文件对应的函数处，编写相对应的代码。

“文件”菜单中各个菜单项的参考回调函数情况如下：

（1）打开。

```
[FileName, PathName]=uigetfile( {'*.jpg';'*.png'}, '选择文件' );%打开文件选择对话框
if FileName==0  %若没有选择任何文件直接退出，则跳出程序，不继续执行以下语句
    return;
end
load([PathName, FileName]);  %加载文件至工作区
photo_01=imread([pathname filename]);  %将文件中的数据保存至 photo_01 变量中
```

（2）保存。

```
[FileName, PathName]=uiputfile({'*.mat'}, '保存文件', 'Untitled.mat');  %打开文件保
存对话框，获得保存文件的文件名和地址
file=strcat(PathName, FileName);  %将地址和文件名二者合成完整的文件路径，并存储到
file 变量中
save(file, 'a');  %保存变量 a 至 file 所指示的路径中
```

（3）打印预览。

```
printpreview;  %打印当前页面
```

（4）退出。

```
close;  %关闭当前页面
```

上述菜单项对应的回调函数仅代表了众多实现菜单项功能方式的其中一种，可以根据软件需要对菜单项或者其对应的回调函数进行添加和修改。对于不知如何使用的函数，可以通过 MATLAB 软件自带的帮助功能查询函数的详细使用方法，在命令行窗口中输入“help＋空格＋函数名称”即可。对于初学者来说，善于利用帮助功能可以更加快速地掌握 MATLAB 的编程。

对于软件来说，一个独特又漂亮的软件封面是不可缺少的，封面文字部分可以包含软件名称、软件创作者或开发单位等信息。背景图片部分应选择与软件主题相关且美观大方的图片，色彩不宜太过复杂，否则可能会使文字部分看起来不清楚。综上考虑，软件的主页界面如图 15－9 所示。

由于软件首页背景是在 GUI 开始运行时出现，属于界面初始化的一部分内容，因此与封面相关的代码应编写在 Opening 函数下，具体代码如下：

```
haxes=axes('visible', 'off', 'units', 'normalized', 'position', [0 0 1 1]);  %建立一个坐标轴，
隐藏并使它铺满整个窗口
img=imread('beijing1.jpg');  %读取图片数据，保存在 img 变量中
image(img); %显示图像
axis off;  %隐藏坐标轴刻度
global co;  %设置 co 为全局变量，存储软件页面的默认颜色
co=[0.9412 0.9412 0.9412];
```

图 15－9　软件的主页界面

text(38，160，'基于 BP 神经网络的路面裂缝检测与处理建议软件'，…

'FontName'，'新宋体'，'FontWeight'，'bold'，'FontSize'，24，'color'，[1 1 1])；　%显示文字，text 函数内依次为：文字位置坐标、文字内容、字体(加粗、字号大小)、颜色等

text(95，220，{'Pavement crack detection and processing suggestionsoftware'；'Based on BP Neural Network'}，'FontName'，'新宋体'，'FontWeight'，'bold'，'FontSize'，16，'color'，[1 1 1])；

15.5　交互式参数设置

建立神经网络时需要确定其网络结构和参数，包括网络隐含层的数目、隐含层中神经元的数目、训练函数等参数。为了满足不同层次用户的需要，软件设置了两种模式，分别为快速检测模式和常规检测模式。在快速检测模式中，BP 神经网络参数和结构是预置的，直接对测试对象数据进行仿真即可，该模式面向的是对神经网络不够了解的新手用户，只需要通过简单的几步操作就可以获得相对准确的结果。在常规检测模式中，用户可以修改 BP 神经网络的参数并重新进行训练，该模式针对有一定神经网络知识基础的高级或科研型用户。

1. 参数设置

本节将介绍常规检测模式下参数设置页面的设计，与首页利用 GUI 开发环境制作页面方式不同的是，参数设置页面完全通过代码实现，目的是为了使读者认识与了解 GUI 实现途径的多样性。

软件中 BP 神经网络隐含层设置为两层，参数设置面板上提供的可供用户修改的参数有：第一和第二隐含层的神经元数目、第一和第二隐含层的传递函数、训练函数以及最大训练次数。整个参数设置页面的代码作为回调函数写在“常规检测”→“参数设置”菜单项的 Callback 函数下，如图 15－10 所示。

图 15-10 “参数设置”菜单项

为了方便记忆，该菜单项的 Tag 标记值更改为 Reset。设置完毕后，接下来分析其回调函数：

```
t{1}='最大训练次数';t{2}='第一隐层隐元数目';%建立一个单元数组 t，存储输入栏的标题
t{3}='第二隐层隐元数目';t{4}='第一隐层传递函数';
t{5}='第二隐层传递函数';t{6}='训练函数';
title='设置'; %将输入对话框左上角的标题更改为“设置”
default_t={'5000','432','54','tansig','purelin','trainscg'}; %设置输入栏内的默认值，依次按顺序存储在单元数组 default_t 中
param=inputdlg(t, title, 1, default_t, 'on'); %创建输入对话框
num1=str2num(param{1}); %获取输入栏内的信息，并保存
num2=str2num(param{2});
num3=str2num(param{3});
str1=(param{4});str2=(param{5});str3=(param{6});
save data\param num1 num2 num3 str1 str2 str3;
```

2. 网络训练

前面主要介绍了参数设置功能的制作，待参数设置完毕后，紧接着就是在用户新设置的参数下的神经网络的训练过程，因此“网络训练”菜单项的主要功能是进行网络的训练。打开菜单编辑器，选中“常规检测”→“网络训练”菜单项，在菜单属性中点击“查看”按钮进入 M 文件编辑器进行回调函数的编写，回调函数的具体内容如下：

```
ANNcheck; %运行 ANNcheck.m 文件，加载 acy_check 数据到当前工作区，代表网络准确率
load data\acy_check;
Key_reset=1; %标记值，若用户重新训练了网络，则置 1，并保存
save data\key_resetkey_reset;
Hit=0; %标记值，常规检测模式下为 0，快速检测模式下为 1
setappdata(0, 'Hit', Hit);
t=['准确率为'acy_check]; %创建提问对话框，显示准确率，标题为“是否重新训练”
```

```
q=questdlg(t, '是否重新训练', '是', '否', '否');
%若用户选择"是"，则返回重新运行该回调函数，若选择"否"，则保存 acy_check 的值
%关闭当前页面并跳转到 secondPage，也就是将在下节介绍的检测识别页面
if q=='是'
Reset_Callback();
else
setappdata(0, 'acy_check', acy_check);
close(gcf);
secondPage;
end
```

代码编写完成后，运行 homepage.fig，点击菜单"常规检测"→"参数设置"，打开参数设置窗口，如图 15－11(a)所示。点击"确定"按钮后，软件开始在自定义的网络参数下进行网络训练，如图 15－11(b)所示。训练完成后，出现提示框，显示当前网络的准确率，用户可以根据准确率来判断是否重新进行训练，如图 15－11(c)所示。选择"否"按钮时，进入"检测识别"页面，选择"是"按钮时，继续从头开始设置参数和训练网络。

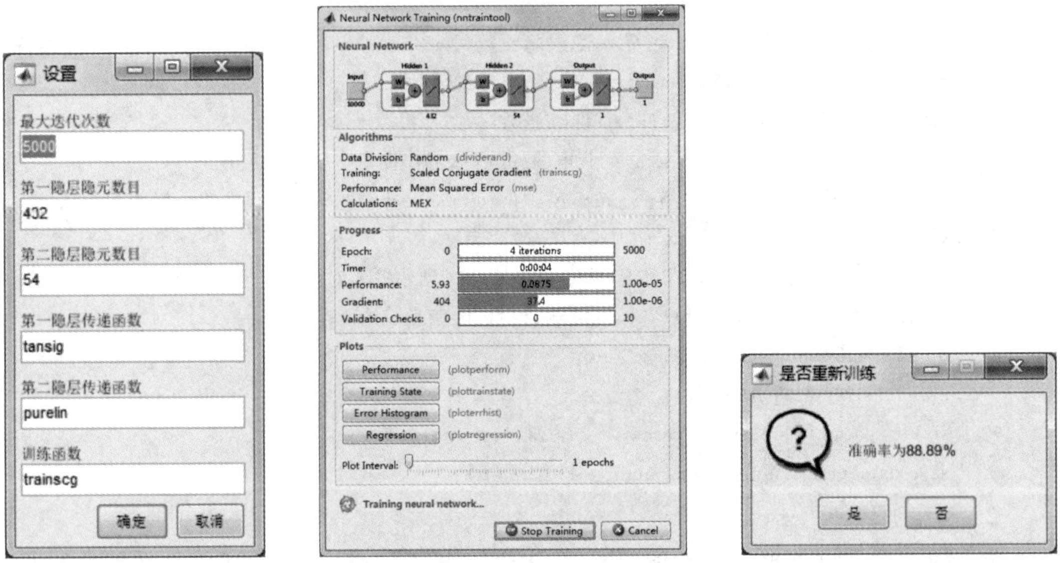

(a) 参数设置输入框　　(b) 网络训练过程　　(c) 提示框

图 15－11 "网络参数设置"运行界面

ANNcheck.m 文件中包含了训练 BP 神经网络的代码，完整代码见附录 C1。

15.6 软件主要功能设计

打开菜单编辑器，选择"快速检测"→"检测识别"，在菜单属性中点击"查看"按钮进入 M 文件编辑器编写回调函数。回调函数的具体内容如下：

```
load data\net0;  %加载预置检测网络和训练集到当前工作区
```

```
load data\P;
y=sim(net, p);  %进行仿真，得到预置网络的准确率 acy_check
[n m1]=size(find(y(1:15)>0));
[n m2]=size(find(y(16:27)<0));
acy_check=[num2str((m1+m2) * 100/27, 4), '%'];
load data\net1;  %加载预置识别网络和训练集到当前工作区
load data\I;
y=sim(net_1, p_1);  %进行仿真
a=compet(y);
[n1 m1]=size(find(a(1, 1:14)==1));
[n2 m2]=size(find(a(2, 15:24)==1));
[n3 m3]=size(find(a(3, 25:36)==1));
acy_reg=[num2str((m1+m2+m3) * 100/36, 4), '%'];  %得到网络的准确率 acy_reg
setappdata(0, 'acy_check', acy_check);  %保存网络的准确率
setappdata(0, 'acy_reg', acy_reg);
Hit=1;  % Hit 为标记值，常规检测模式下为 0，快速检测模式下为 1
setappdata(0, 'Hit', Hit);  %保存标记值
close(gcf);  %关闭当前页面
secondPage;  %打开检测识别页面 secondPage
```

15.6.1　检测识别

为了实现“检测识别”功能，新建一个空白页面，命名为“secondPage.fig”。进入GUIDE 编辑界面后，放置按钮、可编辑文本、静态文本以及坐标轴等对象，调整大小并排列工整，具体设计界面如图 15-12 所示。

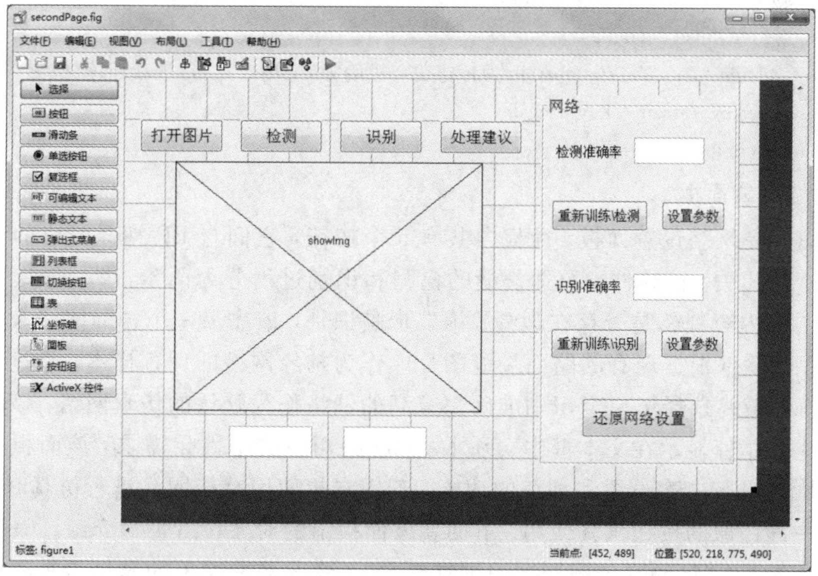

图 15-12　“检测识别”设计界面

下面逐一说明该页面的设置、各个对象的属性设置和回调函数。

1. 页面对象

为了保持软件界面的一致性，页面的大小应与首页保持一致，页面对象属性检查器中需要修改的属性值见表 15－2。

表 15－2 “检测识别”界面属性更改值

属性名称	属性值	说 明
Name	检测识别	软件页面左上角显示的名称
Position	width：155.0 height：35.0	设置软件页面的长宽

页面的相关初始化函数应编写在 Opening 函数下，具体代码如下：

```
global co；  %设置页面背景颜色
set(gcf，'Color'，co)；
set(handles.uipanel1，'BackgroundColor'，c)；
flag=0；  %重新训练的标志位，为 0 时代表网络未经重新训练

setappdata(0，'flag'，flag)；
acy_check=getappdata(0，'acy_check')；  %将预置神经网络的准确率显示在文本框内
set(handles.acy_c，'String'，acy_check)；
acy_reg=getappdata(0，'acy_reg')；
set(handles.acy_r，'String'，acy_reg)；
key_default=0；  % key_default 为标志位，初始为 0，用户点击“使用默认网络”按钮后置 1
handles.key_default=key_default；
guidata(hObject，handles)；
key_retrain=0；  % key_retrain 为标志位，初始为 0，用户点击“重新训练\检测”按钮后置 1
handles.key_retrain=key_retrain；
guidata(hObject，handles)；
```

2. 网络设置面板

页面右侧是网络设置面板，面板内共有 5 个按钮，它们与 BP 神经网络的参数设置和网络训练密切相关。该软件中路面裂缝的检测和识别过程分为两步：第一步是检测，神经网络根据图像内容判断是否存在裂缝；第二步是识别，依靠另一个神经网络来判断裂缝的方向和类型。软件根据现有的路面裂缝图片库作为神经网络的训练样本，经过不断地调整参数和训练，最终选择了一个识别准确率较高的网络作为默认的仿真网络，该默认网络的准确率作为初始值显示在文本框中。另外，考虑到用户的个性化需求，该面板提供了对这两个神经网络进行二次设置和训练的功能，若用户想使用默认网络进行仿真时，则面板中还需提供一键还原的按钮供其使用。下面就该面板上的对象设置进行介绍。

(1) 静态文本“检测准确率”和“识别准确率”。静态文本对象的属性检查器中需要注意的部分如表 15－3 所示。

表 15－3　“静态文本”属性设置

属性名称	属性值	说　明
String	检测准确率、识别准确率	文本框内显示的文字
Style	text	静态文本

（2）动态文本 acy_c、acy_r，属性设置如表 15－4 所示。

表 15－4　“动态文本”属性设置

属性名称	属性值		说　明
Tag	acy_c	acy_r	动态文本框的 Tag 值

（3）“重新训练\检测”按钮，属性设置如表 15－5 所示。

表 15－5　“重新训练\检测”按钮属性设置

属性名称	属性值	说　明
Tag	retrain_c	标记值
TooltipString	“检测”神经网络，判断有无裂缝	鼠标放在对象上出现的提示语
String	重新训练\检测	按钮上显示的文字

“重新训练\检测”按钮对应的回调函数如下：

```
ANNcheck;                     %运行 ANNcheck.m 中的程序，进行神经网络的训练
load data\acy_check;          %加载 acy_check 变量到工作区，它表示该神经网络的准确率
set(handles.acy_c, 'String', acy_check);        %将 acy_check 显示在文本框内
key_retrain=1;                                  %更新重新训练的标志
handles.key_retrain=key_retrain;
guidata(hObject, handles);
```

（4）“重新训练\识别”按钮，属性设置如表 15－6 所示。

表 15－6　“重新训练\识别”按钮属性设置

属性名称	属性值	说　明
Tag	retrain_r	标记值
TooltipString	“识别”神经网络，判断裂缝类型	鼠标放在对象上出现的提示语
String	重新训练\识别	按钮上显示的文字

“重新训练\识别”按钮对应的回调函数如下：

```
flag=1;                       %重新训练的标志位
setappdata(0, 'flag', flag);
ANNrec;                       %运行 ANNrec.m 中的程序，进行神经网络的训练
load data\acy_reg;            %加载 acy_reg 变量到工作区，它表示该神经网络的准确率
set(handles.acy_r, 'String', acy_reg);     %将 acy_reg 显示在文本框内
guidata(hObject, handles);
```

在重新训练识别部分的神经网络时，用到了神经网络的训练程序 ANNrec. m，完整代码见附录 C2。

(5) “设置参数”按钮。上侧“重新训练\检测”对应的“设置参数”按钮的属性检查器设置见表 15－7，回调函数与“参数设置”选项卡类似。

表 15－7 “设置参数”按钮属性设置

属性名称	属性值	说　明
Tag	check_para	标记值
String	设置参数	按钮显示文字

“设置参数”按钮对应的回调函数如下：

```
t{1}='最大迭代次数';t{2}='第一隐层隐元数目';t{3}='第二隐层隐元数目';
t{4}='第一隐层激活函数';t{5}='第二隐层激活函数';t{6}='训练函数';
title='设置';
default_t={'5000', '432', '54', 'tansig', 'purelin', 'trainscg'};
param=inputdlg(t, title, 1, default_t, 'on');
num1=str2num(param{1});num2=str2num(param{2});num3=str2num(param{3});
str1=(param{4});str2=(param{5});str3=(param{6});
save data\param num1 num2 num3 str1 str2 str3;
key_reset=1;                    %重置参数的标记
save data\key_resetkey_reset;
```

下侧“重新训练\识别”对应的“设置参数”按钮的属性检查器设置见表 15－8。

表 15－8 “设置参数”按钮属性设置

属性名称	属性值	说　明
Tag	rec_para	标记值
String	设置参数	按钮上显示文字

“设置参数”按钮对应的回调函数如下：

```
t{1}='最大迭代次数';t{2}='第一隐层隐元数目';t{3}='第二隐层隐元数目';
t{4}='第一隐层激活函数';t{5}='第二隐层激活函数';t{6}='训练函数';
title='设置';
default_t={'1000', '200', '72', 'tansig', 'purelin', 'trainscg'};
param=inputdlg(t, title, 1, default_t, 'on');
num11=str2num(param{1});num22=str2num(param{2});num33=str2num(param{3});
str11=(param{4});str22=(param{5});str33=(param{6});
save data\param_1 num11 num22 num33 str11 str22 str33;
key_reset_1=1;   %重置参数的标记
save data\key_reset_1 key_reset_1;
```

(6) “还原网络设置”按钮，属性设置如表 15－9 所示。

表 15-9 “还原网络设置”按钮属性设置

属性名称	属性值	说　明
Tag	loadANN	标记值
TooltipString	系统已经训练好的网络	鼠标移动到对象上时显示的提示语
String	还原网络设置	按钮上显示的文字

“还原网络设置”按钮对应的回调函数如下：

```
load data\net0_check;  %加载预置的神经网络
load data\net1_reg;
setappdata(0, 'acy_check', acy_check);
setappdata(0, 'acy_reg', acy_reg);
secondPage_OpeningFcn(hObject, eventdata, handles);  %跳转到页面初始化函数执行
key_default=1;  %标记值，当使用预置网络时，该标记值置 1
handles.key_default=key_default;
guidata(hObject, handles);
```

3. 检测识别相关对象

页面左侧围绕坐标轴放置了四个按钮、两个文本框，上侧四个按钮都是与裂缝的检测与识别相关的功能按钮，从左到右依次为“打开图片”、“检测”、“识别”、“修补方法”。它们与用户的操作流程相对应，“打开图片”将需要检测的路面图像显示在下方坐标轴中供查看。“检测”过程对图片进行处理并用 BP 神经网络进行仿真，判断图片是否存在裂缝，然后显示在坐标轴下方左侧的文本框内。“识别”判断检测出的裂缝类型。通常情况下，定义与行车方向一致的裂缝为“纵向裂缝”，定义与行车方向垂直的裂缝为“横向裂缝”。软件以路面图像中的行车线为参考来判断裂缝方向，即与行车线方向相同为“纵向裂缝”，与行车线方向垂直为“横向裂缝”，没有行车线或是同时存在横向与纵向裂缝时则为“不规则裂缝”，裂缝类型的判断结果显示在坐标轴下方右侧的文本框内。最后，“修补方法”则根据判断出的裂缝类型给出相对应的修补建议。下面对这些对象逐一进行说明介绍。

(1) “打开图片”按钮，其属性设置如表 15-10 所示。

表 15-10 “打开图片”按钮属性设置

属性名称	属性值	说　明
Tag	open_img	标记值
TooltipString	选择一副图片	提示语
String	打开图片	按钮上显示文字

“打开图片”按钮对应的回调函数如下：

```
%打开图片并将图片显示在坐标轴上
```

```
[filename, pathname]=uigetfile({'*.jpg';'*.png';'*.gif'}, '打开图片');
if filename~=0
load([pathname filename]);
end
I=imread([pathname filename]);
imshow(I);
handles.I=I;
guidata(hObject, handles);
setappdata(0, 'I', I);
```

(2)"检测"按钮，其属性设置如表 15-11 所示。

表 15-11 "检测"按钮属性设置

属性名称	属性值	说　明
Tag	Identify	标记值
TooltipString	检测图片中路面是否有裂缝	提示语
String	检测	按钮上显示的文字

"检测"按钮对应的回调函数如下：

```
key_default=handles.key_default;
key_retrain=handles.key_retrain;
hit=getappdata(0, 'Hit');                  %检查标记位，用户是否选择快速模式
if hit==1                                  %用户使用快速模式
load data\net0;                            %加载预置网络
else                                       %用户使用自定义模式
    load data\ANNcheck;                    %加载训练网络 ANNcheck
end
if key_default==1                          %若用户选择预置网络，则加载预置网络 net0
    load data\net0;
end
if key_retrain==1                   %若用户选择重新训练，则加载训练网络 ANNcheck
    load data\ANNcheck;
end
key_default=0;                             %重置标记位
handles.key_default=key_default;guidata(hObject, handles);
key_retrain=0;
handles.key_retrain=key_retrain;guidata(hObject, handles);
%%根据仿真结果判断是否存在裂缝，并将结果输出到文本框内显示，no_crack 为标记值，
%%若存在裂缝，则该标记值为 0，若不存在裂缝，则该标记值为 1
I=handles.I;
I=rgb2gray(I);
```

```
I=imresize(I, [100 100]);
a=pretreak(I);
[r, c]=size(a);
a=reshape(a, 1, r*c);
a=a';
y=sim(net, a);
if y>-0.00001
      set(handles.show_crack, 'visible', 'on');
      set(handles.show_crack, 'String', '无裂缝');
       set(handles.show_rec, 'visible', 'off');
no_crack=1;
handles.no_crack=no_crack;
guidata(hObject, handles);
else
no_crack=0;handles.no_crack=no_crack;
guidata(hObject, handles);
      set(handles.show_crack, 'visible', 'on');
      set(handles.show_crack, 'String', '有裂缝');
end
```

(3)"识别"按钮，其属性设置如表 15-12 所示。

表 15-12　"识别"按钮属性设置

属性名称	属性值	说　明
Tag	recognize	标记值
TooltipString	识别裂缝的方向	提示语
String	识别	按钮上显示的文字

"识别"按钮对应的回调函数如下：

```
no_crack=handles.no_crack;
if no_crack==1                     %当判断没有裂缝时，出现提示框，否则继续执行
      p=warndlg('识别无效，路面无裂缝!', '提示', 'modal');
else
flag=getappdata(0, 'flag');              % flag 为重新训练的标记值
      if flag==0
            load data\net1;             %加载预置神经网络
      elseif flag==1
          load data\ANNrec;           %加载训练后的神经网络 ANNrec
end
%%进行图像处理和神经网络仿真，根据仿真结果判断裂缝类型
%%repair_flag 为裂缝类型的标记，纵向裂缝为 1，横向裂缝为 2，不规则裂缝为 3
I=handles.I;
      I=rgb2gray(I);
```

```
        I=imresize(I, [50 50]);
        I=pretreak(I);
        [r c]=size(I);
        I=reshape(I, 1, r*c);
        y1=sim(net_1, I');
        a=compet(y1);
        b=find(a==1);
        if b==1
            set(handles.show_rec, 'visible', 'on');
            set(handles.show_rec, 'String', '纵向裂缝');
    repair_flag=1;
        handles.repair_flag=repair_flag;
        guidata(hObject, handles);
        setappdata(0, 'repair_flag', repair_flag);
        elseif b==2
            set(handles.show_rec, 'visible', 'on');
            set(handles.show_rec, 'String', '横向裂缝');
    repair_flag=2;
        handles.repair_flag=repair_flag;
        guidata(hObject, handles);
    setappdata(0, 'repair_flag', repair_flag);
        elseif b==3
            set(handles.show_rec, 'visible', 'on');
            set(handles.show_rec, 'String', '不规则裂缝', 'fontsize', 12);
    repair_flag=3;
        handles.repair_flag=repair_flag;
        guidata(hObject, handles);
    setappdata(0, 'repair_flag', repair_flag);
        end
    end
```

(4)“处理建议”按钮，其属性设置如表 15-13 所示。

表 15-13 “处理建议”按钮属性设置

属性名称	属性值	说　明
Tag	repair	标记值
TooltipString	选择不同类型裂缝的修补方法	提示语
String	处理建议	按钮上显示文字

“处理建议”按钮对应的回调函数如下：

```
    %%根据标记值判断有无裂缝，若无裂缝，出现提示框，若有裂缝，运行 repair_m.fig 界面
    no_crack=handles.no_crack;
```

```
if no_crack==1
    p=warndlg('无需修补，路面无裂缝!','提示','modal');
else
repair_m;
end
```

涉及新页面“repair_m. fig”中的详细内容将在 15.6.2 小节中介绍。

4. 其他功能

除了上述与路面裂缝检测功能相关的对象之外，页面还需要添加一些其他功能，最基本的就是“关闭当前页面”与“返回首页”，考虑到页面的简洁和美观，把这两项功能统一放在了菜单栏的“选项”菜单项下，如图 15-13 所示。

“选项”菜单下的菜单项对应的回调函数为：

(1) 返回首页：close(secondPage);firstPage;

(2) 退出：close(secondPage);

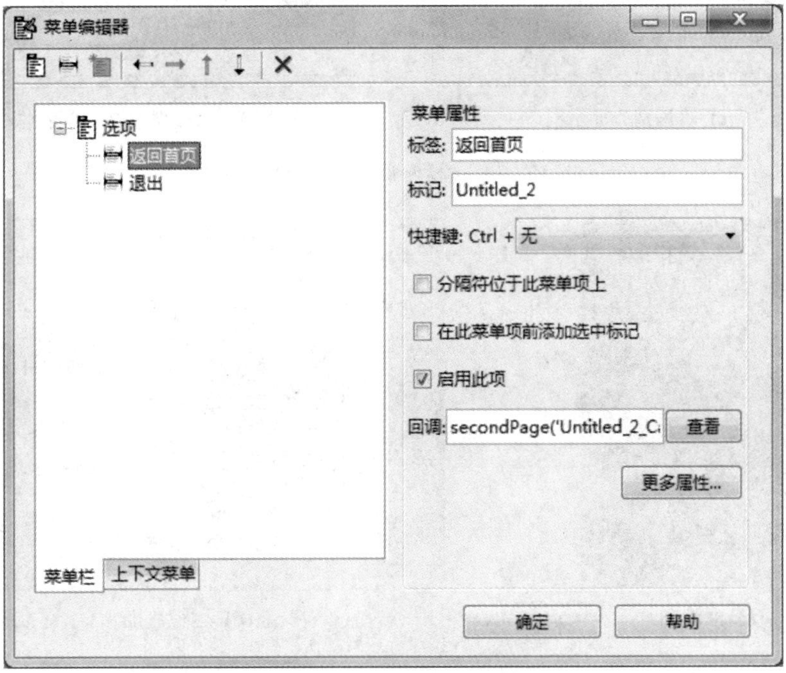

图 15-13　“菜单编辑器”页面菜单项

至此，检测识别页面的制作就基本完成了，点击 可以查看软件的实际运行情况，并可选取一些路面图片对软件的实际效果进行测试。

使用默认网络，选择一张没有裂缝的公路路面图片，如图 15-14(a)所示，检测结果如图 15-14(b)所示。点击“识别”按钮和“处理建议”按钮，会出现提示框，如图 15-14(c)、15-14(d)所示。

再选取一张带有裂缝的公路路面图片，如图 15-15(a)所示，检测结果如图 15-15(b)所示。

(a) 检测图片

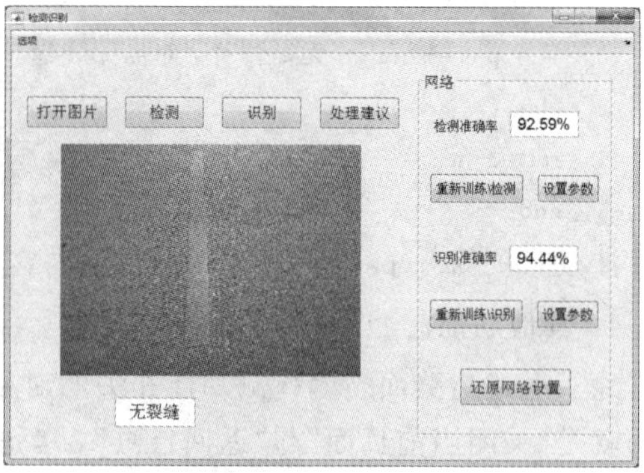

(b) 运行界面

(c) “识别” 提示框

(d) “处理建议” 提示框

图 15－14 “检测识别”运行界面(一)

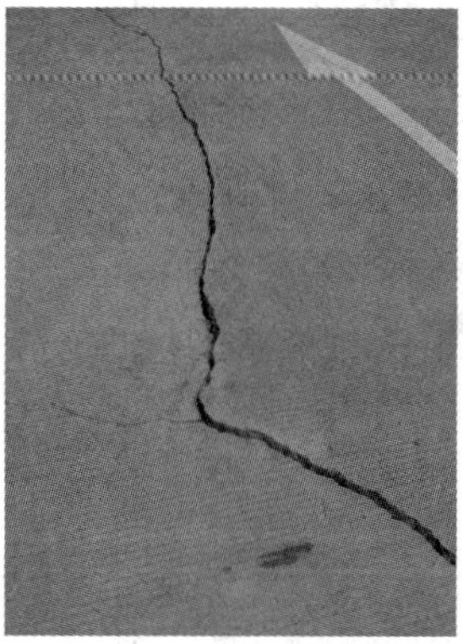

(a) 检测图片

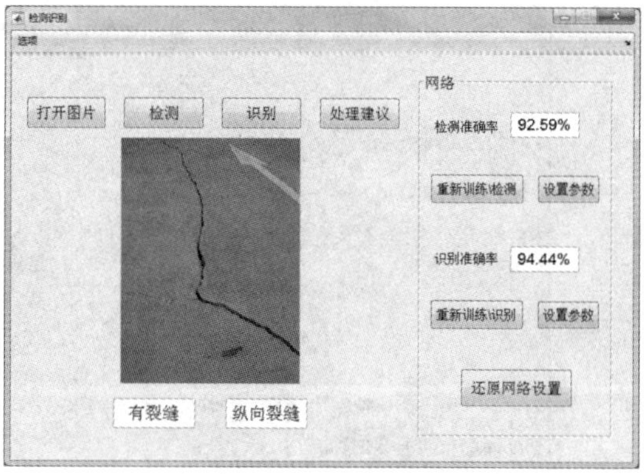

(b) 运行界面

图 15－15 “检测识别”运行界面(二)

15.6.2 处理建议

在 15.6.1 小节最后一个例子中，当软件检测出图像存在裂缝时，需要给出相应的处理方案。点击“检测识别”页面的“处理建议”按钮，进入“处理建议”页面。页面主要包括三个部分，分别为图片显示区、方法列举区、文本显示区。其中，图片显示区用于显示当前处理的图像，方法列举区会根据判断出的裂缝类型给出对应的修补方法，用户可以根据情况选择查看，文本显示区显示具体的修补方法。新建 GUI 页面，保存为“repair_m.fig”，根据需要排布所需对象，如图 15－16 所示。

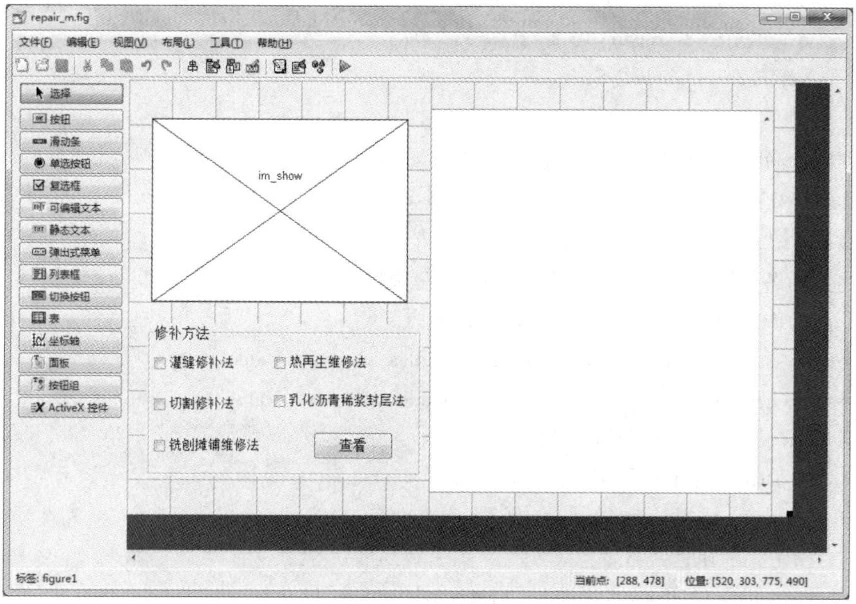

图 15-16　“处理建议”设计界面

接下来介绍页面相关代码，首先是 Opening 函数：

```
global co;                                  %设置页面颜色
set(gcf, 'Color', co);
flag=getappdata(0, 'repair_flag');          %根据裂缝类型标记值 repair_flag 判断不同裂缝类
型，并显示相对应的修补方法。
if flag==1                                  %纵向裂缝
    set(handles.uipanel1, 'Title', '纵向裂缝修补建议');
    a=(textread('repair\1-6.txt', '%s'));
    set(handles.show, 'String', a);
elseif flag==2                              %横向裂缝
    set(handles.uipanel1, 'Title', '横向裂缝修补建议');
    a=(textread('repair\2-3.txt', '%s'));
    set(handles.show, 'String', a);
    set(handles.first, 'String', '骑缝法');
    set(handles.second, 'String', '灌缝法');
    set(handles.third, 'Visible', 'off');
    set(handles.fourth, 'Visible', 'off');
    set(handles.fifth, 'Visible', 'off');
elseif flag==3                              %不规则裂缝
    set(handles.uipanel1, 'Title', '不规则裂缝修补建议');
    set(handles.first, 'String', '一般施工步骤');
    set(handles.second, 'Visible', 'off');
    set(handles.third, 'Visible', 'off');
    set(handles.fourth, 'Visible', 'off');
```

```
        set(handles.fifth, 'Visible', 'off');
        a=(textread('repair\3-2.txt', '%s'));
        set(handles.show, 'String', a);
    end
    I=getappdata(0, 'I');
    imshow(I);
```

“查看”按钮对应的回调函数如下：

```
    %%对各个解决方法文本根据用户的选择呈现在文本框内
    repair_flag=getappdata(0, 'repair_flag');
    a=get(handles.first, 'Value');b=get(handles.second, 'Value');
    c=get(handles.third, 'Value');d=get(handles.fourth, 'Value');
    e=get(handles.fifth, 'Value');
    a1=[];b1=[];c1=[];d1=[];e1=[];
    if a==1
        if repair_flag==1
            a1=(textread('repair\1-1.txt', '%s'));
        elseif repair_flag==2
            a1=(textread('repair\2-1.txt', '%s'));
        elseif repair_flag==3
            a1=(textread('repair\3-1.txt', '%s'));
        end
    end
    if b==1
        if repair_flag==1
            b1=(textread('repair\1-2.txt', '%s'));
        elseif repair_flag==2
            b1=(textread('repair\2-2.txt', '%s'));
        end
    end
    if c==1
        if repair_flag==1
            c1=(textread('repair\1-3.txt', '%s'));
        elseif repair_flag==2
            c1=(textread('repair\2-3.txt', '%s'));
        end
    end
    if d==1
        d1=(textread('repair\1-4.txt', '%s'));
    end
    if e==1
        e1=(textread('repair\1-5.txt', '%s'));
    end
```

```
result=[a1' b1' c1' d1' e1']';
set(handles.show, 'String', result);
if (a==0)&&(b==0)&&(c==0)&&(d==0)&&(e==0)
   if repair_flag==1                          %纵向裂缝
     a1=(textread('repair\1-6.txt', '%s'));
     set(handles.show, 'String', a1);
elseif repair_flag==2                         %横向裂缝
     a1=(textread('repair\2-3.txt', '%s'));
     set(handles.show, 'String', a1);
elseif repair_flag==3                          %不规则裂缝
     a1=(textread('repair\3-2.txt', '%s'));
     set(handles.show, 'String', a1);
   end
end
```

在15.6.1节的例子中，点击“处理建议”按钮，显示页面如图15-17(a)所示，在修补建议中随机选择灌缝修补法和热再生维修法，点击“查看”按钮，显示页面如图15-17(b)所示。

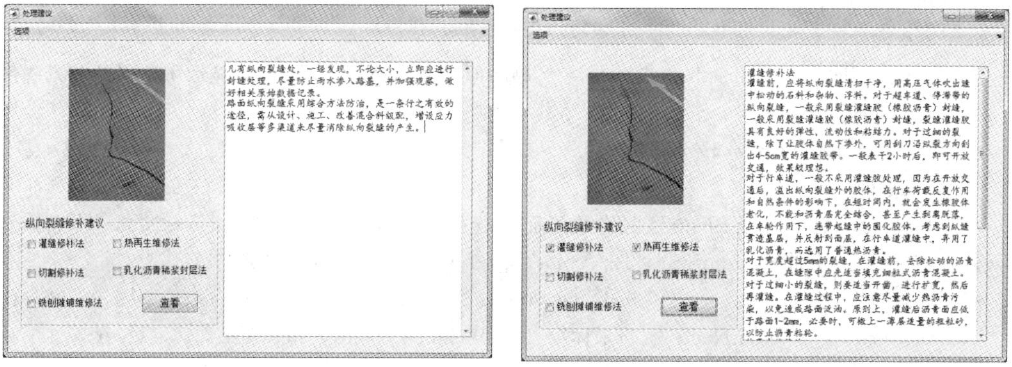

(a) “处理建议”界面　　　(b) 查看“处理建议”

图15-17　“修补方法”运行界面

15.7 辅助功能

软件的辅助功能可以提升用户的使用体验，本节介绍软件的一些辅助功能设计方法，主要包括更换软件背景图片、背景色等，同时该部分内容为软件主页面菜单中“辅助功能”下的菜单项。

1. 更换主题

在“homepage.fig”的GUI开发环境中打开菜单编辑器，编辑“辅助功能”→“更换主题”下的三个子菜单项，分别为星空、草原、大海，代表软件的三个主题，主题包括首页背景图片和子页面的页面颜色等。本小节以“草原”主题为例，介绍主题的编辑方法。

在菜单编辑器中选中“草原”菜单项，在“回调”处点击“查看”按钮进行代码编写。具体代码如下：

```
global co;                                        %设置子页面颜色
co=[0.7490 0.7490 0];
delete(allchild(handles.haxes));
axes(handles.haxes);
img=imread('草原.jpg');                            %更换主页背景图片为"草原.jpg"
image(img);
axis off;
text(38, 160, '基于 BP 神经网络的路面裂缝检测与处理建议软件', 'FontName', '新宋体', 'FontWeight', 'bold', 'FontSize', 24, 'color', [1 1 1]);   %显示软件首页文字
text(95, 220, {'Pavement crack detection and processing suggestionsoftware';'Based on BP Neural Network'}, 'FontName', '新宋体', 'FontWeight', 'bold', 'FontSize', 16, 'color', [1 1 1]);
```

2. 更改背景

打开菜单编辑器，编辑“辅助功能”→“更改背景”菜单项的回调函数，相关代码如下：

```
[filename, pathname]=uigetfile({'*.jpg';'*.png';'*.gif'}, '选择背景');
%建立选择对话框，选择所需背景图片
if filename==0
    return;
end
delete(allchild(handles.haxes));    %删除原来坐标轴内的子对象，显示所选择的背景图像
axes(handles.haxes);
img=imread([pathname filename]);
image(img);
text(38, 160, '基于 BP 神经网络的路面裂缝检测与处理建议软件', 'FontName', '新宋体', 'FontWeight', 'bold', 'FontSize', 24, 'color', [1 1 1]);    %显示文字
text(95, 220, {'Pavement crack detection and processing suggestionsoftware';'Based on BP Neural Network'}, 'FontName', '新宋体', 'FontWeight', 'bold', 'FontSize', 16, 'color', [1 1 1]);
```

3. 背景颜色

选中菜单“辅助功能”→“背景颜色”菜单项，其回调函数相关代码如下：

```
global co;          %global 定义全局变量 co，其中存储着色彩的 RGB 信息
co=uisetcolor;      %打开色彩选择对话框
if co==0            %若用户取消选择，则 co 存储当前页面色彩，否则存储用户选取的颜色
   co=get(handles.figure1, 'color');
else
set(handles.figure1, 'color', co);
end
```

受该菜单项影响的各个子页面的 Opening 函数中均应该添加下列代码来设置其页面颜色：

```
global co;
set(handles.figure1, 'color', co);  % figure1 为对应页面的 Tag 值
```

4. 恢复默认

选中菜单“辅助功能”→“恢复默认”菜单项，其回调函数相关代码如下：

```
delete(allchild(handles.haxes));
img=imread('beijing1.jpg');                %读取图片数据，保存在 img 变量中
image(img);                                %显示图像
global co;
co=[0.9412 0.9412 0.9412];
text(38, 160, '基于 BP 神经网络的路面裂缝检测与处理建议软件', …
'FontName', '新宋体', 'FontWeight', 'bold', 'FontSize', 24, 'color', [1 1 1]);   %显示文字，text 函数内依次为：文字位置坐标、文字内容、字体(加粗、字号大小)、颜色等
text(95, 220, {'Pavement crack detection and processing suggestionsoftware';'Based on BP Neural Network'}, 'FontName', '新宋体', 'FontWeight', 'bold', 'FontSize', 16, 'color', [1 1 1]);
```

15.8　帮助文件制作

软件的帮助功能可以让初接触软件的用户快速地了解软件，是软件必备的功能之一。帮助文件是软件帮助功能的主要体现形式，用户通过阅读帮助文件可以对软件的背景知识、相关操作进行系统的学习。

帮助文件的形式多样，主要包含四个部分，分别是目录、软件设计背景和意义、软件系统架构以及软件使用说明等。目录的作用是帮助用户快速定位到需要查看的内容上。软件设计背景和意义阐述了软件开发的背景、解决的问题、应用的场合以及现实的意义。软件系统架构部分通过文字与架构图相结合的形式来进行说明。整个帮助文件最重要的部分就是使用说明部分，该部分详细描述了软件各部分的功能和操作流程，必要时需要文字结合软件截图来说明。

帮助文件以 pdf 格式文件或者是 html 网页的形式存储在软件目录下，在“帮助”→“帮助文件”菜单项的回调函数中编写代码“open(‘文件名.扩展名’)”即可，同样地，在“帮助”→“算法介绍”菜单项中可以添加有关神经网络算法介绍的内容。pdf 格式的帮助文件部分页面内容如图 15-18(a)所示，网页形式的帮助文件如图 15-18(b)所示。

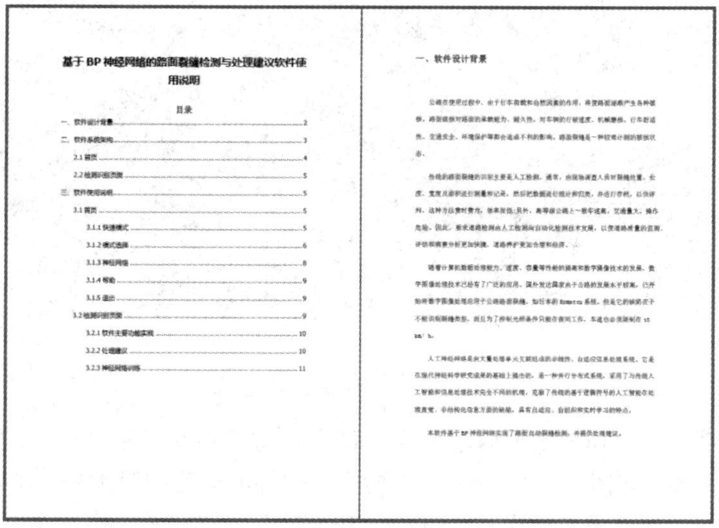

(a)　pdf 格式文件

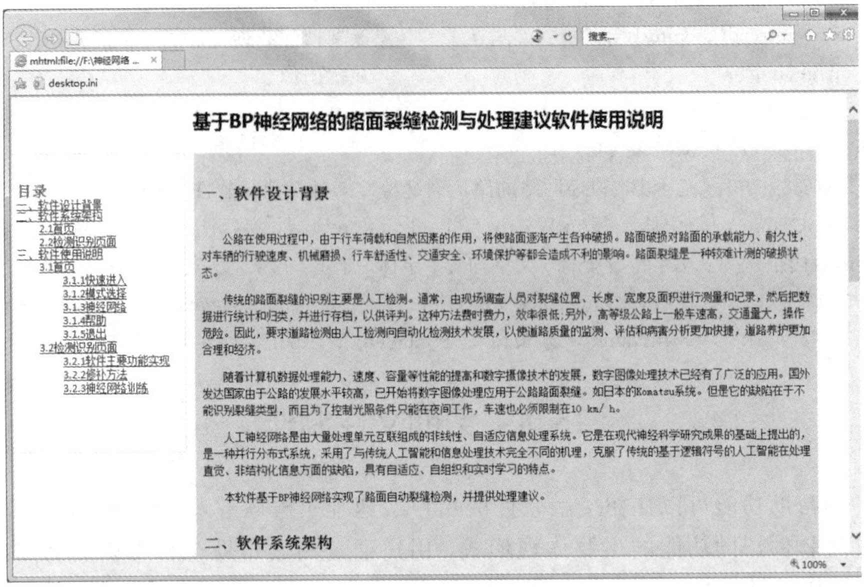

(b) html网页文件

图 15-18　帮助文件

另外，“帮助”菜单栏下还有两个菜单项：“联系我们”和“软件版本”，它们都是用户了解软件的窗口。“联系我们”页面如图 15-19 所示。

图 15-19　“联系我们”页面

页面中注明软件创作者或者创作团队的联系方式，包括电话、电子邮箱和地址等。在“软件版本”页面中，如图 15-20 所示，需要展示软件的全称和版本号，如果有必要，则可以展示软件获得的软件著作权或者专利号、专利证书等，对软件的所有权进行声明。

(a) 版本信息

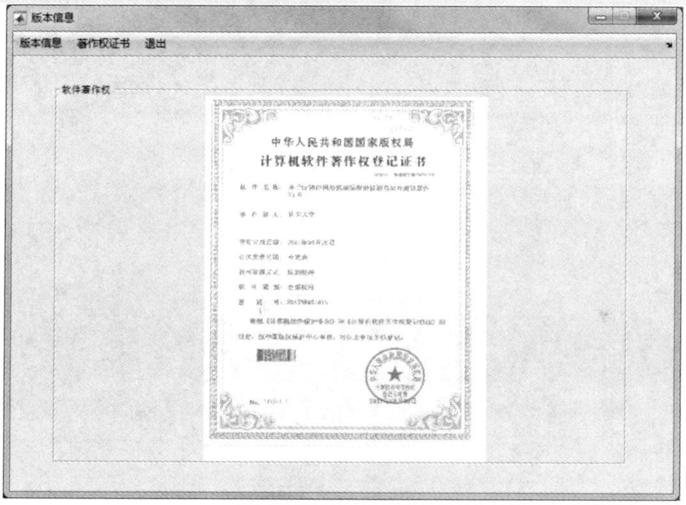

(b) 软件著作权

图 15-20　“版本信息”页面

习　　题

1. CLI 和 GUI 的区别是什么？

2. 如何在 MATLAB 中创建空白 GUI 工程？

3. Opening 函数的作用是什么，哪些代码需要编写在 Opening 函数下？举两个例子。

4. GUI 对象 Tag 值的作用是什么？

5. 选择一个感兴趣的研究方向或者课题，设计一个利用 GUI 实现的神经网络系统软件。

参考文献

[1] 罗华飞. MATLAB GUI设计学习手记[M]. 北京：北京航空航天大学出版社，2014.
[2] 周开利，康耀红. 神经网络模型及其MATLAB仿真程序设计[M]. 北京：清华大学出版社，2005.
[3] 周品. MATLAB图像处理与图形用户界面设计[M]. 北京：清华大学出版社，2013.
[4] 周品. MATLAB神经网络设计与应用[M]. 北京：清华大学出版社，2013.
[5] 高成. MATLAB图像处理与应用[M]. 长沙：国防工业出版社，2007.

附录 A　GUI 对象的常用属性

附表 A1　按钮的常用属性

BackgroundColor	背景色，即按钮的颜色
CData	按钮上显示图案的图像数据
Callback	当 Enable 属性为 on 时，在按钮上单击左键时调用该函数
Enable	on 表示激活；off 表示不激活，显示为灰色；inactive 表示不激活
FontAngle、FontName、FontSize、FontUnits、FontWeight	按钮上标签文字的字体，分别为斜体、字体名称、字号、字体单位、加粗
ForegroundColor	标签文字的颜色
KeyPressFcn	鼠标任意键选中该按钮均执行该函数
Position	位置
String	标签文字
Tag	对象标识，每个对象的 Tag 值唯一，用于区分不同的对象
TooltipString	提示语，鼠标放在按钮上显示的信息
Units	单位
Visible	是否可见

附表 A2　可编辑文本的常用属性

BackgroundColor	背景色，即可编辑文本框内的背景色
Callback	当 Enable 属性为 on，且文本内容经过编辑后，若满足下列条件中任意一条，则调用该函数： ① 单击当前窗口内任意其他 GUI 对象； ② 对于单行可编辑文本，按 Enter 键； ③ 对于多行可编辑文本，按 Ctrl＋Enter 键
Enable	on 表示激活；off 表示不激活，显示为灰色；inactive 表示不激活

续表

FontAngle、FontName、FontSize、FontUnits、FontWeight	按钮上标签文字的字体，分别为斜体、字体名称、字号、字体单位、加粗
ForegroundColor	标签文字的颜色
KeyPressFcn	任意键选中该可编辑文本均执行该函数
Min、Max	若 Max－Min＞1，则可编辑文本框内可显示多行文本；否则仅显示单行文本
Position	位置
String	标签文字
Tag	对象标识，每个对象的 Tag 值唯一，用于区分不同的对象
TooltipString	提示语，鼠标放在按钮上显示的信息
Units	单位
Visible	是否可见

附表 A3　静态文本的常用属性

BackgroundColor	背景色
Enable	on 表示激活；off 表示不激活，显示为灰色；inactive 表示不激活
FontAngle、FontName、FontSize、FontUnits、FontWeight	按钮上标签文字的字体，分别为斜体、字体名称、字号、字体单位、加粗
ForegroundColor	标签文字的颜色
HorizontalAlignment	标签文字在文本框内的位置(居中、居左、居右)
KeyPressFcn	任意键选中该按钮均执行该函数
Position	位置
String	标签文字
Tag	对象标识，每个对象的 Tag 值唯一，用于区分不同的对象
TooltipString	提示语，鼠标放在按钮上显示的信息
Units	单位
Visible	是否可见

附表 A4　表的常用属性

BackgroundColor	表格的背景色
CellEditCallback	用户修改单元格内的数值时执行的回调函数
CellSelectionCallback	用户选中单元格时执行的回调函数
ColumnEditable	用户是否可编辑列中的内容
ColumnFormat	表格单元格的显示格式
ColumnName	表格列名称
ColumnWidth	表格每列的宽度
Data	表格数据
Enable	on 表示激活；off 表示不激活，显示为灰色；inactive 表示不激活
ForegroundColor	单元格内文字的颜色
Position	表格的大小和位置
RearrangeableColumns	表格数据是否可以按列重新排列
RowName	表格行名称
RowStriping	是否对表格行开启彩色条纹模式
Tag	对象标识，每个对象的 Tag 值唯一，用于区分不同的对象
TooltipString	提示语，鼠标放在对象上显示的信息
Units	单位
Visible	是否可见

附表 A5　坐标轴的常用属性

Box	是否显示上方和右侧的框线
Color	坐标轴背景颜色
ColorOrder	绘图颜色的顺序
CurrentPoint	当前点坐标
GridLineStyle	网格线型
XColor、YColor	x 轴、y 轴颜色
XGrid、YGrid	是否显示 x 轴、y 轴网格
XMinorGrid、YMinorGrid	是否显示 x 轴、y 轴次级网格
XTick、YTick	x 轴、y 轴刻度
XTickMode、YTickMode	x 轴、y 轴刻度模式
XTickLable、YTickLable	x 轴、y 轴刻度标签
XLim、YLim	x 轴、y 轴范围

附录 B 特殊字符格式说明

格　　式	含　　义	示　　例
y^M	第 M 层神经网络的输出	y^1 表示第 1 层神经网络的输出； y^2 表示第 2 层神经网络的输出
$\boldsymbol{w}^M$	第 M 层神经网络的权值向量	$\boldsymbol{w}^1$ 表示第 1 层神经网络的权值向量； $\boldsymbol{w}^2$ 表示第 2 层神经网络的权值向量
$\boldsymbol{W}^M$	第 M 层神经网络的权值矩阵	$\boldsymbol{W}^1$ 表示第 1 层神经网络的权值矩阵； $\boldsymbol{W}^2$ 表示第 2 层神经网络的权值矩阵
S^M	第 M 层神经网络神经元的个数	S^1 表示第 1 层神经网络神经元的个数； S^2 表示第 2 层神经网络神经元的个数
b^M	第 M 层神经网络的偏置值	b^1 表示第 1 层神经网络的偏置值； b^2 表示第 2 层神经网络的偏置值
n^M	第 M 层神经网络的净输入	n^1 表示第 1 层神经网络的净输入； n^2 表示第 2 层神经网络的净输入
$\boldsymbol{n}^M$	第 M 层神经网络的净输入向量	$\boldsymbol{n}^1$ 表示第 1 层神经网络的净输入向量； $\boldsymbol{n}^2$ 表示第 2 层神经网络的净输入向量

附录C　软件代码

C1　ANNcheck.m 训练检测网络

```
%num1 num2 num3 分别是'最大训练次数','第一隐层隐元数目','第二隐层隐元数目'。
%str1 str2 str3;分别为'第一隐层激活函数','第二隐层激活函数','训练函数'。
p=double(getP(15,12));
save P p;
load data\key_reset;
if key_reset==0
    num1=5000; num2=432; num3=54;
    str1='tansig'; str2='purelin'; str3='trainscg';
else
    load data\param;
end
t=(xlsread('t1'))';
net=feedforwardnet([num2,num3],str3);
net.trainParam.epochs=num1;
net.trainParam.lr=0.01;
net.trainParam.goal=1e-5;
net.trainParam.max_fail=10;
net.layers{1}.transferFcn='tansig';
net.layers{2}.transferFcn=str1;
net.layers{3}.transferFcn=str2;
pp=mapminmax(p);
net=train(net,p,t);
nntraintool close;
y=sim(net,p);
%%计算准确率
[n m1]=size(find(y(1:15)>0));
[n m2]=size(find(y(16:27)<0));
acy_check=[num2str((m1+m2)*100/27,4),'%']
save data\acy_checkacy_check;
key_reset=0;
save data\key_resetkey_reset;
save data\ANNcheck net;
```

C2　ANNrec.m 训练识别网络

```
p_1=double(getI(14,10,12));
```

```
save I p_1;
load data\key_reset_1;
if key_reset_1==0
    num11=1000; num22=200; num33=72;
    str11='tansig'; str22='purelin'; str33='trainscg';
else
    load data\param_1;                  %重置后的参数
end
t_1=(xlsread('t2'))';
net_1=feedforwardnet([num22,num33,36],str33);
net_1.trainParam.epochs=num11;
net_1.trainParam.lr=0.01;
net_1.trainParam.goal=1e-5;
net_1.trainParam.max_fail=10;
net_1.layers{1}.transferFcn='tansig';
net_1.layers{2}.transferFcn=str11;
net_1.layers{3}.transferFcn=str22;
%  pp=mapminmax(p);
net_1=train(net_1,p_1,t_1);
nntraintool close;
y1=sim(net_1,p_1);
%  saveANNrec net;
a=compet(y1);
[n1 m1]=size(find(a(1,1:14)==1));
[n2 m2]=size(find(a(2,15:24)==1));
[n3 m3]=size(find(a(3,25:36)==1));
acy_reg=[num2str((m1+m2+m3)*100/36,4),'%']
save data\acy_regacy_reg;
save data\ANNrec net_1;
key_reset_1=0;
save data\key_reset_1 key_reset_1;
```

C3 getP.m 获取图像数据

```
function p = getP(n,m)
r=100;c=100;
%%1__n 幅无裂缝图片
for i=1:n
   a= imread(['no-crack\',int2str(i),'.jpg']);
   a=rgb2gray(a);
   a=imresize(a,[r c]);
   a=pretreak(a);
   [r c]=size(a);
   a=reshape(a,1,r*c);
   p(i,:)=a;
```

```
end
%%2__m 幅有裂缝图片
for i=1:m
    a= imread(['cracks\',int2str(i),'.jpg']);
    a=rgb2gray(a);
    a=imresize(a,[r c]);
    a=pretreak(a);
    [r c]=size(a);
a=reshape(a,1,r * c);
  p(i+n,:)=a;
end
p=p';
```

C4 getI.m 获取图像数据

```
function p = getI(n,m,l)
r=50;
c=50;
%1__n 幅无裂缝图片，1_1 n 幅纵向裂缝
for i=1:n
a= imread(['cracks-rec\',int2str(i),'.jpg']);
a=rgb2gray(a);
a=imresize(a,[r c]);
a=pretreak(a);
[r c]=size(a);
a=reshape(a,1,r * c);
p(i,:)=a;
end
%2__m 幅有裂缝图片，2_2m 幅横裂缝
for i=1:m
a= imread(['cracks-rec\',int2str(i+n),'.jpg']);
a=rgb2gray(a);
a=imresize(a,[r c]);
a=pretreak(a);
[r c]=size(a);
a=reshape(a,1,r * c);
p(i+n,:)=a;
end
%l 幅无法识别裂缝
for i=1:l
a= imread(['cracks-rec\',int2str(i+n+m),'.jpg']);
a=rgb2gray(a);
a=imresize(a,[r c]);
a=pretreak(a);
[r c]=size(a);
```

```
a=reshape(a,1,r*c);
p(i+n+m,:)=a;
end
p=p';
```

C5 pretreak.m 图像预处理

```
function [H] = pretreak( a )
BW3 = edge(a,'canny', 0.4);
aa=histeq(a);                          %直方图均衡化
me=medfilt2(aa,[5 5]);                 %中值滤波
ad=imadjust(me,[0.2 0.33]);            %对比度增强
me=medfilt2(aa,[5 5]);                 %中值滤波
ad=me;
%二值化
bw1=im2bw(ad,0.96);
bw2=im2bw(ad,0.04);
bw=bw2-bw1;
SE=strel('rectangle',[5 5]);
C=imdilate(bw,SE);C=1-C;
H=BW3+C;
end
```